Lecture Notes in Mathematics

A collection of informal reports and seminars
Edited by A. Dold, Heidelberg and B. Eckmann, Zürich

Series: Institut de Mathématique, Université de Strasbourg
Adviser: M. Karoubi and P. A. Meyer

221

Peter Gabriel
Universität Bonn, Bonn/Deutschland
Friedrich Ulmer
Universität Zürich, Zürich/Schweiz

Lokal präsentierbare Kategorien

Springer-Verlag
Berlin · Heidelberg · New York 1971

AMS Subject Classifications (1970): 18 A xx, 18 C xx, 18 F xx

ISBN 3-540-05578-9 Springer-Verlag Berlin · Heidelberg · New York
ISBN 0-387-05578-9 Springer-Verlag New York · Heidelberg · Berlin

Offsetdruck: Julius Beltz, Hemsbach/Bergstr.

VORWORT *)

In dieser Arbeit wird der Begriff einer lokal α-präsentierbaren Kategorie eingeführt und dessen Eigenschaften untersucht. Insbesondere klassifizieren wir diese Kategorien mit Hilfe gewisser kleiner Kategorien und vergleichen sie mit andern Typen von Kategorien.

Den Ausgangspunkt bildeten zwei Abschnitte über Retrakte und Σ-stetige Funktoren aus einem vom erstgenannten Autor verfassten Manuskript [21], welche als "secret papers" herumreisten, sowie einige unveröffentlichte Arbeiten des zweitgenannten Autors über Kategorien α-stetiger Funktoren, Kan'sche Funktorerweiterungen und Tripel [54],[57]. Der enge Zusammenhang zwischen den Arbeiten der beiden Autoren wurde jedoch erst im Winter 1969/70 vom letztgenannten bemerkt. Die darauf folgende Auseinandersetzung führte zu neuen Resultaten und zu einer wesentlichen Verbesserung des vorhandenen Materials.

Wir haben bei der Ausarbeitung versucht auf den nichtspezialisierten Leser Rücksicht zu nehmen. Deshalb wurden die Beweise "relativ ausführlich" dargestellt und auch bekannte Resultate aufgenommen. Dies gilt vor allem für die Abschnitte §1 - §4. Für einen Spezialisten sollte es möglich sein, den Kern dieser Arbeit direkt zu lesen (§5 - §10). Die Abschnitte §11 - §14 enthalten Anwendungen.

Herr V. Zöberlein hat die meisten Abschnitte durchleuchtet und uns auf viele Unklarheiten und auch einige Fehler aufmerksam gemacht. Wir sind ihm für sein Argusauge und seine unermüdliche Mitarbeit zu tiefem Dank verpflichtet.

---

*) An English summary of this paper by the second author can be found in the Springer Lecture Notes Series, vol. 195, Reports of the Midwest Category Seminar V, p. 230 - 247. Copies of this summary are also available from the Department of Mathematics of the University of Zurich.

Wir möchten auch den Mathematischen Instituten der Universitäten Zürich, Strassburg und Bonn für ihre materielle Unterstützung danken, insbesondere aber Frau Minzloff für ihre ausgezeichnete Darstellung beim Tippen des Manuskripts und für die zahllosen Ueberstunden.

Peter Gabriel

Sonderforschungsbereich
Theoretische Mathematik
Universität Bonn
Wegelerstrasse 10
D-53 Bonn

Friedrich Ulmer

Mathematisches Institut
Universität Zürich
Freiestrasse 36
CH-8032 Zürich

INHALTSVERZEICHNIS

EINLEITUNG

Wir führen zunächst die grundlegenden Definitionen ein und geben dann eine Uebersicht über die wichtigsten Resultate. Um das Verständnis nicht durch technische Details zu erschweren, haben wir in der Einleitung einige Begriffe etwas anders formuliert als in der Arbeit selbst. Wir haben jedoch darauf geachtet, dass dadurch keine inkorrekten Aussagen entstehen.

Wir beginnen mit den Begriffen der α-Erzeugbarkeit und der α-Präsentierbarkeit, wobei α eine reguläre Kardinalzahl ist (vgl. § 0).

Sei G eine endlich erzeugte Gruppe und sei (X_ν) ein gerichtetes System von Untergruppen einer Gruppe X mit der Eigenschaft $X = \varinjlim_\nu X_\nu$. Dann faktorisiert bekanntlich jeder Homomorphismus $G \to \varinjlim_\nu X_\nu$ durch eine der Inklusionen $X_\nu \to \varinjlim_\nu X_\nu$. Hieraus folgt leicht, dass in der Kategorie <u>Gr</u> der Gruppen der mengenwertige Hom-Funktor $[G,-] : \underline{Gr} \to \underline{Me}$ Kolimites (= direkte Limites) von gerichteten Systemen erhält, deren Transitionsmorphismen $\varphi_\nu^\mu : X_\nu \to X_\mu$ monomorph sind. Umgekehrt ist jede Gruppe G mit dieser Eigenschaft endlich erzeugbar. Betrachtet man nämlich das System (G_ν) der endlich erzeugten Untergruppen von G, so folgt aus $[G,G] = [G,\varinjlim_\nu G_\nu] \cong \varinjlim_\nu [G,G_\nu]$, dass die Identität von G durch eine der Inklusionen $G_\nu \to G$ faktorisiert. Folglich gilt $G_\nu = G$.

Die endlich präsentierbaren Gruppen können durch eine analoge Eigenschaft charakterisiert werden. Sei $F_1 \xrightarrow{h} F_0 \xrightarrow{p} G$ eine Präsentierung einer Gruppe G durch endlich erzeugte freie Gruppen F_0 und F_1 und sei $(X_\nu, \varphi_\nu^\mu : X_\nu \to X_\mu)$ ein gerichtetes System von Gruppen (im Gegensatz zu vorhin sind hier die Transitionsmorphismen φ_ν^μ beliebig). Dann kann man zeigen, dass die kanonische Abbildung $\varinjlim_\nu [G,X_\nu] \to [G,\varinjlim_\nu X_\nu]$ eine Bijektion ist. Zunächst folgt nämlich aus dem obigen, dass für jeden Morphismus $f : G \to \varinjlim_\nu X_\nu$ die Zusammensetzung $F_0 \xrightarrow{p} G \xrightarrow{f} \varinjlim X_\nu$ durch einen der universellen Morphismen $\varphi_\nu : X_\nu \to \varinjlim_\nu X$ faktorisiert. Sei $\tilde{f} : F_0 \to X_\nu$ eine solche Faktorisierung. Da F_1 endlich erzeugbar ist, so ist aus dem kommutativen Diagramm

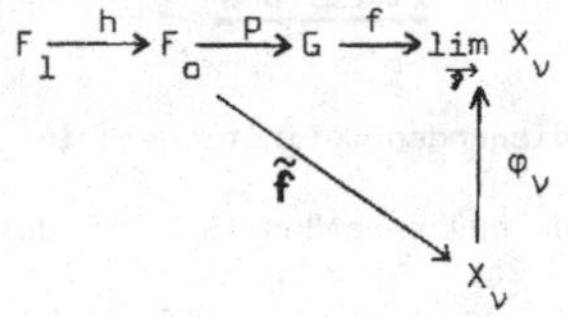

leicht ersichtlich, dass es einen Transitionsmorphismus $\varphi_\nu^\mu : X_\nu \to X_\mu$ gibt derart, dass bereits $\varphi_\nu^\mu \cdot \tilde{f} \cdot h : F_1 \to X_\mu$ der triviale Morphismus ist. Folglich faktorisiert $\varphi_\nu^\mu \cdot \tilde{f} : F_o \to X_\mu$ durch $p : F_o \to G$ und die Zusammensetzung der Faktorisierung $G \to X_\mu$ mit dem universellen Morphismus $\varphi_\mu : X_\mu \to \varinjlim_\nu X_\nu$ ist offensichtlich gerade $f : G \to \varinjlim_\nu X_\nu$. Dies zeigt, dass die Abbildung $\varinjlim_\nu [G, X_\nu] \to [G, \varinjlim_\nu X_\nu]$ surjektiv ist. Es ist leicht zu sehen, dass sie auch injektiv ist.
Umgekehrt kann man zeigen (7.6), dass eine Gruppe G endlich präsentierbar ist, falls für jedes gerichtete System (X_ν) von Gruppen, die kanonische Abbildung $\varinjlim_\nu [G, X_\nu] \to [G, \varinjlim_\nu X_\nu]$ bijektiv ist.

Diese Charakterisierung der endlichen Erzeugbarkeit und der endlichen Präsentierbarkeit gilt auch für die Kategorien der Monoide, der Ringe, der Moduln über einem Ring Λ und allgemeiner für jede Kategorie von universellen Algebren im Sinne von Birkhoff [11].

Sei α eine Kardinalzahl, wobei $3 \leq \alpha < \infty$. Eine geordnete Menge $(N, \leq)$ heisst α-<u>gerichtet</u>, wenn es für jede Familie $(\nu_i)_{i \in I}$ in N mit $\mathrm{Kard}(I) < \alpha$ ein μ gibt derart, dass $\nu_i \leq \mu$. Sei β die kleinste reguläre Kardinalzahl $\geq \alpha$. Dann ist jede α-gerichtete Menge auch β-gerichtet. Wir setzen deshalb im folgenden zusätzlich voraus, dass α regulär ist (vgl. §0). Wie vorhin kann man zeigen, dass eine Gruppe G genau dann ein Erzeugendensystem mit Kardinalität $< \alpha$ besitzt, wenn für jedes α-gerichtete System $(X_\nu, \varphi_\nu^\mu : X_\nu \to X_\mu)$ von Gruppen mit monomorphen Transitionsmorphismen φ_ν^μ die kanonische Abbildung $\varinjlim_\nu [G, X_\nu] \to [G, \varinjlim_\nu X_\nu]$ bijektiv ist (d.h. wenn der Hom-Funktor $[G,-] : \underline{Gr} \to \underline{Me}$ monomorphe α-gerichtete Kolimites erhält). Entsprechend erhält der Funktor $[G,-] : \underline{Gr} \to \underline{Me}$ genau dann α-gerichtete Kolimites, wenn G eine Präsentierung durch echt weniger als α Erzeugende und α Relationen zulässt, mit andern Worten, wenn es in <u>Gr</u> eine Kokerndarstellung

$$\coprod_J \mathbb{Z} \rightrightarrows \coprod_I \mathbb{Z} \to G$$

mit Kard(J) $< \alpha$ und Kard(I) $< \alpha$ gibt (7.6), wobei $\mathbb{Z}$ die additive Gruppe der ganzen Zahlen ist ($\coprod$ = "freies Produkt").

In einer beliebigen Kategorie $\underline{A}$ definieren wir nun ein Objekt A als präsentierbar (bzw. erzeugbar), wenn der Hom-Funktor $[A,-] : \underline{A} \to \underline{Me}$ für ein genügend grosses α α-gerichtete Kolimites (bzw. monomorphe α-gerichtete Kolimites) erhält. Das Objekt A heisst dann α-präsentierbar (bzw. α-erzeugbar) (6.1). Im allgemeinen ist ein Objekt weder präsentierbar noch erzeugbar. So sind z.B. in der dualen Kategorie $\underline{Me}^o$ der Mengen nur die einpunktigen Mengen erzeugbar. In der Kategorie $\underline{Komp}$ der kompakten Räume ist nur der leere Raum präsentierbar. In der dualen Kategorie $\underline{Komp}^o$ hingegen ist ein Raum K genau dann $\aleph_1$-präsentierbar (bzw. $\aleph_o$-präsentierbar), wenn er metrisierbar (bzw. endlich) ist (6.5 b), 9.4 d)). In einer Kategorie von universellen Algebren im Sinne von Birkhoff [11] oder Lawvere [37] ist eine Algebra genau dann α-erzeugbar (bzw. α-präsentierbar), wenn sie eine Präsentierung mit echt weniger als α Erzeugenden (bzw. echt weniger als α Erzeugenden und α Relationen) besitzt. Für $\alpha = \aleph_o$ erhält man die eingangs erwähnten klassischen Begriffe "endlich erzeugbar" und "endlich präsentierbar". In der Kategorie $\underline{Kat}$ der "kleinen" Kategorien ist ein Objekt $\underline{X}$ genau dann α-erzeugbar, wenn es eine Menge M von Morphismen in $\underline{X}$ mit Kard(M) $< \alpha$ gibt derart, dass jeder Morphismus in $\underline{X}$ eine endliche Zusammensetzung von Morphismen von M ist. Die Kategorie $\underline{X}$ ist α-präsentierbar in $\underline{Kat}$, wenn sie ausserdem aus der von M frei erzeugten Kategorie $\underline{F}(M)$ durch paarweises Identifizieren von weniger als α Morphismen hervorgeht. In $\underline{Kat}$ fallen demnach für $\alpha \geq \aleph_1$ die Begriffe α-erzeugbar und α-präsentierbar zusammen. In der Kategorie der linksexakten Funktoren auf einer kleinen abelschen Kategorie mit Werten in der Kategorie der abelschen Gruppen ist ein Funktor genau dann endlich präsentierbar, wenn er darstellbar ist. In der Kategorie $[\underline{U},\underline{Me}]$ der mengenwertigen Funktoren auf einer kleinen Kategorie $\underline{U}$ ist jeder Funktor erzeugbar und präsentierbar. Dabei kann die α-Erzeugbarkeit (bzw. α-Präsentierbarkeit) wie bei den universellen Algebren mit Hilfe von Erzeugenden (bzw. Erzeugenden und Relationen) beschrieben werden (9.4 b), 7.7 b)).

In einer Kategorie $\underline{A}$ heisst ein Epimorphismus $A \to B$ echt (1.1), wenn er nicht durch ein eigentliches Unterobjekt von B faktorisiert. Eine Menge M von Objekten in $\underline{A}$ heisst eine echte Generatorenmenge, wenn es für jedes Objekt $A \in \underline{A}$ ein Koprodukt (= Summe) $\coprod_{i \in I} U_i$ und einen echten Epimorphismus $\coprod_{i \in I} U_i \to A$ gibt, wobei $U_i \in M$ für $i \in I$.

Eine Kategorie $\underline{A}$ heisst lokal α-präsentierbar *), wenn sie endliche Produkte, Kerne, Kokerne, beliebige Koprodukte (= Summen), sowie eine echte Generatorenmenge M besitzt derart, dass jedes $U \in M$ α-präsentierbar in $\underline{A}$ ist. Falls in einer solchen Kategorie jeder echte Epimorphismus $X \to Y$ der Kokern eines Morphismenpaares $Z \rightrightarrows X$ ist, so ist ein Objekt $A \in \underline{A}$ genau dann α-präsentierbar, wenn es ein Kokerndiagramm

$$\coprod_{j \in J} V_j \rightrightarrows \coprod_{i \in I} U_i \to A$$

gibt derart, dass $V_j \in M$, $U_i \in M$ und $\text{Kard}(J) < \alpha$, $\text{Kard}(I) < \alpha$, 7.6.

Eine Kategorie $\underline{A}$ heisst lokal präsentierbar, wenn sie für eine genügend grosse Kardinalzahl α lokal α-präsentierbar ist. Die kleinste Kardinalzahl mit dieser Eigenschaft heisst der Präsentierungsrang von $\underline{A}$, sie wird mit $\pi(\underline{A})$ bezeichnet.

Die Klasse der lokal präsentierbaren Kategorien ist ziemlich gross. Beispiele sind: Mengen; Monoide; Gruppen; Ringe; Algebren... universelle Algebren im Sinne von Birkhoff [11] und Slominski, bzw. algebraische Kategorien im Sinne von Lawvere [37], Benabou [10], Linton [39] (mit rank) und Kaphengst-Reichel [34]; mengenwertige Garben auf einer kleinen Kategorie bezüglich einer Grothendiecktopologie; die Kategorie $\underline{\text{Kat}}$ der "kleinen" Kategorien; die Kategorie der geordneten Mengen; Grothendieck'sche Kategorien AB5) mit Generator; die mengenwertigen Funktoren auf einer kleinen Kategorie $\underline{X}$, welche eine vorgegebene Menge von inversen Limites erhalten; die duale Kategorie $\underline{\text{Komp}}^{\text{o}}$ der kompakten Räume; etc. Ferner gelten die Gleichungen $\pi(\underline{\text{Gr}}) = \aleph_0$, $\pi(\underline{\text{Kat}}) = \aleph_0$ und $\pi(\underline{\text{Komp}}^{\text{o}}) = \aleph_1$ (in $\underline{\text{Komp}}^{\text{o}}$ ist das Einheitsintervall ein $\aleph_1$-präsentierbarer echter Generator).

Beispiele von nicht lokal präsentierbaren Kategorien sind: $\underline{\text{Komp}}$, topologische Räume, $\underline{\text{Me}}^{\text{o}}$ und allgemeiner jede nicht kleine Kategorie $\underline{B}^{\text{o}}$ mit der Eigenschaft, dass $\underline{B}$ lokal präsentierbar ist. Man kann nämlich zeigen, dass eine Kategorie $\underline{A}$ äquivalent zu einer

---

*) Wir nannten diese Kategorien ursprünglich algebraisch. Ein Vortrag von S. Breitsprecher in Oberwolfach im Juni 1970 bewog uns dann, die Terminologie zu ändern (vgl. auch [13]).

partiell geordneten Menge ist, falls sowohl $\underline{A}$ als auch die duale Kategorie $\underline{A}^o$ lokal

präsentierbar sind (7.13).

Parallel zu den lokal α-präsentierbaren Kategorien behandeln wir die lokal α-erzeugba-

ren Kategorien (9.1). Eine Kategorie $\underline{A}$ heisst <u>lokal α-erzeugbar</u>, wenn sie endliche Pro-

dukte, Kerne, Kokerne, beliebige Koprodukte und eine echte Generatorenmenge M besitzt

derart, dass jedes $U \in M$ α-erzeugbar in $\underline{A}$ ist. Ausserdem wird verlangt, dass jedes Ob-

jekt in $\underline{A}$ nur eine Menge von echten Quotienten besitzt. In einer solchen Kategorie ist

ein Objekt $A \in \underline{A}$ genau dann α-erzeugbar, wenn es einen echten Epimorphismus

$$\coprod_{i \in I} U_i \to A$$

gibt, wobei $U_i \in M$ und $\mathrm{Kard}(I) < \alpha$ (9.3).

Eine Kategorie $\underline{A}$ heisst <u>lokal erzeugbar</u>, wenn sie für eine genügend grosse reguläre

Kardinalzahl α α-erzeugbar ist. Die kleinste Kardinalzahl mit dieser Eigenschaft heisst

der Erzeugungsrang von $\underline{A}$, sie wird mit $\mathcal{E}(\underline{A})$ bezeichnet. Eine lokal α-präsentierbare

Kategorie ist lokal α-erzeugbar (6.6 c)). Umgekehrt ist eine lokal α-erzeugbare Kategorie

$\underline{A}$ auch lokal präsentierbar (9.8), im allgemeinen ist $\underline{A}$ jedoch nicht lokal α-präsentier-

bar (9.4 c)).

Sei α eine reguläre Kardinalzahl. Eine Kategorie heisst α-<u>kovollständig</u> (bzw.

α-vollständig), wenn sie Kokerne (bzw. Kerne) und Koprodukte (bzw. Produkte) mit (echt)

weniger als α Faktoren besitzt. Eine $\aleph_o$-kovollständige Kategorie ist also eine Katego-

rie mit endlichen Kolimites. Die Begriffe α-<u>kostetig</u> und α-<u>stetig</u> werden entsprechend für

Funktoren definiert. Z.B. ist die volle Unterkategorie $\underline{A}(\alpha)$ der α-präsentierbaren Objek-

te einer lokal α-präsentierbaren Kategorie eine α-kovollständige Kategorie und die Inklu-

sion $\underline{A}(\alpha) \to \underline{A}$ ist α-kostetig (7.4).

Eine Kategorie $\underline{X}$ heisst echt α-<u>kovollständig</u>, wenn sie α-kovollständig ist und

ausserdem <u>jedes</u> System $(X \to X_\iota)_{\iota \in I}$ von echten Quotienten eines Objektes $X \in \underline{X}$ einen

Kolimes besitzt. (Man beachte, dass $\mathrm{Kard}(I) \geqslant \alpha$ erlaubt ist). Ein Funktor heisst <u>echt</u>

α-<u>kostetig</u>, wenn er diese Kolimites erhält. Entsprechend werden echt α-vollständige

Kategorien und <u>echt</u> α-<u>stetige</u> Funktoren definiert. Z.B. ist die volle Unterkategorie $\underline{\widetilde{A}}(\alpha)$ der α-erzeugbaren Objekte einer lokal α-erzeugbaren Kategorie eine echt α-kovollständige Kategorie und die Inklusion $\underline{\widetilde{A}}(\alpha) \to \underline{A}$ ist echt α-kostetig (9.8).

In dieser Arbeit werden die folgenden Klassen von Kategorien studiert:

K1 Lokal präsentierbare Kategorien.

K2 Lokal erzeugbare Kategorien.

K3 Kategorien, welche zu einer Kategorie $St_\alpha[\underline{U}^o,\underline{Me}]$ äquivalent sind, wobei $\underline{U}$ eine kleine α-kovollständige Kategorie ist und $St_\alpha[\underline{U}^o,\underline{Me}]$ die Kategorie der α-stetigen Funktoren $\underline{U}^o \to \underline{Me}$ bezeichnet ($\underline{U}$ und α variabel).

Beispiele: a) Sei $I : \underline{U} \to \underline{Gr}$ die Inklusion der vollen Unterkategorie der endlich präsentierbaren Gruppen in alle Gruppen. Dann ist $\underline{U}$ klein und $\aleph_o$-kovollständig und der Funktor $\underline{Gr} \to [\underline{U}^o,\underline{Me}]$, $G \rightsquigarrow [I-,G]$ induziert eine Aequivalenz von $\underline{Gr}$ auf die volle Unterkategorie der $\aleph_o$-stetigen Funktoren.

b) Sei $I : \underline{Met} \to \underline{Komp}$ die Inklusion der vollen Unterkategorie der kompakten metrisierbaren Räume. Dann ist $\underline{Met}$ $\aleph_1$-vollständig und der Funktor $\underline{Komp}^o \to [\underline{Met},\underline{Me}]$, $K \rightsquigarrow [K,I-]$ induziert eine Aequivalenz von $\underline{Komp}^o$ auf die volle Unterkategorie der $\aleph_1$-stetigen Funktoren.

K4 Kategorien, welche zu einer Kategorie $\widetilde{St}_\alpha[\underline{U}^o,\underline{Me}]$ äquivalent sind, wobei $\underline{U}$ eine kleine echt α-kovollständige Kategorie ist und $\widetilde{St}_\alpha[\underline{U}^o,\underline{Me}]$ die Kategorie der echt α-stetigen Funktoren $\underline{U}^o \to \underline{Me}$ bezeichnet ($\underline{U}$ und α variabel).

Beispiel: Sei $I : \underline{U} \to \underline{Gr}$ die volle Inklusion der endlich erzeugten Gruppen in alle Gruppen. Dann ist $\underline{U}$ echt $\aleph_o$-kovollständig und der Funktor $\underline{Gr} \to [\underline{U}^o,\underline{Me}]$, $G \rightsquigarrow [I-,G]$ induziert eine Aequivalenz von $\underline{Gr}$ auf die volle Unterkategorie der echt $\aleph_o$-stetigen Funktoren.

K5 Kategorien, welche zu einer Kategorie $St_K[\underline{U}^o,\underline{Me}]$ äquivalent sind, wobei K eine Menge von Kolimites in einer kleinen Kategorie $\underline{U}$ ist und $St_K[\underline{U}^o,\underline{Me}]$ die Kategorie aller Funktoren $\underline{U}^o \to \underline{Me}$ bezeichnet, welche die Kolimites aus K in Limites überführen ($\underline{U}$ und K variabel).

Beispiele: Algebraische Kategorien im Sinne von Lawvere [37], Linton [39] (mit rank), Benabou [10] und Kaphengst-Reichel [34].

K6 Kategorien, welche zu einer Kategorie $St_\Sigma[\underline{U}^o,\underline{Me}]$ von Σ-stetigen Funktoren äquivalent sind (§8). Dabei ist $\underline{U}$ eine beliebige kleine Kategorie $\underline{U}$ und Σ eine beliebige Menge von natürlichen Transformationen in $[\underline{U}^o,\underline{Me}]$ ($\underline{U}$ und Σ variabel). Ein Funktor $t : \underline{U}^o \to \underline{Me}$ heisst Σ-stetig, wenn für jedes Element $\sigma : d\sigma \to w\sigma$ in Σ die kanonische Abbildung $[w\sigma,t] \to [d\sigma,t]$, $\xi \leadsto \xi\cdot\sigma$, eine Bijektion ist.

Beispiel: Jede Grothendiecktopologie auf $\underline{U}$ gibt Anlass zu einer Menge Σ, nämlich die Inklusionen der "cribles" in darstellbare Funktoren. Die Σ-stetigen Funktoren sind dann gerade die Garben (vgl. Verdier [58] I).

K7 Kategorien, welche zu einer Kategorie

$$\left(\widetilde{\underline{Me}}^{\mathbb{T}_1}\right)^{\mathbb{T}_2}$$

äquivalent sind. Dabei ist $\widetilde{\underline{Me}}$ ein beliebiges Produkt von Kopien von $\underline{Me}$, $\mathbb{T}_1$ ein beliebiges Tripel mit Rang in $\widetilde{\underline{Me}}$ und $\mathbb{T}_2$ ein beliebiges idempotentes Tripel mit Rang in der Kategorie $\underline{Me}^{\mathbb{T}_1}$ der $\mathbb{T}_1$-Algebren, vgl. J. Beck, introduction to Lecture Notes vol. 80 (Die Anzahl der Faktoren in $\widetilde{\underline{Me}}$ und $\mathbb{T}_1$ und $\mathbb{T}_2$ sind variabel).

Ein Tripel $\mathbb{T} = (T,\varepsilon,\mu)$ in einer Kategorie $\underline{A}$ hat einen Rang, wenn der Funktor $T : \underline{A} \to \underline{A}$ durch seine Werte auf einer kleinen Unterkategorie von präsentierbaren Objekten bestimmt ist. In den hier betrachteten Fällen ist dies äquivalent damit, dass der Funktor $T : \underline{A} \to \underline{A}$ für ein genügend grosses α monomorphe α-gerichtete Kolimites erhält.

Beispiel: Jede volle koreflexive Unterkategorie $\underline{A}$ einer Funktorkategorie $[\underline{U},\underline{Me}]$ mit der Eigenschaft, dass $\underline{U}$ klein ist und die Inklusion $\underline{A} \to [\underline{U},\underline{Me}]$

für ein genügend grosses α α-gerichtete Kolimites erhält.

K8 Kategorien, welche zu einer Kategorie

$$\left(\ldots\left(\underline{\widetilde{Me}}^{\mathbb{T}_1}\right)^{\mathbb{T}_2}\ldots\right)^{\mathbb{T}_n}$$

äquivalent sind. Dabei ist $\underline{\widetilde{Me}}$ irgendein Produkt von Kopien von $\underline{Me}$ und $\mathbb{T}_1, \mathbb{T}_2, \ldots, \mathbb{T}_n$ eine Folge von Tripeln mit Rang in $\underline{\widetilde{Me}}$, $\underline{\widetilde{Me}}^{\mathbb{T}_1}$, $\left(\underline{\widetilde{Me}}^{\mathbb{T}_1}\right)^{\mathbb{T}_2}$, ... (Die natürliche Zahl n, die Anzahl der Faktoren in $\underline{\widetilde{Me}}$ und $\mathbb{T}_1 \ldots \mathbb{T}_n$ sind variabel).

Beispiel: Die Kategorie der Kontramoduln über einer assoziativen Koalgebra (Eilenberg-Moore [17]).

Das Hauptresultat dieser Arbeit ist, dass diese acht Klassen die gleichen Kategorien beschreiben. Ferner werden die zu diesen Klassen gehörigen Kategorien sowohl durch kleine α-kovollständige Kategorien als auch durch kleine echt α-kovollständige Kategorien klassifiziert. Etwas genauer ausgedrückt, die Abbildung

$$\left\{\underline{A} \;\middle|\; \underline{A} \in K1 \text{ und } \pi(\underline{A}) \leq \alpha\right\} \longrightarrow \left\{\underline{U} \;\middle|\; \underline{U} \text{ klein und } \alpha\text{-kovollständig}\right\}$$

welche einer lokal α-präsentierbaren Kategorie $\underline{A}$ die volle Unterkategorie ihrer α-präsentierbaren Objekte zuordnet, ist eine Bijektion (modulo Aequivalenz von Kategorien). Die Umkehrabbildung ordnet einer kleinen α-kovollständigen Kategorie $\underline{U}$ die Kategorie $St_\alpha[\underline{U}^o, \underline{Me}]$ der kontravarianten α-stetigen Funktoren auf $\underline{U}$ zu.

Ebenso ist die Abbildung

$$\left\{\underline{A} \;\middle|\; \underline{A} \in K2 \text{ und } \varepsilon(\underline{A}) \leq \alpha\right\} \longrightarrow \left\{\underline{U} \;\middle|\; \underline{U} \text{ klein und echt } \alpha\text{-kovollständig}\right\}$$

welche einer lokal α-erzeugbaren Kategorie $\underline{A}$ die volle Unterkategorie ihrer α-erzeugbaren Objekte zuordnet, eine Bijektion (modulo Aequivalenz von Kategorien). Die Umkehrabbildung ordnet einer kleinen echt α-kovollständigen Kategorie $\underline{U}$ die Kategorie $\widetilde{St}_\alpha[\underline{U}^o, \underline{Me}]$ der echt α-stetigen Funktoren auf $\underline{U}^o$ zu.

In der Beschreibung der Klassen K3 – K8 nimmt die Kategorie $\underline{Me}$ der Mengen eine ausgezeichnete Stellung ein. Dies ist jedoch nur scheinbar so. Man kann nämlich $\underline{Me}$ in K3 - K8 durch beliebige lokal präsentierbare (bzw. lokal erzeugbare) Kategorien ersetzen, ohne dass dabei die Klassen K3 - K8 verändert (dh. vergrössert) werden. Dies impliziert unter anderem, dass die Gruppenobjekte etc. in einer lokal α-präsentierbaren Kategorie wieder eine lokal α-präsentierbare Kategorie bilden.

In den Abschnitten §1 und §2 stellen wir "bekannte" Eigenschaften von echten und regulären Epimorphismen sowie Kan'schen Erweiterungen zusammen. Der Begriff eines dichten Funktors (§ 3 und §4), welchen die Autoren unabhängig voneinander ausgearbeitet haben, ist eng mit dem Begriff "adäquat" von Isbell [31] verwandt.

Die Abschnitte §5 - §10 bilden den Kern dieser Arbeit. In §5 untersuchen wir die Kategorien $St_\alpha[\underline{U}^o,\underline{Me}]$ und geben eine einfache Beschreibung der Koreflexion $[\underline{U}^o,\underline{Me}] \to St_\alpha[\underline{U}^o,\underline{Me}]$. Diese beruht darauf, dass ein Funktor $F : \underline{U}^o \to \underline{Me}$ genau dann α-stetig ist, wenn die Kategorie $\underline{U}/F$ "der darstellbaren Funktoren über F" α-kovollständig ist und der Vergissfunktor $Y_F : \underline{U}/F \to \underline{U}$, $(U,[-,U] \to F) \rightsquigarrow U$ α-kostetig ist. Um einem beliebigen Funktor $G \in [\underline{U}^o,\underline{Me}]$ einen α-stetigen Funktor $\tilde{G}$ zuzuordnen, konstruiert man deshalb zuerst die α-Komplettierung $\underline{K}_\alpha(\underline{U}/G)$ von $\underline{U}/G$ und erweitert dann Y_G zu $\underline{K}_\alpha(Y_G) : \underline{K}_\alpha(\underline{U}/G) \to \underline{U}$ (2.14 b)). Der Wert der Koreflexion $L : [\underline{U}^o,\underline{Me}] \to St_\alpha[\underline{U}^o,\underline{Me}]$ bei G ist dann der Kolimes der Zusammensetzung von $\underline{K}_\alpha(Y_G) : \underline{K}_\alpha(\underline{U}/G) \to \underline{U}$ mit der Yoneda Einbettung $\underline{U} \to [\underline{U}^o,\underline{Me}]$, $U \rightsquigarrow [-,U]$ (5.8).

Die Eigenschaften der präsentierbaren und erzeugbaren Objekte werden in §6 gegeben und an Beispielen erläutert. In §7 wird gezeigt, dass eine lokal α-präsentierbare Kategorie durch ihre α-präsentierbaren Objekte bestimmt wird und dass die Quotienten eines beliebigen Objektes in einer solchen Kategorie immer eine Menge bilden. In §8 wird im wesentlichen bewiesen, dass Funktoren $\underline{U}^o \to \underline{B}$, die eine gegebene Klasse von Limites erhalten, eine koreflexive Unterkategorie von $[\underline{U}^o,\underline{B}]$ bilden; dabei wird $\underline{U}$ als klein und $\underline{B}$ als lokal präsentierbar vorausgesetzt.

Im Abschnitt 9 werden die α-erzeugbaren Objekte einer lokal α-erzeugbaren Kategorie untersucht. Es wird gezeigt, dass eine solche Kategorie durch ihre α-erzeugbaren Objekte bestimmt ist. Ferner wird bewiesen, dass die α-erzeugbaren Objekte genau dann

α-präsentierbar sind, wenn sie α-noethersch sind. Dabei heisst ein Objekt $A \in \underline{A}$ α-noethersch, wenn jede wohlgeordnete Kette $(A_i)_{i \in I}$ von echten Quotienten

$$A \to A_1 \to A_2 \to \dots \to A_i \to \dots$$

von A mit $\operatorname{Kard}(I) = \alpha$ stationär ist.

In §10 wird der Zusammenhang mit den Tripeln hergestellt und gezeigt, dass für ein Tripel $\mathbb{T}$ in einer lokal präsentierbaren Kategorie $\underline{A}$ die Kategorie $\underline{A}^{\mathbb{T}}$ der $\mathbb{T}$-Algebren genau dann lokal präsentierbar ist, wenn $\mathbb{T}$ einen Rang besitzt.

In §11 wird eine Unterklasse von K5 beschrieben. Sie besteht aus Kategorien von α-produkterhaltenden Funktoren $\underline{U}^o \to \underline{Me}$, wobei $\underline{U}^o$ eine beliebige kleine Kategorie mit α-Produkten ist. In Anlehnung an Lawvere-Linton-Benabou [37]-[39]-[10] nennen wir diese Kategorien <u>algebraisch</u>. Da man $\underline{Me}$ wie vorhin durch eine beliebige algebraische Kategorie ersetzen kann, ohne dabei diese Unterklasse zu vergrössern, so bilden die Gruppenobjekte etc. einer algebraischen Kategorie wieder eine algebraische Kategorie.

Eine Kategorie $\underline{A}$ ist genau dann algebraisch, wenn sie folgende Eigenschaften besitzt:

a) $\underline{A}$ ist kovollständig.

b) Jede monomorphe Aequivalenzrelation ist effektiv (dh. ein Kernpaar).

c) $\underline{A}$ besitzt eine echte Generatorenmenge M , welche aus präsentierbaren Objekten besteht und für jedes $U \in M$ erhält der Hom-Funktor $[U,-] : \underline{A} \to \underline{Me}$ reguläre Epimorphismen (mit andern Worten, die Generatoren sind projektiv).

Im Spezialfall $\operatorname{Kard}(M)=1$ sind a) - c) im wesentlichen die bekannten Bedingungen von Lawvere-Linton [37] [39] (unsere Bedingungen sind etwas schwächer). Die kleinste Kardinalzahl α derart, dass in $\underline{A}$ eine Menge von projektiven α-präsentierbaren Generatoren existiert, heisst der projektive Präsentierungsrang $\pi_p(\underline{A})$ von $\underline{A}$. Es gilt natürlich $\pi(\underline{A}) \leq \pi_p(\underline{A})$. Die volle Unterkategorie der projektiven α-präsentierbaren Objekte ist in $\underline{A}$ unter α-Koprodukten und Retrakten abgeschlossen. (In der englischen Literatur werden Retrakte als "contractible cokernels" bezeichnet). Die Abbildung

$$\left\{ \underline{A} \;\middle|\; \underline{A} \text{ algebraisch und } \pi_p(\underline{A}) \leq \alpha \right\} \longrightarrow \left\{ \underline{X} \;\middle|\; \underline{X} \text{ klein mit } \alpha\text{-Koprodukten und Retrakten} \right\}$$

welche einer algebraischen Kategorie $\underline{A}$ mit $\pi_p(\underline{A}) \leq \alpha$ die volle Unterkategorie ihrer projektiven α-präsentierbaren Objekte zuordnet, ist eine Bijektion (modulo Aequivalenz von Kategorien). Die Umkahrabbildung ordnet einer kleinen Kategorie $\underline{U}^o$ mit α-Produkten die Kategorie der α-produkterhaltenden Funktoren $\underline{U}^o \to \underline{Me}$ zu. Man beachte, dass die von Lawvere-Linton [37] [39] betrachteten algebraischen Theorien $\underline{T}$ im allgemeinen keine Invarianten der algebraischen Kategorien $\underline{A}$ sind, zu welchen sie Anlass geben, wohl aber deren Abschluss in $\underline{A}$ unter Retrakten.

Eine Unterklasse der Klasse K6 bilden die mengenwertigen Garben (§12). Wir erhalten den Funktor "assoziierte Garbe" als Spezialfall einer allgemeineren Konstruktion. Es zeigt sich dabei, dass der Funktor "assoziierte Garbe" endliche Limites erhält, wenn Σ (vgl. K6) stabil unter Basiswechsel ist und aus Monomorphismen besteht (insbesondere ist die lokale Eigenschaft von Verdier [58] überflüssig). Der Funktor "assoziierte Garbe" existiert auch für Garben mit Werten in einer beliebigen lokal präsentierbaren Kategorie $\underline{A}$, und die Kategorie dieser Garben ist dann wieder lokal präsentierbar. Ist $\underline{A}$ eine $\aleph_o$-präsentierbare Kategorie oder eine Garbenkategorie, dann ist der Funktor "assoziierte Garbe" mit endlichen Limites vertauschbar, im letzteren Fall ist $St_\Sigma[\underline{U}^o,\underline{A}]$ wieder äquivalent zu einer Kategorie von mengenwertigen Garben. Wir geben schliesslich auch die Giraud'sche innere Kennzeichnung der Garbenkategorien. Dabei weichen wir von der von Verdier [58] angegebenen Methode ab und zeigen, dass jede echte Generatorenmenge M eines "Topos" $\underline{A}$ zu einer Darstellung von $\underline{A}$ als exakte koreflexive Unterkategorie von $[\underline{M}^o,\underline{Me}]$ Anlass gibt.

Sei $\underline{A}$ eine lokal präsentierbare Kategorie. Wir zeigen in §13, dass es für jede reguläre Kardinalzahl β eine reguläre Kardinalzahl $\alpha \geq \beta$ gibt derart, dass $\underline{A}(\alpha) = \widetilde{\underline{A}}(\alpha)$

Seien $J : \underline{U} \to \underline{A}$ und $t : \underline{U} \to \underline{Z}$ Funktoren. Wir geben in §14 eine Behandlung des Problems, unter welchen Voraussetzungen sich die (Ko)Stetigkeitseigenschaften von t auf die Kan'sche Erweiterung $E_J(t) : \underline{A} \to \underline{Z}$ übertragen. Die Resultate sind in den beiden folgenden Fällen von Interesse:

a) J ist die Inklusion der α-präsentierbaren Objekte einer lokal α-präsentierbaren Kategorie $\underline{A}$, und $\underline{Z}$ ist "relativ beliebig";

b) $\underline{Z}$ ist eine lokal α-präsentierbare Kategorie oder eine Garbenkategorie, und J ist "relativ beliebig".

Ferner wird gezeigt, dass ein stetiger Funktor zwischen lokal präsentierbaren Kategorien genau dann einen Koadjungierten besitzt, wenn er für ein genügend grosses α mit monomorphen α-gerichteten Kolimites kommutiert (14.6).

Der Abschnitt §15 soll als eine spekulative Variation auf das Hauptthema von §5 aufgefasst werden.

Falls ein Leser die Sprache der "abgeschlossenen Kategorien" (closed categories) vorzieht, dann dürfte die Uebersetzung keine Schwierigkeiten bereiten (mit Ausnahme von §12, wo anscheinend einige Probleme bestehen).

§0 Terminologie und Notation

Dieser Arbeit liegt die Mengenlehre von Zermelo-Fraenkel und ein fest gewähltes Universum $\underline{\underline{U}}$ zugrunde. Wir setzen dabei voraus, dass $\underline{\underline{U}}$ die Menge $\mathbb{N}$ der natürlichen Zahlen enthält. Die Mengen der Theorie nennen wir hier jedoch Klassen und wir schränken die Bezeichnung Menge auf diejenigen Klassen ein, für die es eine Bijektion auf ein $M \in \underline{\underline{U}}$ gibt. Zum Beispiel sind $\mathbb{N}$, sowie $\underline{\underline{U}}$ und $2^{\underline{\underline{U}}}$ Klassen. Mengen sind alle endlichen oder abzählbaren Klassen (und nicht etwa nur die Klassen aus $\underline{\underline{U}}$)... .

Die Kardinalität einer Menge K bezeichnen wir mit $|K|$; sie soll zu $\underline{\underline{U}}$ gehören. Eine Kardinalzahl α heisst regulär, wenn sie unendlich ist und zu $\underline{\underline{U}}$ gehört und wenn aus $|I| < \alpha$ und $\alpha_i < \alpha$ für alle $i \in I$ folgt, dass $\sum_i \alpha_i < \alpha$. Damit ist $\aleph_0$ die kleinste reguläre Kardinalzahl, $\aleph_1$ die zweitkleinste... . Ausserdem bezeichnen wir mit ∞ die kleinste Kardinalzahl, die nicht mehr zu $\underline{\underline{U}}$ gehört (die also in unserer Sprache keine Menge ist).

Eine Kategorie $\underline{X}$ besteht wie üblich aus einer Klasse von Objekten $\text{Ob}\,\underline{X}$, einer Klasse von Morphismen $\text{Mor}\,\underline{X}$, zwei Abbildungen $d,w : \text{Mor}\,\underline{X} \to \text{Ob}\,\underline{X}$ und einer Komposition. Wir verlangen aber zusätzlich, dass für je zwei Objekte $X,Y \in \text{Ob}\,\underline{X}$ (wir schreiben auch einfacher $X,Y \in \underline{X}$) die Klasse $[X,Y]$ der Morphismen $X \to Y$ eine Menge ist. Wenn die letztere Eigenschaft nicht sichergestellt ist, so sprechen wir hier lediglich von einer Metakategorie (in der Arbeit selbst erlauben wir uns einige Sünden). Zum Beispiel bilden für je zwei Kategorien $\underline{X},\underline{Y}$ die Funktoren $\underline{X} \to \underline{Y}$ im allgemeinen keine Kategorie wohl aber eine Metakategorie, die wir ebenfalls mit $[\underline{X},\underline{Y}]$ bezeichnen.

Mit $\underline{Me}$, $\underline{Gr}$, $\underline{Mod}_\Lambda$, $\underline{Top}$, $\underline{Komp}$, $\underline{Kat}$ ... bezeichnen wir die Kategorien der Mengen, Gruppen, Moduln, topologischen Räume, kompakten Räume, Kategorien..., deren Trägermengen zu $\underline{\underline{U}}$ gehören. Mit den Objekten aus $\underline{Kat}$ nennen wir auch alle dazu äquivalenten Kategorien klein. Mit anderen Worten, eine Kategorie $\underline{X}$ heisst genau dann klein, wenn eine Menge $M \subset \text{Ob}\,\underline{X}$ existiert derart, dass jedes Objekt in $\underline{X}$ zu einem Objekt aus M isomorph ist. Wenn zusätzlich die Bedingungen $|M| < \alpha$ und $|[X,Y]| < \alpha$ für alle $X,Y \in M$ gelten, wobei α eine reguläre Kardinalzahl ist, so nennen wir $\underline{X}$ α-klein.

Für jede Menge M wählen wir ein festes $M' \in \underline{\underline{U}}$ und eine feste Bijektion $i_M : M \to M'$. Die Wahl sei so getroffen, dass für $M \in \underline{\underline{U}}$ die Gleichungen $M = M'$ und $i_M = id_M$ gelten. Mit dieser Wahl sind für jede Kategorie $\underline{X}$ und jedes $X \in \underline{X}$ zwei Funktoren $\underline{X} \to \underline{Me}$, $Y \rightsquigarrow [X,Y]'$ und $\underline{X}^o \to \underline{Me}$, $Y \rightsquigarrow [Y,X]'$ festgelegt. Wir bezeichnen sie mit $[X,-]$ und $[-,X]$. Diese Umständlichkeit in der Definition der Hom-Funktoren ist "unvermeidlich", weil für $\underline{X}$ Funktorkategorien $[\underline{U}^o,\underline{Me}]$ zugelassen sind, falls $\underline{U}$ klein ist. Aus diesem Grunde verlangen wir von den Morphismenklassen $[X,Y]$ einer Kategorie $\underline{X}$ nicht, dass sie zu $\underline{\underline{U}}$ gehören, sondern lediglich, dass sie Mengen bilden. Das führt zu Umständlichkeiten, die wir jedoch in der Praxis beiseite schieben, indem wir einfach $[X,Y]$ statt $[X,Y]'$ schreiben ... .

Falls ein Leser andere Ansichten über Grundlagen vertritt, so sollte dies beim Lesen dieser Arbeit keine Schwierigkeiten bereiten. Wir glauben, dass die Resultate dieser Arbeit unter "Grundlagentransformationen invariant sind".

Was "Limites" betrifft, verwenden wir konsequent die "Kosprache" und nicht die "Links- und Rechts-Sprache" oder die "direkte-und inverse-Sprache" ... . Unsere Limites, Produkte, Kerne... sind also die "inversen oder projektiven" Limites anderer Sprachen; unsere adjungierten Funktoren sind "rechtsadjungiert". Ebenso entsprechen unsere Kolimites, Koprodukte... den "direkten oder induktiven Limites", unsere koadjungierten Funktoren den "Linksadjungierten" ... . Für Limites und Produkte verwenden wir die Bezeichnungen $\varprojlim$ und $\prod$. Mit $\prod_I X$ bezeichnen wir das Produkt einer Familie $(X_i)_{i\in I}$ mit $X_i = X$ für alle X_i. Die dualen Bezeichnungen sind $\varinjlim$, $\coprod$ und $\coprod_I X$.

Sei α eine reguläre Kardinalzahl. Ein α-<u>Limes</u> in einer Kategorie $\underline{X}$ ist der Limes eines Funktors mit α-kleinem Definitionsbereich $\underline{D}$. Die Kategorie $\underline{X}$ heisst α-<u>vollständig</u>, wenn jeder solche Funktor einen Limes hat. Sie heisst <u>vollständig</u>, wenn sie α-vollständig für alle regulären Kardinalzahlen α ist. Entsprechend heisst ein Funktor α-<u>stetig</u> (bzw. <u>stetig</u>), wenn er alle existierenden α-Limites (bzw. Limites von Funktoren mit kleinem Definitionsbereich) erhält. Die duale Terminologie lautet α-kovollständig, kovollständig, α-kostetig, kostetig... . Ein Produkt $\prod_{i\in I} X_i$ mit $|I| < \alpha$ heisst ein α-<u>Produkt</u>; entsprechend heisst ein Koprodukt $\coprod_{i\in I} X_i$ mit $|I| < \alpha$ ein α-<u>Koprodukt</u>.

Sei $\underline{D}$ eine kleine Kategorie. Eine Kategorie $\underline{X}$ heisst $\underline{D}$-vollständig (bzw. $\underline{D}$-kovollständig), falls jeder Funktor $\underline{D} \to \underline{X}$ einen Limes (bzw. Kolimes) besitzt. Entsprechend heisst ein Funktor $\underline{X} \to \underline{Y}$ $\underline{D}$-stetig (bzw. $\underline{D}$-kostetig), wenn er alle existierenden $\underline{D}$-Limites (bzw. $\underline{D}$-Kolimites) erhält. (Dabei ist ein $\underline{D}$-Limes ... der Limes eines Funktors mit Definitionsbereich $\underline{D}$ ...).

§1 Echte und reguläre Epimorphismen

Wir stellen in diesem Abschnitt einige "wohlbekannte" Resultate über Epimorphismen zusammen, die in der Arbeit öfters verwendet werden (vgl. Pupier [45], Kelly [35], Gabriel [21]).

1.1 Ein Epimorphismus $\varepsilon : A \to B$ in einer Kategorie $\underline{X}$ heisst <u>echt</u>, wenn es für jedes kommutative Diagramm

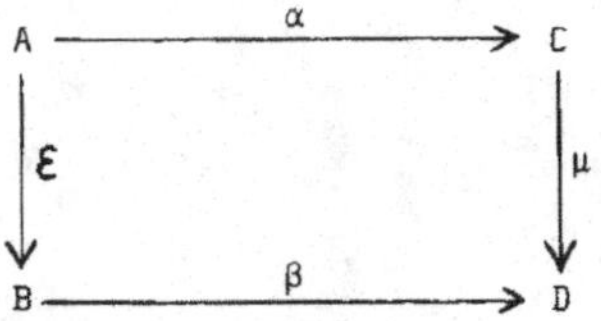

in welchem μ ein Monomorphismus ist, einen Morphismus $\gamma : B \to C$ gibt derart, dass $\beta = \mu\gamma$. Ein solches γ ist eindeutig bestimmt und hat ausserdem die Eigenschaft $\gamma\varepsilon = \alpha$.

Die folgenden Eigenschaften sind evident: die Zusammensetzung zweier echter Epimorphismen sowie der Kolimes eines beliebigen Systems von echten Epimorphismen sind wieder echte Epimorphismen. Wenn eine Zusammensetzung $\eta \cdot \xi$ ein echter Epimorphismus ist, dann auch η. Setzt man im obigen Diagramm $\alpha = id_A$ und $\beta = id_B$ so folgt, dass ein echter Epimorphismus, welcher monomorph ist, ein Isomorphismus ist.

1.2 Ein echter Epimorphismus $\varepsilon : A \to B$ lässt sich nur in trivialer Weise durch ein Unterobjekt von B faktorisieren. Aus den Relationen "$\varepsilon = \mu\alpha$" und "μ = Monomorphismus" folgt nämlich, dass μ ein Isomorphismus ist (man setze im obigen Diagramm $\beta = 1_B$). Umgekehrt ist ein Morphismus $\varepsilon : A \to B$ mit dieser Eigenschaft ein echter Epimorphismus, vorausgesetzt $\underline{X}$ besitzt Faserprodukte und Kerne. Jedes Diagramm 1.1 gibt nämlich Anlass zu einer Zerlegung von ε in einen Morphismus $A \to B \prod_D C$ und die kanonische Projektion $p_1 : B \prod_D C \to B$. Die letztere ist ein Monomorphismus und somit ein Isomorphismus, weil μ monomorph ist. Für γ kann man daher $p_2 p_1^{-1}$ wählen.

1.3 Ein Quotient eines Objektes heisst <u>echt</u>, wenn der zugehörige Epimorphismus echt ist. Es ist klar, dass in einer kovollständigen Kategorie ein Morphismus $\xi : X \to Y$ bis auf Isomorphie eindeutig in einen echten Epimorphismus und einen Monomorphismus zerlegt werden kann, vorausgesetzt die echten Quotienten von X bilden eine Menge. Dasselbe gilt, wenn $\underline{X}$ lokalklein und vollständig ist. In beiden Fällen gibt es ein eindeutig bestimmtes Unterobjekt $\mu : Y' \to Y$ und einen echten Epimorphismus $\varepsilon : X \to Y'$ derart, dass $\mu\varepsilon = \xi$. Wir nennen Y' das "Bild" von ξ.

1.4 Ein Epimorphismus $\varepsilon : A \to B$ heisst bekanntlich <u>regulär</u>, wenn für jeden Morphismus $\eta : A \to C$ folgende Bedingungen äquivalent sind:

(i) η ist von der Gestalt $\theta\varepsilon$;

(ii) aus $\varepsilon\alpha = \varepsilon\beta$ folgt $\eta\alpha = \eta\beta$.

Ein Quotient eines Objektes heisst <u>regulär</u>, wenn der zugehörige Epimorphismus regulär ist. Falls ε der Kokern eines Paares $X \rightrightarrows A$ ist, dann ist ε regulär. Falls M eine Generatorenmenge ist und in $\underline{X}$ beliebige Koprodukte von Objekten aus M existieren, dann ist jeder reguläre Epimorphismus $p : A \to B$ der Kokern des kanonischen Morphismenpaares

$$\coprod_{f,g} U_{f,g} \overset{\alpha_0}{\underset{\alpha_1}{\rightrightarrows}} A$$

Dabei erstreckt sich das Koprodukt über alle Morphismenpaare $f,g : U_{f,g} \rightrightarrows A$ mit der Eigenschaft $pf = pg$, deren Definitionsbereich $U_{f,g}$ in M liegt. Der Summand $U_{f,g}$ wird vermöge f und g in A abgebildet. Hieraus folgt, dass A nur eine Menge von regulären Quotienten besitzt. Wenn das Faserprodukt $A \prod_B A$ existiert, so ist ε genau dann regulär, wenn die kanonische Folge

$$A \prod_B A \overset{p_1}{\underset{p_2}{\rightrightarrows}} A \xrightarrow{\varepsilon} B$$

exakt ist (dh. ε ist der Kokern der kanonischen Projektionen p_1, p_2). Ein regulärer Epimorphismus ist natürlich echt.

1.5 Falls die Kategorie $\underline{X}$ Faserprodukte besitzt und kovollständig ist, so kann man für jeden Morphismus $\varphi : A \to B$ und jede Ordinalzahl ν eine Zerlegung $\varphi = \varphi_\nu \varepsilon_\nu$ wie folgt konstruieren:

a) Es sei $\varepsilon_o = id_A$ und $\varphi_o = \varphi$.

b) Wenn $\varepsilon_\nu : A \to A_\nu$ und $\varphi_\nu : A_\nu \to B$ schon konstruiert sind, so sei $\varkappa_\nu : A_\nu \to A_{\nu+1}$ der Kokern der durch φ_ν bestimmten Aequivalenzrelation $A_\nu \prod_B A_\nu \rightrightarrows A_\nu$; man definiere dann $\varepsilon_{\nu+1}$ als $\varkappa_\nu \varepsilon_\nu$ und $\varphi_{\nu+1}$ als den induzierten Morphismus $A_{\nu+1} \to B$, welcher durch die Eigenschaft $\varphi_\nu = \varphi_{\nu+1} \varkappa_\nu$ bestimmt ist.

c) Wenn ν eine Limeszahl ist, so definiere man $A_\nu = \varinjlim_{\mu<\nu} A_\mu$ und φ_ν bzw. ε_ν als die induzierten Morphismen $A_\nu \to B$ bzw. $A \to A_\nu$.

Es ist klar, dass $\varkappa_\nu$ genau dann ein Isomorphismus ist, wenn φ_ν ein Monomorphismus ist. Das Supremum der ν, für die $\varkappa_\nu$ kein Isomorphismus ist, heisst die Zerlegungszahl $Z(\varphi)$ von φ. Das Supremum der $Z(\varphi)$, wobei $\varphi \in \underline{X}$, heisst die Zerlegungszahl $Z(\underline{X})$ der Kategorie $\underline{X}$.

1.6 Bemerkung. Die vorige Konstruktion kann auf etwas allgemeinere Fälle ausgedehnt werden. Wir geben zwei Beispiele an:

a) Die Kategorie $\underline{X}$ sei kovollständig und besitze eine Generatorenmenge M. Man betrachte dann alle Morphismenpaare $f,g : U \rightrightarrows A$, derart, dass $U \in M$ und $\varphi f = \varphi g$. Für A_1 nehme man dann einfach den Kokern des induzierten Morphismenpaares $\coprod_{f,g} U \rightrightarrows A$, usw.

b) Es sei α eine reguläre Kardinalzahl; die Kategorie $\underline{X}$ sei echt α-kovollständig (vgl. Einleitung oder 9.6). Dann kann man für $\varepsilon_1 : A \to A_1$ den Kolimes aller regulären Epimorphismen $A \to X$ nehmen, durch die sich $\varphi : A \to B$ faktorisieren lässt. Durch transfinite Induktion lässt sich dann auch A_ν für jede Ordnungszahl ν wie in 1.5 definieren.

1.7 Für eine kovollständige Kategorie $\underline{X}$ mit Faserprodukten oder einer Generatorenmenge sind folgende Bedingungen gleichwertig:

(i) $Z(\underline{X}) = 0$

(ii) Jeder Morphismus lässt sich in einen regulären Epimorphismus und einen

Monomorphismus zerlegen.

(iii) Jeder echte Epimorphismus ist regulär.

(iv) Die Zusammensetzung zweier regulärer Epimorphismen ist ein regulärer Epimorphismus.

Diese äquivalenten Bedingungen sind in folgenden Kategorien erfüllt: <u>Me</u> , $\underline{Me}^{o}$, <u>Top</u> , $\underline{Top}^{o}$, <u>Komp</u> , $\underline{Komp}^{o}$, Kategorien von universellen Algebren, Garben etc. Sie sind auch erfüllt, wenn jeder reguläre Epimorphismus $\varepsilon : A \to B$ ein <u>universeller</u> Epimorphismus ist (dh. wenn für jeden Morphismus $B' \to B$ die kanonische Projektion $B' \underset{B}{\pi} A \to B'$ ein Epimorphismus ist). Dies ergibt sich aus folgendem

<u>Lemma. Es seien $\varepsilon : A \to B$ und $\eta : B \to C$ reguläre Epimorphismen in einer Kategorie mit Faserprodukten. Wenn $\varepsilon \underset{C}{\pi} \varepsilon : A \underset{C}{\pi} A \to B \underset{C}{\pi} B$ ein Epimorphismus ist, dann ist $\eta\varepsilon$ ein regulärer Epimorphismus.</u>

Das Lemma ist die Beute einer ungefährlichen "Löwenjagd" auf dem Diagramm

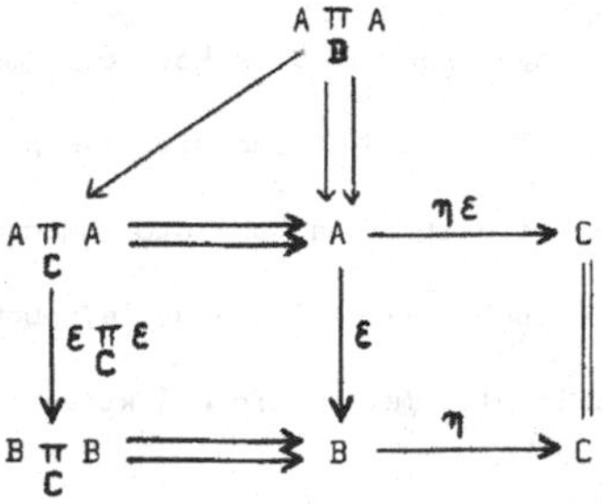

Man beachte ferner, dass $\varepsilon \underset{C}{\pi} \varepsilon$ ein Epimorphismus ist, wenn ε ein universeller Epimorphismus ist. Dann sind nämlich $\varepsilon \underset{C}{\pi} B \xrightarrow{\cong} \varepsilon \underset{B}{\pi} (B \underset{C}{\pi} B)$ und $A \underset{C}{\pi} \varepsilon \xrightarrow{\cong} (A \underset{C}{\pi} B) \underset{B}{\pi} \varepsilon$ Epimorphismen und somit auch $(\varepsilon \underset{C}{\pi} B) \circ (A \underset{C}{\pi} \varepsilon) = \varepsilon \underset{C}{\pi} \varepsilon$.

1.8 Es sei <u>Halb</u> die Kategorie der Halbgruppen. In $\underline{Halb}^{o}$ sind die äquivalenten Bedingungen von 1.7 nicht erfüllt. Es seien nämlich $\mathbb{N}$ die additive Halbgruppe der natürlichen Zahlen, H die durch 3 und 5 erzeugte Unterhalbgruppe und $\varphi : H \to \mathbb{N}$ die Inklusion. Seien $\alpha, \beta : \mathbb{N} \rightrightarrows K$ Morphismen mit der Eigenschaft $\alpha\varphi = \beta\varphi$. Dann gelten die folgenden Relationen (additiv geschrieben)

$$\alpha(7) = \alpha(2)+\alpha(5) = \alpha(2)+\beta(5) = \alpha(2)+\beta(3)+\beta(2) = \alpha(2)+\alpha(3)+\beta(2) = \alpha(5)+\beta(2) =$$
$$= \beta(5)+\beta(2) = \beta(7) .$$

Dies zeigt, dass φ in Halb kein regulärer Monomorphismus ist (dh. der zugehörige Morphismus $\varphi^o : \mathbf{N}^o \to H^o$ von Halb^o ist kein regulärer Epimorphismus). Ist andererseits G die durch 3,5 und 7 erzeugte Unterhalbgruppe von $\mathbf{N}$, so sieht man leicht, dass die Inklusionen $H \to G$ und $G \to \mathbf{N}$ reguläre Monomorphismen sind.

Man kann leicht zeigen, dass die Kategorie Kat der Kategorien aus $\underline{\underline{U}}$ die Zerlegungszahl 1 hat. Die Zerlegungszahl der Kategorie der 2-Kategorien aus $\underline{\underline{U}}$ ist 2 ... .

1.9 Eine Menge M von Objekten in einer Kategorie $\underline{X}$ heisst eine echte Generatorenmenge, falls

a) M eine Generatorenmenge ist und

b) ein Morphismus $\varepsilon : A \to B$ in $\underline{X}$ genau dann ein Isomorphismus ist, wenn für jedes $U \in M$ die Abbildung $[U,\varepsilon] : [U,A] \to [U,B]$ bijektiv ist.

Falls $\underline{X}$ Kerne besitzt, dann folgt a) aus b). Eine Kategorie mit einer echten Generatorenmenge M ist lokal klein (= well powered), wenn sie Faserprodukte besitzt, oder wenn M die stärkere Bedingung 1.10 i) erfüllt. Eine Generatorenmenge ist im allgemeinen nicht echt. In der Kategorie der topologischen Räume ist jeder einpunktige Raum ein Generator, aber kein echter Generator, weil im allgemeinen ein bijektiver Morphismus nicht invertierbar ist.

1.10 Satz. Sei M eine Menge von Objekten in einer Kategorie $\underline{X}$ derart, dass für jede Familie $(U_i)_{i\in I}$ von Objekten $U_i \in M$ das Koprodukt $\coprod_{i\in I} U_i$ in $\underline{X}$ existiert. Man betrachte die folgenden Aussagen:

(i) Für jedes Objekt $A \in \underline{X}$ gibt es eine Familie $(U_i \in M)_{i\in I}$ und einen echten Epimorphismus $\coprod_{i\in I} U_i \to A$.

(ii) Ein Morphismus $\varepsilon : A \to B$ mit der Eigenschaft, dass sich jeder Morphismus $U \to B$, $U \in M$, durch ε faktorisieren lässt, ist ein echter Epimorphismus.

(iii) Ein Morphismus $\varepsilon : A \to B$ mit der Eigenschaft, dass $[U,\varepsilon]$ für jedes Objekt

$U \in M$ eine Bijektion ist, ist invertierbar.

(iv) Ein Monomorphismus $\varepsilon : A \to B$ mit der Eigenschaft, dass sich jeder Morphismus $U \to B$, $U \in M$, durch ε faktorisieren lässt, ist invertierbar.

Dann gilt (i) $\Leftrightarrow$ (ii) $\Rightarrow$ (iii) $\Rightarrow$ (iv) . Ausserdem sind alle vier Aussagen äquivalent, wenn sich jeder Morphismus in einen echten Epimorphismus und einen Monomorphismus zerlegen lässt (vgl. 1.3, 6.6 c) und 1.7), insbesondere ist M dann eine echte Generatorenmenge.

Der Beweis ist evident.

1.11 Eine Menge M von Objekten in einer Kategorie $\underline{X}$ heisst eine reguläre Generatorenmenge, falls

a) für jedes $X \in \underline{X}$ das Koprodukt $\coprod_h U_h$ existiert, wobei h alle Morphismen mit Wertebereich X und Definitionsbereich in M durchläuft.

b) der kanonische Morphismus $\coprod_h U_h \to X$, welcher den Summanden U_h vermöge $h : U_h \to X$ in X abbildet, ein regulärer Epimorphismus ist.

1.12 Satz. Sei $\underline{X}$ eine Kategorie mit einer echten Generatorenmenge M derart, dass in $\underline{X}$ beliebige Koprodukte von Objekten aus M existieren. Ausserdem soll jedes Morphismenpaar $\coprod_{i \in I} U_i \rightrightarrows \coprod_{j \in J} U_j$ in $\underline{X}$ einen Kokern besitzen, wobei $U_i, U_j \in M$ und I, J beliebige Mengen sind. Falls für jedes $U \in M$ der Funktor $[U,-] : \underline{X} \to \underline{Me}$ reguläre Epimorphismen erhält, dann ist $\underline{X}$ kovollständig und vollständig und jeder echte Epimorphismus ist regulär. Insbesondere ist M eine reguläre Generatorenmenge.

Beweis. Wir zeigen zuerst, dass ein Morphismus $p : A \to B$ genau dann ein regulärer Epimorphismus ist, wenn für jedes $U \in M$ die Abbildung $[U,p]$ surjektiv ist. Es genügt zu zeigen, dass die Bedingung hinreichend ist. Sei

$$\coprod_{f,g} U_{f,g} \overset{\alpha_0}{\underset{\alpha_1}{\rightrightarrows}} A \xrightarrow{p} B$$

das in 1.4 angegebene Diagramm. (Das Koprodukt erstreckt sich über Morphismenpaare

$f,g : U_{f,g} \rightrightarrows A$ mit $pf = pg$, deren Definitionsbereich $U_{f,g}$ in M liegt). Es existie-

re ein Kokern $q : A \rightarrow \text{Kok}(\alpha_0,\alpha_1)$ von α_0,α_1 und es sei $\varphi : \text{Kok}(\alpha_0,\alpha_1) \rightarrow B$ der ein-

deutig bestimmte Morphismus mit $p = \varphi q$. (Wir zeigen unten, dass $\underline{X}$ Kokerne besitzt).

Da nach Voraussetzung für jedes $U \in M$ die Abbildung $[U,q]$ surjektiv ist, folgt leicht

aus der Definition von $\coprod\limits_{f,g} U_{f,g}$, dass die Abbildung $[U,\varphi]$ injektiv ist. Wegen

$p = \varphi \cdot q$ ist mit $[U,p]$ auch $[U,\varphi]$ surjektiv. Folglich ist $[U,\varphi]$ bijektiv und somit

ist $\varphi : \text{Koker}(\alpha_0,\alpha_1) \rightarrow B$ nach 1.9 ein Isomorphismus. Dies zeigt, dass p regulär ist.

Sei nun $p : A \rightarrow B$ irgendein echter Epimorphismus. Dann ist auch

$\varphi : \text{Koker}(\alpha_0,\alpha_1) \rightarrow B$ ein echter Epimorphismus. Da $[U,\varphi]$ für jedes $U \in M$ injektiv ist,

so ist φ monomorph. Folglich ist φ invertierbar und p regulär.

Wir zeigen jetzt die Existenz beliebiger Kokerne. Jeder Morphismus $\delta : B \rightarrow B'$ gibt An-

lass zu einem kanonischen Diagramm (vgl. 1.11 b),1.4)

$$
\begin{array}{ccccc}
\coprod\limits_{f,g} U_{f,g} & \overset{\alpha_0}{\underset{\alpha_1}{\rightrightarrows}} & \coprod\limits_{h:U_h\to B} U_h & \overset{P}{\longrightarrow} & B \\
\big\downarrow{\eta} & & \big\downarrow{\varepsilon} & & \big\downarrow{\delta} \\
\coprod\limits_{f',g'} U'_{f',g'} & \overset{\alpha'_0}{\underset{\alpha'_1}{\rightrightarrows}} & \coprod\limits_{h':U'_{h'}\to B'} U'_{h'} & \overset{P'}{\longrightarrow} & B'
\end{array}
$$

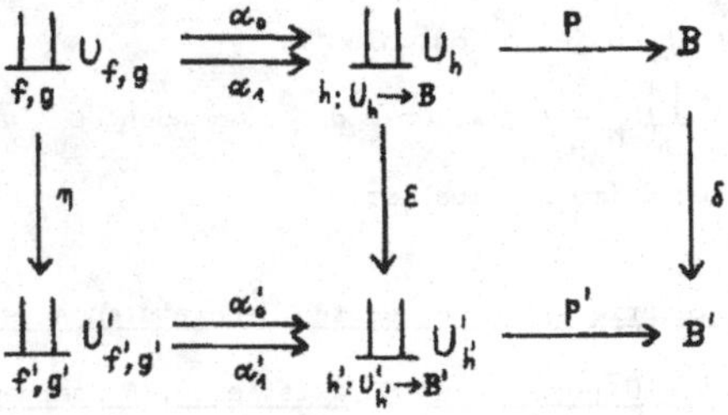

wobei $U_h, U_{h'}$, $U_{f,g}$ und $U_{f',g'}$ zu M gehören und die Kommutativitätsbedingungen

$p'\varepsilon = \delta p, \alpha'_0 \eta = \varepsilon \alpha_0$ und $\alpha'_1 \eta = \varepsilon \alpha_1$ erfüllt sind. Dessen Zeilen sind nach dem obigen

rechtsexakt, weil $\text{Koker}(\alpha_0,\alpha_1)$ und $\text{Koker}(\alpha'_0,\alpha'_1)$ existieren und die Abbildungen

$[U,p]$ und $[U,p']$ für jedes $U \in M$ surjektiv sind. Ist $\delta,\bar{\delta} : B \rightrightarrows B'$ ein Morphis-

menpaar, dann kann der Kolimes K des kanonischen Diagrammes

$$
\begin{array}{ccc}
\coprod\limits_{f,g} U_{f,g} & \overset{\alpha_0}{\underset{\alpha_1}{\rightrightarrows}} & \coprod\limits_{h:U_h\to B} U_h \\
{\eta}\big\downarrow\big\downarrow{\bar{\eta}} & & {\varepsilon}\big\downarrow\big\downarrow{\bar{\varepsilon}} \\
\coprod\limits_{f',g'} U'_{f',g'} & \overset{\alpha'_0}{\underset{\alpha'_1}{\rightrightarrows}} & \coprod\limits_{h':U'_{h'}\to B'} U'_{h'}
\end{array}
$$

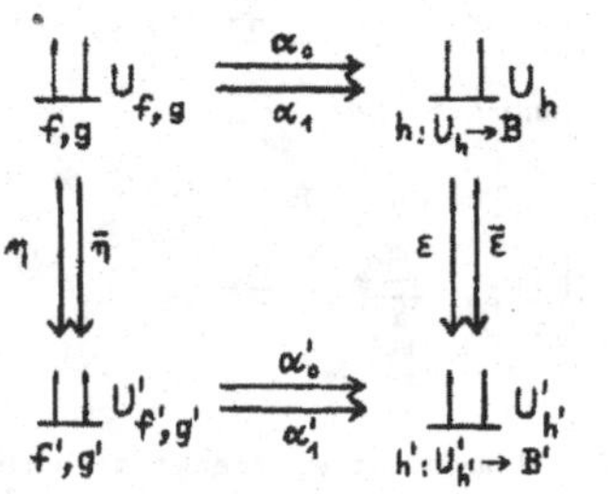

offensichtlich als Kokern eines Morphismenpaares $\coprod_{i\in I} U_i \rightrightarrows \coprod_{j\in J} U_j$ erhalten werden, wobei $U_i, U_j \in M$. Es ist leicht zu sehen, dass der induzierte Morphismus $B' \to K$ ein Kokern von $\delta, \bar{\delta} : B \rightrightarrows B'$ ist. Ebenso kann man zeigen, dass in $\underline{X}$ für jede Familie $(A_\nu)_{\nu\in N}$ das Koprodukt $\coprod_{\nu\in N} A_\nu$ existiert, indem man es als Kokern eines Morphismenpaares $\coprod_{\mu\in M} U_\mu \rightrightarrows \coprod_{\lambda\in\Lambda} U_\lambda$ darstellt, wobei $U_\mu, U_\lambda \in M$.

Die Vollständigkeit von $\underline{X}$ folgt leicht aus dem bekannten Kriterium, dass eine kovollständige Kategorie mit einer echten Generatorenmenge vollständig ist, falls jedes Objekt nur eine Menge von echten Quotienten besitzt. In einer solchen Kategorie ist nämlich jeder stetige Funktor $\underline{X}^o \to \underline{Me}$ darstellbar (vgl. 14.7). Das gilt speziell für jeden Funktor der Form $\varprojlim_{\underline{D}} [-,FD]$, wobei $F : \underline{D} \to \underline{X}$ ein beliebiger Funktor mit kleinem Definitionsbereich ist.

§ 2 Kan'sche Erweiterungen, Beispiele

In diesem Abschnitt stellen wir einige zum Teil bekannte Eigenschaften von Kan'schen Erweiterungen zusammen, die wir im folgenden oft verwenden werden (vgl. Ulmer [54]). Insbesondere geben wir eine globale Konstruktion der Kan'schen Erweiterung, sowie eine etwas natürlichere Herleitung der lokalen (dh. objektweisen) Konstruktion von Kan [33].

2.1 Definition Seien $J : \underline{U} \to \underline{A}$ und $F : \underline{U} \to \underline{B}$ Funktoren. Ein Funktor $E_J(F) : \underline{A} \to \underline{B}$ zusammen mit einer natürlichen Transformation $\varphi_F : F \to E_J(F)J$ heisst Kan'sche Koerweiterung von F bezüglich J, wenn für jeden Funktor $T : \underline{A} \to \underline{B}$ die Abbildung

$$[E_J(F),T] \to [F,TJ] \;, \psi \rightsquigarrow (\psi J) \circ \varphi_F$$

bijektiv ist.

Durch diese Bedingung wird das Paar $(E_J(F),\varphi_F)$ bis auf Isomorphie eindeutig bestimmt. Falls dieses existiert, so sieht man leicht, dass für eine Zusammensetzung $J'J$ die Koerweiterung $E_{J'J}(F)$ genau dann existiert, wenn $E_{J'}(E_J(F))$ existiert, und die Funktoren $E_{J'J}(F)$ und $E_{J'}(E_J(F))$ sind dann isomorph.

Dual heisst ein Funktor $E^J(F) : \underline{A} \to \underline{B}$ zusammen mit einer natürlichen Transformation $E^J(F)J \to F$ Kan'sche Erweiterung von F bezüglich J, wenn die entsprechenden Abbildungen

$$[T,E^J(F)] \to [TJ,F]$$

bijektiv sind.

2.2 Wir geben zunächst zwei Beispiele.

a) Sei $\underline{B} = \underline{Me}$ und $F = [-,U]$ ein Hom-Funktor. Dann existiert die Kan'sche Koerweiterung bezüglich beliebiger Funktoren $J : \underline{U} \to \underline{A}$. Aus dem Yoneda Lemma

$$[[JU,-],T] \cong TJU \cong [[-,U],TJ]$$

folgt nämlich unmittelbar, dass $E_J[U,-] = [JU,-]$ und dass $\varphi_{[U,-]}: [U,-] \to [JU,J-]$ durch die Abbildungen $[U,X] \to [JU,JX]$, $\xi \rightsquigarrow J\xi$ gegeben ist, $X \in \underline{U}$.

b) Sei $\underline{B} = [\underline{U}^o,\underline{Me}]$ und F die Yoneda Einbettung $[-,\cdot] : \underline{U} \to [\underline{U}^o,\underline{Me}]$, $U \rightsquigarrow [-,U]$. Sei $J : \underline{U} \to \underline{A}$ ein beliebiger Funktor. Dann ist $[J-,\cdot] : \underline{A} \to [\underline{U}^o,\underline{Me}]$, $A \rightsquigarrow [J-,A]$ die Kan'sche Koerweiterung der Yoneda Einbettung $[-,\cdot]$ bezüglich J und die universelle natürliche Transformation $\varphi_{[-,\cdot]} : [-,\cdot] \to [J-,J\cdot]$ ist durch die Abbildungen $[U,X] \to [JU,JX]$, $\xi \rightsquigarrow J\xi$ gegeben, $U,X \in \underline{U}$. Man kann nämlich leicht zeigen, dass für einen beliebigen Funktor $T : \underline{A} \to [\underline{U}^o,\underline{Me}]$ die Abbildung

$$[[-,\cdot],TJ] \to [[J-,\cdot],T] \ , \psi \rightsquigarrow \Psi$$

invers zu derjenigen von 2.1 ist. Dabei ist für jedes $A \in \underline{A}$ der Wert der natürlichen Transformation $\Psi A : [J-,A] \to TA$ an der Stelle $U \in \underline{U}$ diejenige Abbildung $[JU,A] \to (TA)(U)$, welche einem Morphismus $\xi : JU \to A$ das Bild von id_U unter der Zusammensetzung

$$[U,U] \xrightarrow{(\psi U)U} (TJU)U \xrightarrow{(T\xi)U} (TA)U$$

zuordnet.

2.3 Seien $J : \underline{U} \to \underline{A}$, $H : \underline{U} \to \underline{C}$, $L : \underline{C} \to \underline{B}$ und $R : \underline{B} \to \underline{C}$ Funktoren, wobei L koadjungiert zu R ist. Falls $E_J(H)$ existiert, dann auch $E_J(LH)$ und es gilt

$$E_J(LH) = LE_J(H) \ , \ \varphi_{LH} = L\varphi_H$$

Dies folgt leicht aus den folgenden Bijektionen

$$[LE_J(H),T] \cong [E_J(H),RT] \cong [H,RTJ] \cong [LH,TJ]$$

wobei $T : \underline{A} \to \underline{B}$ einen beliebigen Funktor bezeichnet.

Es ist klar, dass dies auch dann richtig ist, wenn L nur auf einer vollen Unterkategorie $\underline{C}'$ von $\underline{C}$ definiert ist, welche die Bilder von $J : \underline{U} \to \underline{C}$ und

$E_J(H) : \underline{A} \to \underline{C}$ enthält; mit andern Worten, wenn $L : \underline{C}' \to \underline{B}$ partiell koadjungiert ist zu $R : \underline{B} \to \underline{C}$ (relativ zur Inklusion $\underline{C}' \to \underline{C}$, vgl. Ulmer [55], Isbell [32]) und wenn H sowie $E_J(H)$ durch die Inklusion $\underline{C}' \to \underline{C}$ faktorisieren.

Ein Beispiel hierfür liefern die verallgemeinerten darstellbaren Funktoren [56]. Sei $J : \underline{U} \to \underline{A}$ ein Funktor und $\underline{B}$ eine Kategorie, in welcher für jedes Paar $U,U' \in \underline{U}$, jedes $A \in \underline{A}$ und jedes $B \in \underline{B}$ die Koprodukte $\coprod_{[U,U']} B$ und $\coprod_{[JU,A]} B$ existieren. Sei $\underline{Me}'$ die volle Unterkategorie von $\underline{Me}$, bestehend aus allen Mengen $[U,U']$ und $[JU,A]$, wobei $U,U' \in \underline{U}$ und $A \in \underline{A}$. Dann ist für jedes $B \in \underline{B}$ der Funktor $B\otimes : \underline{Me}' \to \underline{B}$, $M' \rightsquigarrow \coprod_{M'} B$ partiell koadjungiert zu $[B,-] : \underline{B} \to \underline{Me}$. Folglich ist die Kan'sche Koerweiterung eines Funktors $B\otimes[U,-] : \underline{U} \to \underline{B}$ wieder ein verallgemeinerter darstellbarer Funktor, nämlich

$$B\otimes[JU,-] : \underline{A} \to \underline{B}$$

und für jedes $X \in \underline{U}$ bildet $\varphi_{B\otimes[U,-]}(X) : \coprod_{[U,X]} B \longrightarrow \coprod_{[JU,JX]} B$ den Summanden $B_\xi = B$, $\xi \in [U,X]$ identisch auf den Summanden $B_{J\xi} = B$ ab.

2.4 <u>Globale Konstruktion der Kan'schen Koerweiterung.</u>

Sei $J : \underline{U} \to \underline{A}$ ein Funktor, $\underline{B}$ eine Kategorie und $F = \varinjlim_\nu F_\nu$ ein Kolimes in $[\underline{U},\underline{B}]$. Für jedes F_ν existiere $E_J(F_\nu)$. Da die Kan'sche Koerweiterung E_J partiell koadjungiert zu $[\underline{A},\underline{B}] \to [\underline{U},\underline{B}]$, $G \rightsquigarrow G\cdot J$ ist, so existiert $E_J(F)$ genau dann, wenn $\varinjlim_\nu E_J(F_\nu)$ in $[\underline{A},\underline{B}]$ existiert. Ferner gilt dann $E_J(F) = \varinjlim_\nu E_J(F_\nu)$ und φ_F wird von den φ_{F_ν} induziert. Wir verwenden dies nun zur Konstruktion von $E_J(F)$.

<u>Satz.</u> <u>Seien $\underline{U}$ und $\underline{B}$ Kategorien, in $\underline{B}$ existiere für jedes $B \in \underline{B}$ und jedes Paar $U,U' \in \underline{U}$ das Koprodukt $\coprod_{[U,U']} B$. Dann gibt es für jeden Funktor $F : \underline{U} \to \underline{B}$ eine Kolimesdarstellung</u>

$$F = \varinjlim_{\alpha} Fd\alpha \otimes [w\alpha,-]$$

<u>Dabei ist die zugehörige Indexkategorie die baryzentrische Unterteilung von $\underline{U}$; deren Objekte sind also die Morphismen α von $\underline{U}$, und die Morphismenmenge $[\alpha,\alpha']$ besteht genau dann aus einem Element, wenn $\alpha' = id_{d\alpha}$ oder $\alpha' = id_{w\alpha}$ oder $\alpha = \alpha'$, andernfalls</u>

ist sie leer, vgl. Kan [33] , Schubert [49] .

Beweis. Offensichtlich ist für jedes Paar $F,G \in [\underline{U}^o,\underline{B}]$ die kanonische Abbildung

$$[F,G] \to \varprojlim_{\alpha}[Fd\alpha, Gw\alpha] \ , \ \varphi \rightsquigarrow (\varphi(w\alpha)\cdot F\alpha)_{\alpha \in \underline{U}}$$

eine Bijektion (vgl. Kan [33]). Die Behauptung ergibt sich deshalb leicht aus den folgenden natürlichen Bijektionen

$$[F,G] \cong \varprojlim_{\alpha}[Fd\alpha,Gw\alpha] \cong \varprojlim_{\alpha}[[w\alpha,-],[Fd\alpha,G-]] \cong \varprojlim_{\alpha}[Fd\alpha\otimes[w\alpha,-],G] \cong [\varinjlim_{\alpha} Fd\alpha\otimes[w\alpha,-],G]$$

Korollar. Sei $J : \underline{U} \to \underline{A}$ ein Funktor. In $\underline{B}$ gebe es für jedes Paar $U,U' \in \underline{U}$, jedes $A \in \underline{A}$ und jedes $B \in \underline{B}$ die Koprodukte $\coprod_{[U,U']} B$ und $\coprod_{[JU,A]} B$. Sei $F = \varinjlim_{\nu} B_\nu \otimes [U_\nu,-]$ eine Kolimesdarstellung von F durch verallgemeinerte darstellbare Funktoren (z.B. $F = \varinjlim_{\alpha} Fd\alpha\otimes[w\alpha,-]$). Dann existiert $E_J(F)$ genau dann, wenn $\varinjlim_{\nu} B_\nu\otimes[JU_\nu,-]$ in $[\underline{A},\underline{B}]$ existiert und es gilt

$$E_J(F) = \varinjlim_{\nu} B_\nu \otimes [JU_\nu,-]$$

Korollar. Falls $\underline{U}$ klein ist und $\underline{B}$ kovollständig, dann existiert $E_J(F)$ für jedes F und $E_J(F) : \underline{A} \to \underline{B}$ erhält diejenigen Kolimites, welche von jedem Funktor $[JU,-] : \underline{A} \to \underline{Me}$ erhalten werden, $U \in \underline{U}$.

2.5 Kan'sche Konstruktion.

Seien $J : \underline{U} \to \underline{A}$ und $F : \underline{U} \to \underline{B}$ Funktoren. Wir betrachten Funktoren $t \in \underline{C} = [\underline{U}^o,\underline{Me}]$, für welche ein Objekt $B_t \in \underline{B}$, sowie in $Y \in \underline{B}$ natürliche Bijektionen

$$[t,[F-,Y]] \cong [B_t,Y]$$

existieren. (Z.B. ist $B_t = FU$ für $t = [-,U]$, $U \in \underline{U}$). Sei $\underline{C}'$ die volle von diesen Funktoren aufgespannte Unterkategorie in $\underline{C}$. Bekanntlich kann die Objektfunktion $t \rightsquigarrow B_t$ zu einem Funktor $L : \underline{C}' \to \underline{B}$ erweitert werden, welcher partiell koadjungiert zu $R : \underline{B} \to \underline{C}$, $B \rightsquigarrow [F-,B]$ ist. Durch diese Eigenschaft ist L bis auf Isomorphie bestimmt und $F : \underline{U} \to \underline{B}$ ist die Zusammensetzung von der Yoneda Einbettung $Y' : \underline{U} \to \underline{C}'$, $U \rightsquigarrow [-,U]$

mit $L : \underline{C}' \to \underline{B}$. Es gibt also ein Diagramm

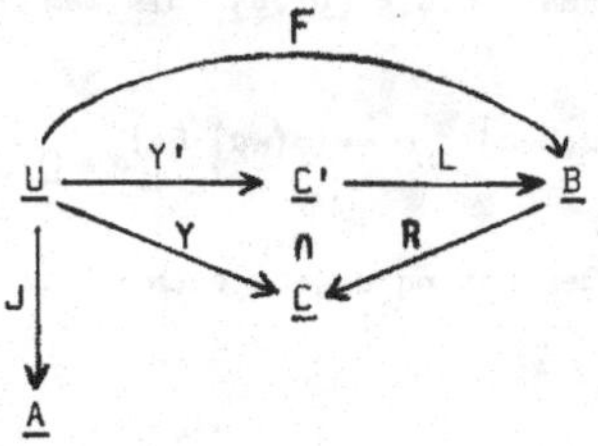

Ausserdem ist der Funktor $\underline{A} \to \underline{C}$, $A \rightsquigarrow [J-,A]$ die Kan'sche Koerweiterung $E_J(Y)$ (vgl. 2.2 b)). Aus 2.3 folgt daher für $Y = H$, dass $E_J(F) : \underline{A} \to \underline{B}$ existiert, falls für jedes $A \in \underline{A}$ der Funktor $[J-,A]$ in $\underline{C}'$ liegt. Unter dieser Voraussetzung gilt dann

$$E_J(F)(A) = L[J-,A] \ .$$

Wir geben jetzt eine genauere Beschreibung von $\underline{C}'$ und L .

2.6 Bekanntlich kann man jedem Objekt $A \in \underline{A}$ die Kategorie J/A "der über A stehenden Objekte in $\underline{U}$" zuordnen, deren Objekte Paare (X,ξ) sind, bestehend aus einem $X \in \underline{U}$ und einem Morphismus $\xi : JX \to A$. Ein Morphismus $(X,\xi) \to (X',\xi')$ ist durch einen Morphismus $\alpha : X \to X'$ mit der Eigenschaft $\xi = \xi' \cdot J\alpha$ gegeben. Gelegentlich schreiben wir auch $\underline{U}/A$ statt J/A . Mit $J_A : J/A \to \underline{U}$ bezeichnen wir den Vergissfunktor $(X,\xi) \rightsquigarrow X$ und mit $\varphi_A(J) : J \circ J_A \to \mathrm{konst}_A$ die natürliche Transformation $(X,\xi) \rightsquigarrow \xi$.

Dual bezeichnen wir mit $A\backslash J$ die Kategorie "der unter A stehenden Objekte in $\underline{U}$"; die Objekte von $A\backslash J$ sind also Paare $(X, \xi: A \to JX)$ etc.

Jeder Morphismus $\xi : JX \to A$ gibt Anlass zu einer natürlichen Transformation $\varphi_\xi : [-,X] \to [J-,A]$. Die $(\varphi_\xi)_{(X,\xi) \in J/A}$ bilden eine natürliche Transformation $Y \cdot J_A \to \mathrm{konst}_{[J-,A]}$, welche - wie leicht zu sehen ist - einen Isomorphismus

$$\varinjlim_{(X,\xi) \in J/A} [-,X] \xrightarrow{\cong} [J-,A]$$

induziert. (Nimmt man speziell für J die Yoneda Einbettung $Y : \underline{U} \to [\underline{U}^o, \underline{Me}]$, $U \rightsquigarrow [-,U]$ so erhält man in dieser Weise die kanonische Darstellung eines Funktors $A \in [\underline{U}^o, \underline{Me}]$ als Kolimes von darstellbaren Funktoren. Umgekehrt liefert die kanonische Kolimesdarstellung des obigen Funktors $[J-,A]$ den angegebenen Isomorphismus.)

Sei $t \overset{\cong}{\leftarrow} \varinjlim_{\nu} [-,U_\nu]$ eine beliebige Kolimesdarstellung eines Funktors $t \in [\underline{U}^o, \underline{Me}] = \underline{C}$. Auf Grund der Kostetigkeit von $L : \underline{C}' \to \underline{B}$ ist es evident, dass t genau dann in $\underline{C}'$ liegt, wenn $\varinjlim_{\nu} L[-,U_\nu] = \varinjlim_{\nu} FU_\nu$ in $\underline{B}$ existiert und es gilt dann $\varinjlim_{\nu} FU_\nu \overset{\cong}{\to} Lt = B_t$. Wählt man $t = [J-,A]$, $A \in \underline{A}$ so erhalten wir hieraus den folgenden Satz, den wir in dieser Arbeit oft verwenden werden.

2.7 Satz. Seien $J : \underline{U} \to \underline{A}$ und $F : \underline{U} \to \underline{B}$ Funktoren. Die Kan'sche Koerweiterung $E_J(F) : \underline{A} \to \underline{B}$ existiert, wenn es für jedes $A \in \underline{A}$ eine Kolimesdarstellung $\varinjlim_{\nu} [-,U_\nu] \overset{\cong}{\to} [J-,A]$ gibt derart, dass $\varinjlim_{\nu} FU_\nu$ in $\underline{B}$ existiert. Es gilt dann $E_J(F)(A) = \varinjlim_{\nu} FU_\nu$ und $E_J(F)$ ist die Zusammensetzung

$$\underline{A} \xrightarrow{E_J(Y')} \underline{C}' \xrightarrow{L} \underline{B}, \quad A \rightsquigarrow [J-,A] \rightsquigarrow L[J-,A]$$

(vgl. 2.5).

2.8 Korollar. Unter den Voraussetzungen von 2.7 erhält $E_J(F) : \underline{A} \to \underline{B}$ diejenigen Kolimites, welche von $\underline{A} \to [\underline{U}^o, \underline{Me}]$, $A \rightsquigarrow [J-,A]$ erhalten werden, mit andern Worten, diejenigen Kolimites, welche von jedem Funktor $[JU,-] : \underline{A} \to \underline{Me}$ erhalten werden, $U \in \underline{U}$.

2.9 Korollar. (Kan'sche Konstruktion). Wählt man für jedes $A \in \underline{A}$ die Kolimesdarstellung

$$\varinjlim_{(X,\xi) \in J/A} [-,X] \overset{\cong}{\to} [J-,A]$$

von 2.6, so folgt aus 2.7, dass $E_J(F)$ existiert, wenn $\varinjlim_{(X,\xi)} FX$ in $\underline{B}$ existiert, und es gilt

$$E_J(F)(A) = \varinjlim FJ_A = \varinjlim_{(X,\xi) \in J/A} FX .$$

2.10 Die Kan'sche Konstruktion 2.9 ist z.B. dann anwendbar, wenn $\underline{U}$ klein ist und $\underline{B}$ kovollständig. Aber auch im allgemeinen Fall hängt die Kan'sche Konstruktion eng mit den Kan'schen Koerweiterungen zusammen. Dies zeigt der folgende

Satz. Seien $J : \underline{U} \to \underline{A}$ und $F : \underline{U} \to \underline{B}$ Funktoren. In $\underline{B}$ sollen für jedes $B \in \underline{B}$ und jede Menge der Form $M = [U,U']$, $U,U' \in \underline{U}$ oder $M = [A,A']$, $A,A' \in \underline{A}$, die Objekte $\coprod_M B$ und $\prod_M B$ existieren. Aequivalent sind:

(i) $E_J(F)$ existiert.

(ii) Für jedes $A \in \underline{A}$ existiert $\varinjlim FJ_A$ in $\underline{B}$.

(iii) Sei $F = \varinjlim_\nu B_\nu \otimes [U_\nu,-]$ eine Kolimesdarstellung. Dann existiert $\varinjlim_\nu B_\nu \otimes [JU_\nu, A]$ für jedes $A \in \underline{A}$.

Unter den Bedingungen (i) - (iii) gilt ferner

$$E_J(F)(A) \cong \varinjlim FJ_A \cong \varinjlim_\nu B_\nu \otimes [JU_\nu, A]$$

für jedes $A \in \underline{A}$.

Beweis. Wir zeigen (ii) $\Rightarrow$ (i) $\Rightarrow$ (iii) $\Rightarrow$ (ii), und aus dem Beweis folgt auch die letzte Aussage.

Die Implikation (ii) $\Rightarrow$ (i) folgt aus 2.9.

(i) $\Rightarrow$ (iii) Aus 2.3 und 2.4 folgt, dass $E_J(F) = \varinjlim_\nu B_\nu \otimes [JU_\nu,-]$. Für jedes $A \in \underline{A}$ besitzt der Evaluationsfunktor $E_A : [\underline{A},\underline{B}] \to \underline{B}$, $G \rightsquigarrow GA$ einen Adjungierten, welcher einem Objekt $B \in \underline{B}$ den Funktor $\underline{A} \to \underline{B}$, $X \rightsquigarrow \prod_{[X,A]} B$ zuordnet (vgl. 2.9). Folglich erhält E_A Kolimites und es gilt

$$E_J(F)(A) = (\varinjlim_\nu B_\nu \otimes [JU_\nu,-])(A) = \varinjlim_\nu B_\nu \otimes [JU_\nu, A]$$

(iii) $\Rightarrow$ (ii) Aus 2.4 folgt die Existenz von $E_J(F)$ sowie die Gleichung $E_J(F)(A) = \varinjlim_\nu B_\nu \otimes [JU_\nu, A]$, wobei $A \in \underline{A}$.

Nach 2.6 sind die Abbildungen

$$[U,X] \to [JU,A], \eta \rightsquigarrow \xi \cdot J\eta$$

kouniversell, $U \in \underline{U}$, $A \in \underline{A}$. Insbesondere gilt also $E_J([U,-])(A) = [JU,A] = \varinjlim_{(X,\xi)} [U,X] = \varinjlim [U,J_A-]$, mit andern Worten, die Behauptung ist für den Funktor $F = [U,-]$ richtig. Da für jedes $B \in \underline{B}$ der partiell Koadjungierte $B\otimes$ Kolimites von $\underline{Me}$ erhält, so folgt analog

$$E_J(B\otimes[U,-])(A) = B\otimes[JU,A] = \varinjlim_{(X,\xi)} B\otimes[U,X] = \varinjlim B\otimes[U,J_A-]$$

Zusammenfassend erhalten wir daher

$$E_J(F)(A) = \varinjlim_{\nu} B_\nu\otimes[JU_\nu,A] = \varinjlim_{\nu} (\varinjlim_{(X,\xi)} B_\nu\otimes[U_\nu,X]) \cong \varinjlim_{(X,\xi)} (\varinjlim_{\nu} B_\nu\otimes[U_\nu,X]) = \varinjlim_{(X,\xi)} FX = \varinjlim FJ_A$$

2.11 <u>Konfinalität</u> Wie in 2.10 gezeigt wurde, impliziert die Existenz von $E_J(F) : \underline{A} \to \underline{B}$ unter schwachen Bedingungen die Existenz der Kolimites $\varinjlim_{(X,\xi)\in J/A} FX$, $A \in \underline{A}$. In der Praxis hingegen ist die Kan'sche Konstruktion (2.9) manchmal nicht anwendbar, weil es nicht klar ist, ob die benötigten Kolimites $\varinjlim_{(X,\xi)} FX$ existieren. Das Kriterium 2.7 ist in diesen Fällen nützlich, weil es erlaubt die Konstruktion von $E_J(F)$ mit Hilfe von beliebigen Kolimesdarstellungen $\varinjlim_{\nu} [-,U_\nu] \xrightarrow{\cong} [J-,A]$, $A \in \underline{A}$, durchzuführen, vorausgesetzt in $\underline{B}$ existieren die Kolimites $\varinjlim_{\nu} FU_\nu$. Es ist oft möglich, hinreichend kleine Kolimesdarstellungen $\varinjlim_{\nu} [-,U_\nu] \xrightarrow{\cong} [J-,A]$ zu finden (vgl. Beispiele in 2.14). Wir geben nun eine Beschreibung der Isomorphismen $\varinjlim_{\nu} [-,U_\nu] \xrightarrow{\cong} [J-,A]$ und stellen den Zusammenhang mit konfinalen Funktoren her.

2.12 <u>Definition</u> Ein Funktor $K : \underline{D} \to \underline{C}$ heisst bekanntlich konfinal, wenn für jedes $C \in \underline{C}$ die Kategorie $C\backslash K$ "der unter C stehenden Objekte in $\underline{D}$ " (2.6) zusammenhängend ist, dh. wenn $C\backslash K$ genau eine Zusammenhangskomponente besitzt. (Die Menge $\pi_0(C\backslash K)$ der Zusammenhangskomponenten von $C\backslash K$ lässt sich bekanntlich in natürlicher Weise mit $\varinjlim_{D\in\underline{D}} [C,KD]$ identifizieren.)

Seien $t : \underline{U}^o \to \underline{Me}$ und $H : \underline{D} \to \underline{U}$ Funktoren und $Y : \underline{U} \to [\underline{U}^o,\underline{Me}]$ die Yoneda Einbettung. Sei $\varphi : \varinjlim_{D\in\underline{D}} [-,HD] \to t$ eine natürliche Transformation und $Y_t : \underline{U}/t \to \underline{U}$ der Funktor $(U,\xi) \leadsto U$ (vgl. 2.6). Die Zusammensetzungen

$$\left([-,HD] \xrightarrow[\gamma_D]{\text{kan.}} \varinjlim_{\underline{D}} [-,HD] \xrightarrow{\varphi} t \right)_{D \in \underline{D}}$$

induzieren einen Funktor

$$K : \underline{D} \to \underline{U}/t \ , \ D \rightsquigarrow (HD, [-,HD] \xrightarrow{\varphi \cdot \gamma_D} t)$$

mit der Eigenschaft $H = Y_t K$. Umgekehrt gibt ein Funktor $K : \underline{D} \to \underline{U}/t$ Anlass zu einem Paar $(H = Y_t K, \varphi : \varinjlim_{\underline{D}} [-,HD] \to t)$.

Die Vorgabe von (H,φ) ist also äquivalent zur Vorgabe von $K : \underline{D} \to \underline{U}/t$.

2.13 <u>Satz</u>. <u>Aequivalent sind</u>:

(i) $\varphi : \varinjlim_{\underline{D}} [-,HD] \to t$ <u>ist ein Isomorphismus</u>.

(ii) $K : \underline{D} \to \underline{U}/t$ <u>ist konfinal</u>.

(iii) <u>Für jeden Funktor</u> $F : \underline{U} \to \underline{B}$ <u>existiert</u> $\varinjlim FY_t K$ <u>genau dann, wenn</u> $\varinjlim FY_t$ <u>existiert, und der von</u> K <u>induzierte Morphismus</u> $\varinjlim FY_t K \to \varinjlim FY_t$ <u>ist ein Isomorphismus</u>.

<u>Beweis</u>. (i)$\Leftrightarrow$(ii) Sei $(U, \xi : [-,U] \to t)$ ein Objekt in $\underline{U}/t$. Es sei daran erinnert, dass die Menge $\pi_0((U,\xi)\backslash K)$ der Zusammenhangskomponenten von $(U,\xi)\backslash K$ sich in natürlicher Weise mit

$$\begin{aligned} \varinjlim_{\underline{D}} [(U,\xi),KD] &\xrightarrow{\cong} \varinjlim_{\underline{D}} [([-,U],\xi),([-,HD],\varphi\gamma_D)] \\ &\xrightarrow{\cong} [([-,U],\xi), \varinjlim_{\underline{D}} ([-,HD],\varphi\gamma_D)] = [([-,U],\xi),(\varinjlim_{\underline{D}} [-,HD],\varphi)] \end{aligned}$$

identifiziert. Dabei sind die drei letzten Morphismenmengen in der Kategorie $[\underline{U}^o,\underline{Me}]/t$ zu betrachten. Ein Element der letzten Morphismenmenge ist ein kommutatives Dreieck

$$\begin{array}{ccc} [-,U] & \xrightarrow{\eta} & \varinjlim_{\underline{D}} [-,HD] \\ & {\scriptstyle\xi}\searrow \quad \swarrow{\scriptstyle\varphi} & \\ & t & \end{array}$$

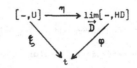

Nach dem Yoneda-Lemma entsprechen ξ und η eineindeutig Elementen $\xi' \in tU$ und $\eta' \in \varinjlim_{D} [U,HD]$, und das Dreieck ist genau dann kommutativ, wenn $\eta' \in \varphi(U)^{-1}(\xi')$. Es gilt also $\pi_0((U,\xi)\backslash K) \xrightarrow{\cong} \varphi(U)^{-1}(\xi')$.

Folglich ist $\varphi(U)$ genau dann bijektiv, wenn $(U,\xi)\backslash K$ für jedes $\xi : [-,U] \to t$ zusammenhängend ist.

(iii)$\Rightarrow$(i) Man wähle $\underline{B} = [\underline{U}^o,\underline{Me}]$ und $F : \underline{U} \to [\underline{U}^o,\underline{Me}]$ als die Yoneda Einbettung Y. Dann lässt sich $t \in [\underline{U}^o,\underline{Me}]$ mit $\varinjlim YY_t$ und φ mit $\varinjlim YY_tK \to \varinjlim YY_t$ identifizieren.

(i)$\Rightarrow$(iii) Seien $\underline{C} = [\underline{U}^o,\underline{Me}]$, $R : \underline{B} \to \underline{C}$, $B \rightsquigarrow [F-,B]$ und $\underline{C}' \subset \underline{C}$ sowie $L : \underline{C}' \to \underline{B}$ wie in 2.5. Es gilt dann $F = LY'$, wobei $Y' : \underline{U} \to \underline{C}'$ die Yoneda Einbettung $U \rightsquigarrow [-,U]$ ist. Sei $s \in [\underline{U}^o,\underline{Me}]$ und $s \cong \varinjlim_{\nu} [-,U_\nu]$ eine Kolimesdarstellung in $[\underline{U}^o,\underline{Me}]$. Da L partiell koadjungiert zu R ist und $L[-,U] = FU$, $U \in \underline{U}$, so existiert $\varinjlim_{\nu} FU_\nu$ in $\underline{B}$ genau dann, wenn $s \in \underline{C}'$ und es gilt $\varinjlim_{\nu} FU_\nu \xrightarrow{\cong} Ls$. Für $s = t$ bzw. $s = \varinjlim_{D} [-,HD]$ folgt hieraus die Behauptung.

Bemerkung. Ist $t \in [\underline{U}^o,\underline{Me}]$ der konstante Funktor, der jedem $U \in \underline{U}$ die einpunktige Menge $\{\emptyset\}$ zuordnet, dann ist $Y_t : \underline{U}/t \to \underline{U}$ ein Isomorphismus. Die Aequivalenz (ii)$\Leftrightarrow$(iii) liefert dann die bekannte Charakterisierung der konfinalen Funktoren.

2.14 Beispiele. Sei $\underline{U}$ eine kleine Kategorie und α eine reguläre Kardinalzahl. Wir führen nun die Komplettierungen $\underline{K}_o(\underline{U})$, $\underline{K}_\alpha(\underline{U})$ und $\underline{K}_\infty(\underline{U})$ von $\underline{U}$ ein. Die Definitionen erscheinen an dieser Stelle etwas ad hoc. Wir zeigen jedoch in 7.6, dass $\underline{K}_\alpha(\underline{U})$ aus den α-präsentierbaren Objekten (6.1) von $[\underline{U}^o,\underline{Me}]$ besteht. Für $\underline{K}_o(\underline{U})$ und $\underline{K}_\infty(\underline{U})$ gilt etwas Analoges (vgl. § 15 und 7.6).

a) Die 0-Komplettierung $\underline{K}_o(\underline{U})$.

Sei $\underline{U}$ eine Kategorie. Ein Unterobjekt (V,i) eines Objektes $U \in \underline{U}$ heisst bekanntlich ein Retrakt von U, wenn die Inklusion $i : V \to U$ eine Retraktion, dh. einen Morphismus $\varrho : U \to V$ mit der Eigenschaft $\varrho i = id_V$, zulässt. In diesem Fall ist (V,i) auch der Kern des Morphismenpaares $(id_U, i\varrho)$. Umgekehrt ist der Kern eines Morphismenpaares

(id_U, f) ein Retrakt von U, wenn f idempotent ist (dh. $f^2 = f$). Deswegen sagen wir, dass $\underline{U}$ eine Kategorie mit Retrakten ist, wenn $Ker(id_U, f)$ für jedes $U \in \underline{U}$ und jeden idempotenten Endomorphismus f von U existiert. Klar ist, dass mit $\underline{U}$ auch $\underline{U}^o$ eine Kategorie mit Retrakten ist.

Sei nun $\underline{U}$ eine beliebige Kategorie und $\underline{K}_o(\underline{U})$ die volle Unterkategorie von $[\underline{U}^o, \underline{Me}]$ bestehend aus Retrakten von Hom-Funktoren $[-,U]$, $U \in \underline{U}$. Wir nennen $\underline{K}_o(\underline{U})$ zusammen mit der Yoneda Einbettung $J : \underline{U} \to \underline{K}_o(\underline{U})$, $U \rightsquigarrow [-,U]$ die 0-Komplettierung von $\underline{U}$. Es ist klar, dass $\underline{K}_o(\underline{U})$ eine Kategorie mit Retrakten ist. Sei ferner $\underline{B}$ eine Kategorie mit Retrakten und $F : \underline{U} \to \underline{B}$ ein Funktor. Mit Hilfe von 2.7 lässt sich nun leicht zeigen, dass $E_J(F) : \underline{K}_o(\underline{U}) \to \underline{B}$ existiert. Man wählt einfach für jeden Retrakt T von $[-,U]$ eine Retraktion ϱ der Inklusion $i : T \to [-,U]$; dann ist

$$[-,U] \overset{id}{\underset{i\varrho}{\rightrightarrows}} [-,U] \xrightarrow{\varrho} T$$

eine Kokerndarstellung von T und es existiert ein $f \in [U,U]$ mit $[-,f] = i\varrho$; man setze dann $E_J(F)(T) = Koker(id_{FU}, Ff)$. In diesem Fall sieht man ausserdem leicht, dass $E_J(F)$ volltreu ist, falls F es ist. Ist ferner jedes Objekt $B \in \underline{B}$ isomorph zu einem Retrakt eines FU, $U \in \underline{U}$, so ist $E_J(F)$ eine Aequivalenz. Dies gilt insbesondere für $\underline{B} = \underline{K}_o(\underline{U}^o)^o$, wobei FU für jedes $U \in \underline{U}$ der Funktor $\underline{U} = \underline{U}^{oo} \to \underline{Me}$, $V \rightsquigarrow [U,V]$ ist. Durch geeignete Wahl der Kokerne in $\underline{K}_o(\underline{U}^o)^o$ erreicht man dann sogar, dass $E_J(F)$ ein Isomorphismus $\underline{K}_o(\underline{U}) \xrightarrow{\cong} \underline{K}_o(\underline{U}^o)^o$ ist.

Auf Grund der gegebenen Konstruktion ist es evident, dass jeder Funktor $\underline{K}_o(\underline{U}) \to \underline{B}$ die Kan'sche Koerweiterung seiner Retıaktion auf $\underline{U}$ ist. Für eine Kategorie $\underline{B}$ mit Retrakten ist folglich $E_J : [\underline{U}, \underline{B}] \to [\underline{K}_o(\underline{U}), \underline{B}]$ eine Aequivalenz. Daraus folgt insbesondere, dass $[\underline{U}, \underline{B}]$ und $[\underline{V}, \underline{B}]$ äquivalente Kategorien sind, wenn die 0-Komplettierungen von $\underline{U}$ und $\underline{V}$ äquivalent sind. Die Umkehrung hiervon gilt, wenn $\underline{U}$ und $\underline{V}$ klein sind. Sei nämlich $\underline{B} = \underline{Me}$ und $[\underline{U}, \underline{Me}] \cong [\underline{V}, \underline{Me}]$. Die Funktoren F in $[\underline{U}, \underline{Me}]$ bzw. $[\underline{V}, \underline{Me}]$ mit der Eigenschaft, dass $[F,-]$ Kolimites erhält, bilden dann zueinander äquivalente Unterkategorien. Die Funktoren mit dieser Eigenschaft sind aber bekanntlich Retrakte von darstellbaren Funktoren. Folglich sind $\underline{K}_o(\underline{U})$ und $\underline{K}_o(\underline{V})$ zueinander äquivalent. Diese Betrachtungen gehen im wesentlichen auf J. Roos [46] und M. Bunge [14] zurück (vgl. auch Morita [43]).

b) Die α-Komplettierung $\underline{K}_\alpha(\underline{U})$

Sei $\underline{U}$ eine Kategorie und α eine reguläre Kardinalzahl. Sei $\underline{K}_\alpha(\underline{U})$ die volle Unterkategorie von $[\underline{U}^o,\underline{Me}]$, die man auf folgende Art erhält: Man bildet zuerst die volle Unterkategorie von $[\underline{U}^o,\underline{Me}]$ bestehend aus beliebigen α-Koprodukten von darstellbaren Funktoren, und nimmt dann für jedes Morphismenpaar zwischen solchen Koprodukten den Kokern sowie alle dazu isomorphen Funktoren hinzu. Es ist leicht zu sehen, dass $\underline{K}_\alpha(\underline{U})$ α-kovollständig ist, und dass die Inklusion $\underline{K}_\alpha(\underline{U}) \to [\underline{U}^o,\underline{Me}]$ α-kostetig ist. Wir nennen $\underline{K}_\alpha(\underline{U})$ zusammen mit der Yoneda Einbettung $J : \underline{U} \to \underline{K}_\alpha(\underline{U})$, $U \leadsto [-,U]$, die α-Komplettierung von $\underline{U}$.

Sei $\underline{B}$ eine α-kovollständige Kategorie und $F : \underline{U} \to \underline{B}$. Mit den Bezeichnungen von 2.5 sieht man leicht, dass der zu $\underline{B} \to [\underline{U}^o,\underline{Me}]$, $B \leadsto [F-,B]$ partiell koadjungierte Funktor $L : [\underline{U}^o,\underline{Me}]' \to \underline{B}$ zunächst auf α-Koprodukten von Hom-Funktoren und hernach auf Kokernen von Morphismenpaaren zwischen solchen Koprodukten definiert ist. Also existiert die Kan-sche Koerweiterung $E_J(F) : \underline{K}_\alpha(\underline{U}) \to \underline{B}$ und sie ist α-kostetig. Ferner ist jeder α-kostetige Funktor $\underline{K}_\alpha(\underline{U}) \to \underline{B}$ die Kan'sche Koerweiterung seiner Restriktion auf $\underline{U}$. Folglich besteht eine bijektive Beziehung zwischen den Isomorphieklassen von Funktoren $\underline{U} \to \underline{B}$ und den Isomorphieklassen von α-kostetigen Funktoren $\underline{K}_\alpha(\underline{U}) \to \underline{B}$. Diese Eigenschaft kennzeichnet $\underline{K}_\alpha(\underline{U})$ bis auf Aequivalenz.

c) Die ∞-Komplettierung $\underline{K}_\infty(\underline{U})$ (vgl. Ulmer [55] 2.29)

Sei $\underline{U}$ eine Kategorie und $\underline{K}_\infty(\underline{U})$ die volle Unterkategorie von $[\underline{U}^o,\underline{Me}]$ bestehend aus allen kleinen Kolimites von Hom-Funktoren. Es ist leicht zu sehen, dass $\underline{K}_\infty(\underline{U})$ in $[\underline{U}^o,\underline{Me}]$ unter kleinen Kolimites abgeschlossen ist. Wir nennen $\underline{K}_\infty(\underline{U})$ zusammen mit der Yoneda Einbettung $J : \underline{U} \to \underline{K}_\infty(\underline{U})$, $U \leadsto [-,U]$ die ∞-Komplettierung von $\underline{U}$. Sei $\underline{B}$ eine kovollständige Kategorie und $F : \underline{U} \to \underline{B}$ ein Funktor. Mit Hilfe von 2.7 lässt sich leicht zeigen, dass $E_J(F) : \underline{K}_\infty(\underline{U}) \to \underline{B}$ existiert und kostetig ist. Hieraus folgt, dass umgekehrt jeder kostetige Funktor $\underline{K}_\infty(\underline{U}) \to \underline{B}$ die Kan'sche Koerweiterung seiner Restriktion auf $\underline{U}$ ist. Diese Eigenschaft und die Kovollständigkeit von $\underline{K}_\infty(\underline{U})$ charakterisieren die Yoneda Einbettung $J : \underline{U} \to \underline{K}_\infty(\underline{U})$.

d) Kotripel

Sei $\mathbf{G} = (G,\varepsilon,\mu)$ ein Kotripel in einer Kategorie $\underline{A}$. Bekanntlich gibt es für jedes $A \in \underline{A}$ eine kanonische Auflösung

$$\ldots \Rrightarrow G^2A \rightrightarrows GA \dashrightarrow A$$

Ein Hom-Funktor $[U,-] : \underline{A} \to \underline{Me}$ führt alle solchen Auflösungen genau dann in zusammenziehbare semisimpliziale Mengen über, wenn U $\mathbf{G}$-projektiv ist (dh. wenn U Retrakt eines Objektes der Gestalt GA , $A \in \underline{A}$, ist).

Sei nun $\underline{U}$ eine volle Unterkategorie von $\underline{A}$, die alle Objekte GA , $A \in \underline{A}$, enthält und deren Objekte $\mathbf{G}$-projektiv sind. Dann sind die induzierten Folgen

$$[U,G^2A] \rightrightarrows [U,GA] \to [U,A]$$

für alle $U \in \underline{U}$, $A \in \underline{A}$ rechtsexakt. Also ist

$$[-,G^2A] \rightrightarrows [-,GA] \to [-,A]$$

eine Kokerndarstellung des Funktors $[-,A] \in [\underline{U}^o,\underline{Me}]$.

Sei $\underline{B}$ eine Kategorie mit Kokernen und $F : \underline{U} \to \underline{B}$ ein Funktor. Aus 2.7 folgt leicht, dass $E_J(F) : \underline{A} \to \underline{B}$ existiert und jedes Diagramm $G^2A \rightrightarrows GA \to A$ in einen Kokern überführt, $A \in \underline{A}$. Bekanntlich ist $E_J(F)$ der nullte abgeleitete Funktor der Kotripelhomologie. Umgekehrt ist jeder Funktor $\underline{A} \to \underline{B}$ mit dieser Eigenschaft die Kan'sche Koerweiterung seiner Restriktion auf $\underline{U}$ (Hierfür ist es offensichtlich nicht notwendig, dass $\underline{B}$ Kokerne besitzt).

e) "model induced" Kotripel (Applegate - Tierney [51])

Es handelt sich eigentlich um einen Spezialfall von d). Sei M eine Menge von Objekten in einer Kategorie $\underline{A}$, $\underline{U}$ die volle Unterkategorie bestehend aus beliebigen Koprodukten von Objekten aus M und $J : \underline{U} \to \underline{A}$ die Inklusion. Wir setzen voraus, dass die Koprodukte existieren. Jedes $A \in \underline{A}$ gibt Anlass zu einem Diagramm

$$(*) \qquad \coprod U_{f,g} \rightrightarrows \coprod U_h \xrightarrow{p} A$$

wobei sich das zweite Koprodukt über alle Morphismen $U \xrightarrow{h} A$ mit Definitionsbereich in M erstreckt, und das erste über alle Morphismenpaare $U \overset{f}{\underset{g}{\rightrightarrows}} \coprod U_h$ mit $pf = pg$, deren Definitionsbereich ein Objekt in M ist. M braucht jedoch keine reguläre Generatorenmenge zu sein. Es ist leicht zu sehen, dass für jedes $U \in M$ der Funktor $[U,-] : \underline{A} \to \underline{Me}$ das obige Diagramm in eine rechtsexakte Folge überführt. Dasselbe gilt natürlich für jedes $U \in \underline{U}$.

Sei $\underline{B}$ eine Kategorie mit Kokernen und $F : \underline{U} \to \underline{B}$ ein Funktor. Dann existiert nach 2.7 die Kan'sche Koerweiterung $E_J(F) : \underline{A} \to \underline{B}$ und diese führt das obige Diagramm (*) in einen Kokern über. Umgekehrt ist jeder Funktor $\underline{A} \to \underline{B}$ mit dieser Eigenschaft die Kan'sche Koerweiterung seiner Restriktion auf $\underline{U}$ (Hierfür ist es offensichtlich nicht notwendig, dass $\underline{B}$ Kokerne besitzt).

Ist M eine reguläre Generatorenmenge, so ist nach 1.4 das obige Diagramm (*) ein Kokern. Für $\underline{B} = \underline{A}$ und $F = J$ gilt daher $id_{\underline{A}} = E_J(J)$.

Bemerkung. Bekanntlich kann der Funktor $\underline{A} \to \underline{A}$, $A \rightsquigarrow \coprod_h U_h$ zu einem Kotripel $\mathbf{G}$ ergänzt werden und die Objekte von $\underline{U}$ sind $\mathbf{G}$-projektiv (dh. Retrakte von Objekten der Gestalt GA, $A \in \underline{A}$). Es ist leicht zu sehen, dass M genau dann eine reguläre Generatorenmenge ist, wenn $\mathbf{G}$ vom "descent" Typ ist (J. Beck [8]) dh. wenn für jedes $A \in \underline{A}$ das kanonische Diagramm $G^2A \rightrightarrows GA \to A$ ein Kokern ist.

§3 Dichte Funktoren

3.1 Es seien $J : \underline{U} \to \underline{A}$ ein Funktor, $A \in \underline{A}$ ein Objekt, $J_A : J/A \to \underline{U}$ der Vergissfunktor $(X,\xi) \rightsquigarrow X$ und $\varphi_A(J) : J \cdot J_A \to \text{konst}_A$ die natürliche Transformation $(X,\xi) \rightsquigarrow \xi$ (vgl. 2.6).

Definition. J heisst dicht bei A, wenn A der Kolimes von $J \cdot J_A$ vermöge $\varphi_A(J)$ ist, dh., wenn $\varphi_A(J)$ kouniversell ist. Ist J bei allen Objekten $A \in \underline{A}$ dicht, dann heisst J dicht.

Sei $M \subset \text{Ob}\,\underline{A}$ eine Unterklasse und J die Inklusion der von M aufgespannten vollen Unterkategorie. Wir sagen M sei dicht bei $A \in \underline{A}$, wenn J dicht bei A ist. Ist dies für jedes $A \in \underline{A}$ der Fall, dann sagen wir M sei dicht in $\underline{A}$ oder eine dichte Generatorenklasse (bzw. eine dichte Generatorenmenge, wenn M eine Menge ist). Wenn M nur aus einem Objekt U besteht, dann sagen wir auch, U sei ein dichter Generator. Man sieht leicht, dass eine dichte Generatorenmenge eine "Menge von Generatoren" ist, sogar eine reguläre Generatorenmenge, wenn in $\underline{A}$ beliebige Summen von Objekten aus M existieren. Die Umkehrung hiervon ist falsch (vgl. 4.18).

Ein Funktor $J : \underline{U} \to \underline{A}$ heisst kodicht bei $A \in \underline{A}$, wenn $J^o : \underline{U}^o \to \underline{A}^o$ bei $A \in \underline{A}^o$ dicht ist, etc. ....

3.2 Ist $J : \underline{U} \to \underline{A}$ dicht, so folgt leicht aus 2.9, dass $id_{\underline{A}}$ die Kan'sche Koerweiterung $E_J(J)$ ist. Umgekehrt, falls $id_A = E_J(J)$ und falls $\underline{A}$ Produkte und Koprodukte besitzt, so folgt aus 2.10, dass J dicht ist (statt Produkte und Koprodukte in $\underline{A}$ zu verlangen, kann man voraussetzen, dass $\varinjlim J \cdot J_A$ für jedes $A \in \underline{A}$ existiert).

3.3 Beispiele

a) Für jede Kategorie $\underline{U}$ ist die Yoneda Einbettung $\underline{U} \to [\underline{U}^o, \underline{Me}]$ dicht (vgl. [55] 1.10).

b) Sei $\underline{U}$ eine Kategorie und $I : \bar{\underline{B}} \to \underline{B}$ ein dichter Funktor (z.B. $I = id_{\underline{B}}$). Dann ist

$$\underline{U}^o \,\pi\, \bar{\underline{B}} \to [\underline{U}, \underline{B}] \;,\; U \,\pi\, \bar{B} \rightsquigarrow I\bar{B} \otimes [U,-]$$

ein dichter Funktor (vgl. 2.3 und [56] 2.12).

c) Sei $\mathbb{G} = (G, \epsilon, \mu)$ ein Kotripel in einer Kategorie $\underline{A}$ und sei J die Inklusion der vollen Unterkategorie $\underline{U}$, bestehend aus allen Objekten GA, $A \in \underline{A}$ (vgl. 2.14 d)).

Lemma. <u>Die Inklusion</u> J <u>ist genau dann dicht, wenn</u> $\mathbb{G}$ <u>vom "descent" Typ ist</u> (Beck [8]), dh. <u>wenn für jedes</u> $A \in \underline{A}$ <u>die kanonische "Auflösung"</u> $G^2A \rightrightarrows GA \to A$ <u>ein Kokerndiagramm in</u> $\underline{A}$ <u>ist</u>.

Beweis. $\Longrightarrow$ Wenn J dicht ist, so folgt aus 2.9 und 2.14 d), dass $id_{\underline{A}} = E_J(J)$ und dass $id_{\underline{A}}$ jede Auflösung $G^2A \rightrightarrows GA \to A$ in ein Kokerndiagramm überführt, $A \in \underline{A}$.

$\Longleftarrow$ Ist für jedes $A \in \underline{A}$ die "Auflösung" $G^2A \rightrightarrows GA \to A$ ein Kokern, so ist nach 2.14 d) der Funktor $id_{\underline{A}}$ die Kan'sche Koerweiterung seiner Restriktion auf $\underline{U}$, dh. $id_{\underline{A}} = E_J(J)$. Aus 2.13 folgt ausserdem, dass jedes $A \in \underline{A}$ der Kolimes von $J \cdot J_A$ vermöge $\varphi_A(J)$ ist.

Allgemeiner gilt das folgende

Lemma. <u>Für jede dichte Menge</u> (bzw. <u>Klasse</u>) M <u>von Objekten in</u> $\underline{A}$ <u>ist die Menge</u> (bzw. <u>Klasse</u>) $GM \cup G^2M$ <u>genau dann dicht in</u> $\underline{A}$, <u>wenn für jedes</u> $U \in M$ <u>die kanonische "Auflösung"</u> $G^2U \rightrightarrows GU \to U$ <u>ein Kokerndiagramm ist</u>.

Beweis. $\Longrightarrow$ Wegen 3.9 ist mit $\{GU, G^2U \mid U \in M\}$ auch $\{GA \mid A \in \underline{A}\}$ dicht in $\underline{A}$. Aus dem obigen folgt daher, dass sogar für jedes $A \in \underline{A}$ die Auflösung $G^2A \rightrightarrows GA \to A$ ein Kokerndiagramm ist.

$\Longleftarrow$ Wegen 3.9 ist mit M auch die Vereinigung $M \cup GM \cup G^2M$ dicht in $\underline{A}$. Es ist leicht zu sehen, dass für jedes $U \in M$ die Auflösung $G^2U \rightrightarrows GU \to U$ eine konfinale Unterkategorie von $\underline{\{GM, G^2M\}}/U$ induziert ($\underline{\{GM, G^2M\}}$ ist die volle Unterkategorie von $\underline{A}$, bestehend aus den Objekten GU, G^2U, wobei $U \in M$). Folglich ist $GM \cup G^2M$ dicht bei jedem $U \in M$. Dies zeigt, dass $GM \cup G^2M$ dicht in $M \cup GM \cup G^2M$ ist und nach 3.9 somit auch in $\underline{A}$. (Mit Hilfe von 2.7 kann man auch leicht direkt zeigen, dass die Kan'sche Koerweiterung der Inklusion $I : \underline{\{GM, G^2M\}} \to \underline{A}$ bezüglich I die Identität von $\underline{A}$ ist. Aus 2.13 und 3.2 folgt dann, dass I dicht ist).

d) Sei M eine Menge von Objekten in einer Kategorie $\underline{A}$ und sei $\underline{U}$ die volle Unterkategorie bestehend aus beliebigen Koprodukten von Objekten aus M (Wir setzen voraus, dass diese Koprodukte existieren, vgl. 2.14 e)). *Dann ist die Inklusion* $J : \underline{U} \to \underline{A}$ *genau dann dicht, wenn* M *eine reguläre Generatorenmenge* (1.11) *ist*. Der Beweis ist im wesentlichen derselbe, wie vorhin in 3.3 c); man benützt 2.14 e)).

3.4 *Satz* (Lambek [36] prop. 5.1) *Ein Funktor* $J : \underline{U} \to \underline{A}$ *ist genau dann dicht bei* $A \in \underline{A}$, *wenn für jedes* $Y \in \underline{A}$ *die vom Funktor* $\underline{A} \to [\underline{U}^o, \underline{Me}]$, $Z \rightsquigarrow [J-,Z]$ *induzierte Abbildung*

$$[A,Y] \to \big[[J-,A],[J-,Y]\big]$$

bijektiv ist.

Beweis. Die obige Abbildung lässt sich zerlegen in $[A,Y] \xrightarrow{u} [JJ_A, \text{konst}_Y] \xrightarrow{v} \big[[J-,A],[J-,Y]\big]$ Dabei ordnet u einem Morphismus $\eta : A \to Y$ die natürliche Transformation $(U,\xi) \rightsquigarrow \eta\xi$ zu, und v einem $\varphi : J \cdot J_A \to \text{konst}_Y$ die natürliche Transformation $v(\varphi)(X) : [JX,A] \to [JX,Y]$, $\xi \rightsquigarrow \varphi(X,\xi)$. Die Abbildung v ist bijektiv, weil $[J-,A]$ der Kolimes von $J/A \to [\underline{U}^o,\underline{Me}], (X,\xi) \rightsquigarrow [-,X]$ ist und weil die Morphismen $JX \to Y$ eineindeutig den Morphismen $[-,X] \to [J-,Y]$ entsprechen. Folglich ist vu genau dann bijektiv, wenn u bijektiv ist, dh. wenn $\varphi_A(J) : J \cdot J_A \to \text{konst}_A$ kouniversell ist.

3.5 *Korollar*. J *ist genau dann dicht, wenn der Funktor* $\underline{A} \to [\underline{U}^o,\underline{Me}]$, $A \rightsquigarrow [J-,A]$ *volltreu ist*.

Dies zeigt, dass J genau dann dicht ist, wenn J "left adequate" im Sinne von J. Isbell [31] ist.

3.6 *Korollar*. *Sei* α *eine reguläre Kardinalzahl oder sei* $\alpha = \infty$. *Aequivalent sind:*

(i) $\underline{A}$ *ist* α*-kovollständig und* J *ist dicht; für jedes* $A \in \underline{A}$ *gilt* $[J-,A] \in \underline{K}_\alpha(\underline{U})$, vgl. 2.14 b), c) .

(ii) *Der Funktor* $A \rightsquigarrow [J-,A]$ *ist eine Aequivalenz von* $\underline{A}$ *auf eine volle koreflexive Unterkategorie von* $\underline{K}_\alpha(\underline{U})$.

<u>Beweis</u>. (i)$\Rightarrow$(ii) Der zu $A \rightsquigarrow [J-,A]$ partiell koadjungierte Funktor ist auf allen Hom-Funktoren, also auch auf α-Kolimites von Hom-Funktoren, d.h. auf ganz $\underline{K}_\alpha(\underline{U})$ definiert. Ausserdem ist $A \rightsquigarrow [J-,A]$ volltreu.

Die Umkehrung (ii)$\Rightarrow$(i) ist klar.

3.7 Der Einfachheit halber wollen wir in diesem Abschnitt annehmen, dass die Kategorie $\underline{A}$ Faserprodukte und Koprodukte besitzt. Sei $(A_i)_{i\in I}$ eine Familie von Objekten. Das Koprodukt $A = \coprod_i A_i$ heisst <u>universell</u>, wenn für jeden Basiswechsel $B \to A$ der kanonische Morphismus $\coprod_i B \underset{A}{\pi} A_i \to B$ invertierbar ist.

<u>Satz</u>. <u>Sei $\underline{A}$ eine Kategorie mit Faserprodukten und universellen Koprodukten. Eine Menge M von Objekten ist genau dann dicht in $\underline{A}$, wenn sie eine reguläre Generatorenmenge ist.</u>

Die Voraussetzungen des Satzes sind in den Kategorien $\underline{Me}$, $\underline{Kat}$ sowie in jeder Garbenkategorie erfüllt. Man beachte jedoch, dass sie in der Kategorie der abelschen Gruppen nicht erfüllt sind; die Gruppe $\mathbb{Z}$ ist zwar ein regulärer, aber kein dichter Generator.

<u>Beweis</u>. Es genügt zu zeigen, dass M dicht in $\underline{A}$ ist, wenn M regulär ist. Sei $J : \underline{U} \to \underline{A}$ die Inklusion der vollen von M aufgespannten Unterkategorie. Nach 3.5 ist zu zeigen, dass jede natürliche Transformation $\Phi : [J-,A] \to [J-,Y]$ von einem eindeutig bestimmten Morphismus $\varphi : A \to Y$ induziert wird.

Wir betrachten zunächst den kanonischen Morphismus $p : \coprod_h U_h \to A$ (1.11), dessen h-te Komponente gerade $h : U_h \to A$ ist (h durchläuft die Menge aller Morphismen mit Wertebereich A, deren Definitionsbereich in M liegt). Sei $q : \coprod_h U_h \to Y$ der Morphismus mit den Komponenten $\Phi(U_h)(h)$. Es ist zu zeigen, dass die Gleichung $\varphi p = q$ genau eine Lösung hat. Da p epimorph ist, hat die Gleichung höchstens eine Lösung. Für die Existenz von φ genügt es wegen der Regularität von p zu zeigen, dass ein Morphismenpaar $e,d : Z \rightrightarrows \coprod_h U_h$ mit der Eigenschaft $pe = pd$ auch der Bedingung $qe = qd$ genügt.

Wegen $\coprod_k (U_k \underset{A}{\pi} U_h) \xrightarrow{\cong} (\coprod_k U_k) \underset{A}{\pi} U_h$ und $\coprod_h ((\coprod_k U_k) \underset{A}{\pi} U_h) \xrightarrow{\cong} (\coprod_k U_k) \underset{A}{\pi} (\coprod_h U_h)$ kann man $\coprod_{h,k} (U_h \underset{A}{\pi} U_k)$ und $(\coprod_h U_h) \underset{A}{\pi} (\coprod_k U_k)$ miteinander identifizieren. Sei $Z_{h,k}$ das Faserprodukt des dadurch induzierten Diagramms

$$Z \xrightarrow{(e,d)} \coprod_{h,k} U_h \prod_A U_k \xleftarrow{\text{kan}} U_h \prod U_k$$

Nach Voraussetzung kann man Z mit $\coprod_{h,k} Z_{h,k}$ identifizieren. Da es genügt, die Gleichungen $qe_{h,k} = qd_{h,k}$ für alle Komponenten $e_{h,k}$, $d_{h,k} : Z_{h,k} \rightrightarrows \coprod_h U_h$ von e,d nachzuweisen, so kann man sich auf den Fall $Z = Z_{h,k}$ beschränken, wo sich e und d folgendermassen faktorisieren lassen

$$e : Z \xrightarrow{e'} U_h \xrightarrow{\text{kan}} \coprod_h U_h \;, \quad d : Z \xrightarrow{d'} U_k \xrightarrow{\text{kan}} \coprod_h U_h$$

Sei $r : \coprod_i V_i \to Z$ ein Epimorphismus mit Komponenten $r_i : V_i \to Z$, wobei die V_i zu M gehören. Wie vorhin kann man e, d durch die einzelnen Komponenten er_i, dr_i ersetzen. Wir können deshalb zusätzlich annehmen, dass Z zu M gehört. In diesem Fall ist die Voraussetzung $pe = pd$ äquivalent zu $he' = kd'$, und es folgt

$$qe = q(\text{kan})e' = (\Phi(U_h)(h))e' = \Phi(Z)(he') = \Phi(Z)(kd') = (\Phi(U_h)(k))d' = q(\text{kan})d' = qd \,.$$

q.e.d.

Wie J. Isbell bemerkte, ist im allgemeinen die Komposition zweier dichter Funktoren nicht dicht. Z.B. sei $J : \underline{U} \to \underline{Me}$ die (dichte) Inklusion der endlichen Mengen in $\underline{Me}$ und $Y : \underline{Me} \to [\underline{Me}^o, \underline{Me}]$, $A \rightsquigarrow [-,A]$ die (dichte) Yoneda Einbettung. Man sieht leicht, dass für jeden darstellbaren Funktor $[-,A]$ der Kolimes von

$$(YJ)\cdot(YJ)_{[-,A]} : (YJ)/[-,A] \to \underline{U} \to [\underline{Me}^o, \underline{Me}], \left(U, [-,JU] \xrightarrow{\xi} [-,A]\right) \rightsquigarrow [-,JU]$$

isomorph zu einem Unterfunktor von $[-,A]$ ist, dessen Wert auf $A' \in \underline{Me}$ aus allen Abbildungen $A' \to A$ besteht, deren Bild eine endliche Untermenge von A ist. Folglich ist $Y\cdot J$ nicht dicht. Dies liegt offensichtlich daran, dass Y den Kolimes $\varinjlim J\cdot J_A$ nicht erhält.

3.8 <u>Satz</u>. <u>Sei</u> $J : \underline{U} \to \underline{A}$ <u>ein dichter Funktor und</u> $I : \underline{A} \to \underline{B}$ <u>ein Funktor, welcher die Kolimites</u> $\varinjlim J\cdot J_A$ <u>erhält</u>, $A \in \underline{A}$.
I <u>ist genau dann dicht bei einem Objekt</u> $B \in \underline{B}$, <u>wenn</u> $I\cdot J$ <u>dicht bei</u> B <u>ist</u>.
<u>Insbesondere ist</u> I <u>genau dann dicht, wenn</u> $I\cdot J$ <u>dicht ist</u>.

<u>Beweis</u>. Zur Vereinfachung des Beweises nehmen wir an, dass $\underline{U}$ und $\underline{A}$ klein sind. Die Funktoren $B \rightsquigarrow [I-,B]$ und $B \rightsquigarrow [IJ-,B]$ geben Anlass zu einem kommutativen Diagramm

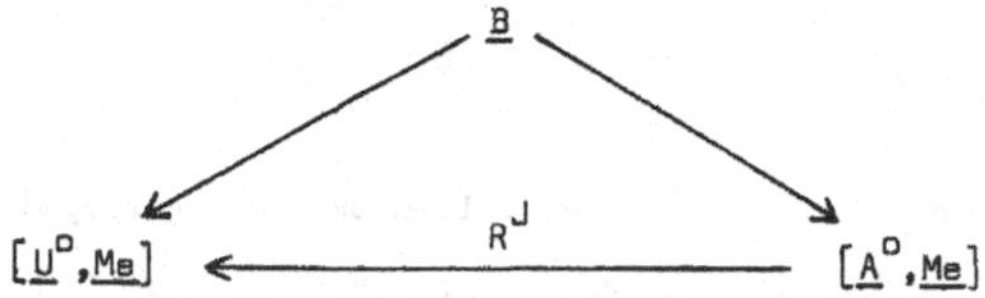

wobei R^J die Restriktion $F \rightsquigarrow F\cdot J$ ist. Wegen 3.4 genügt es zu zeigen, dass für jedes Paar $B',B \in \underline{B}$ die von R^J induzierte Abbildung

$$(*) \qquad \big[[I-,B],[I-,B']\big] \to \big[[IJ-,B],[IJ-,B']\big]$$

bijektiv ist. Jetzt besitzt aber R^J einen Adjungierten $E^J(-) : [\underline{U}^o,\underline{Me}] \to [\underline{A}^o,\underline{Me}]$ der nach 2.9 auf dem Objekt $[IJ-,B]$ den Wert

$$(E^J[IJ-,B])(A) = \varprojlim\, [I\cdot J\cdot J_A(-),B] \cong [\varinjlim\, I\cdot J\cdot J_A,B] \cong [I\ \varinjlim\, J\cdot J_A,B] \cong [IA,B]$$

annimmt. Folglich gilt $E^J R^J[I-,B] = E^J[IJ-,B] \cong [I-,B]$. Weil E^J und R^J zueinander adjungiert sind, induzieren sie quasi-inverse Aequivalenzen zwischen der vollen Unterkategorie von $[\underline{A}^o,\underline{Me}]$, bestehend aus den Objekten F mit der Eigenschaft $F \xrightarrow{\cong} E^J R^J F$ einerseits, und der vollen Unterkategorie von $[\underline{U}^o,\underline{Me}]$, bestehend aus den Objekten G mit der Eigenschaft $R^J E^J G \xrightarrow{\cong} G$ andererseits. Da $[I-,B]$ und $[I-,B']$ zur erstgenannten dieser Unterkategorien gehört, so ist die Abbildung (*) bijektiv.

3.9 <u>Korollar. Sei</u> $J : \underline{U} \to \underline{A}$ <u>ein Funktor und</u> M <u>eine Unterklasse von</u> Ob $\underline{A}$, <u>welche alle Bilder</u> JU <u>enthält,</u> $U \in \underline{U}$. <u>Der Funktor</u> J <u>sei dicht bei jedem Objekt</u> $V \in M$. <u>Dann ist</u> J <u>genau dann dicht bei</u> $A \in \underline{A}$, <u>wenn</u> M <u>bei</u> $A \in \underline{A}$ <u>dicht ist</u>.

3.10 <u>Satz. Sei</u> $\underline{A}$ <u>eine Kategorie und</u> M <u>eine dichte Generatorenmenge. Falls keine der Mengen</u> $[U,U']$ <u>leer ist für</u> $U,U' \in M$, <u>dann ist</u> $\coprod_{U\in M} U$ <u>ein dichter Generator</u>.

<u>Beweis</u>. Da M eine dichte Generatorenmenge ist, so gilt nach 3.9 dasselbe für die Menge

$M \cup \{\coprod_{U \in M} U\}$. Wegen 3.9 genügt es daher zu zeigen, dass $\coprod_{U \in M} U$ bei jedem der Generatoren $U \in M$ dicht ist. Dies ergibt sich aus dem folgenden

3.11 *Lemma*. *Seien* $\sigma : U \to V$ *und* $p : V \to U$ *Morphismen in* $\underline{A}$ *mit* $p\sigma = id_U$. *Dann ist* $\{V\}$ *dicht bei* U .

Beweis. Sei $J : \underline{\{V\}} \to \underline{A}$ die Inklusion der vollen Unterkategorie, deren einziges Objekt V ist. Die Kategorie J/U enthält das "kommutative" Diagramm

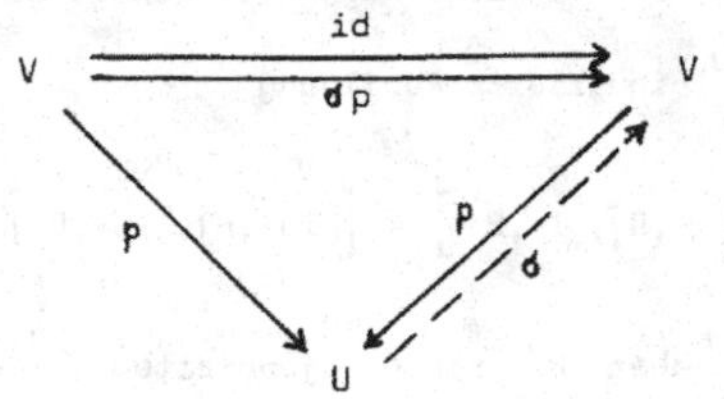

welches eine Unterkategorie von J/U ist, weil σp ein Idempotent ist. Es ist leicht zu zeigen, dass diese Unterkategorie konfinal in J/U ist. Folglich gilt $\varinjlim J \cdot J_U =$ $= \text{Koker}(V \underset{p\sigma}{\overset{id}{\rightrightarrows}} V)$. Der Kokern von $(id_V, \sigma p)$ ist offensichtlich $p : V \to U$.

§ 4 Retrakte, Beispiele

4.1 Definition. *Eine Kategorie $\underline{A}$ heisst ein Koretrakt, wenn es eine kleine Kategorie $\underline{U}$ und eine Aequivalenz von $\underline{A}$ auf eine koreflexive volle Unterkategorie von $[\underline{U}^o,\underline{Me}]$ gibt.*

Eine Kategorie $\underline{A}$ heisst ein Retrakt, wenn $\underline{A}^o$ ein Koretrakt ist.

Wenn $\underline{U}$ klein ist, so gilt $[\underline{U}^o,\underline{Me}] = \underline{K}_\infty(\underline{U})$, vgl. 2.14c), 3.6. Da $[\underline{U}^o,\underline{Me}]$ vollständig und kovollständig ist, so gilt nach Mitchell [42] V § 5 dasselbe für jede koreflexive Unterkategorie von $[\underline{U}^o,\underline{Me}]$. Insbesondere ist jeder Koretrakt vollständig und kovollständig. Die Umkehrung hievon ist nicht richtig, wie das Beispiel der topologischen Räume zeigt, vgl. 4.17.

4.2 Satz. *Sei $\underline{A}$ eine Kategorie. Aequivalent sind:*

(i) $\underline{A}$ ist ein Koretrakt.

(ii) $\underline{A}$ ist kovollständig und besitzt eine kleine dichte Unterkategorie.

Beweis. (ii)$\Rightarrow$(i) folgt aus 3.6.

(i)$\Rightarrow$(ii) Es ist lediglich noch zu zeigen, dass ein Koretrakt $\underline{A}$ eine kleine dichte Unterkategorie besitzt. Es gibt eine kleine Kategorie $\underline{U}$ und eine volle Einbettung $S : \underline{A} \to [\underline{U}^o,\underline{Me}]$, welche einen Koadjungierten $L : [\underline{U}^o,\underline{Me}] \to \underline{A}$ besitzt. Sei $Y : \underline{U} \to [\underline{U}^o,\underline{Me}]$ die Yoneda Einbettung. Für jedes Paar $U \in \underline{U}$, $A \in \underline{A}$ gibt es natürliche Bijektionen

$$\big[[-,U],[LY-,A]\big] \cong [LYU,A] = \big[L[-,U],A\big] \cong \big[[-,U],SA\big]$$

Folglich sind $S : \underline{A} \to [\underline{U}^o,\underline{Me}]$ und $A \rightsquigarrow [LY-,A]$ isomorphe Funktoren. Nach 3.4 ist daher die Zusammensetzung $LY : \underline{U} \to [\underline{U}^o,\underline{Me}] \to \underline{A}$ ein dichter Funktor und nach 3.9 spannen die Bilder LYU, $U \in \underline{U}$, eine kleine dichte Unterkategorie in $\underline{A}$ auf.

Bevor wir zu den Beispielen übergehen, kennzeichnen wir die Funktorkategorien unter den Koretrakten. Die folgende Charakterisierung geht im wesentlichen auf J. Roos [46] und M. Bunge [14] zurück.

4.3 Satz. Sei $\underline{A}$ eine Kategorie. Aequivalent sind:

(i) $\underline{A}$ ist kovollständig und es gibt eine echte Generatorenmenge $M \subset \mathrm{Ob}\,\underline{A}$ derart, dass für jedes $U \in M$ der Funktor $[U,-] : \underline{A} \to \underline{Me}$ mit Kolimites kommutiert.

(ii) $\underline{A}$ ist kovollständig und die Objekte $X \in \underline{A}$ mit der Eigenschaft, dass $[X,-]:\underline{A} \to \underline{Me}$ Kolimites erhält, bilden eine kleine dichte Unterkategorie.

(iii) Es gibt eine kleine Kategorie $\underline{U}$ und eine Aequivalenz $\underline{A} \xrightarrow{\cong} [\underline{U}^o,\underline{Me}]$.

Wir bemerken noch, dass für zwei kleine Kategorien $\underline{U}$ und $\underline{V}$ die Kategorien $[\underline{U},\underline{Me}]$ und $[\underline{V},\underline{Me}]$ genau dann äquivalent sind, wenn die 0-Komplettierungen $\underline{K}_o(\underline{U})$ und $\underline{K}_o(\underline{V})$ äquivalent sind, vgl. 2.14 a).

Beweis von 4.3. (iii) $\Rightarrow$ (i) ist trivial.

(i) $\Rightarrow$ (ii) Sei M eine echte Generatorenmenge in $\underline{A}$ derart, dass für jedes $U \in M$ der Funktor $[U,-]$ kostetig ist. Sei $J : \underline{U} \to \underline{A}$ die Inklusion der vollen von M aufgespannten Unterkategorie. Wir zeigen zunächst, dass J dicht ist, mit andern Worten, dass für jedes $A \in \underline{A}$ der kanonische Morphismus $\varphi_A : \varinjlim J\cdot J_A \to A$ invertierbar ist. Da M eine echte Generatorenmenge ist (1.9), so ist dies der Fall, wenn für jedes $U \in M$ die Abbildung $[U,\varphi_A]$ bijektiv ist. Die kanonische Abbildung $\varinjlim [U,J\cdot J_A] \to [U,A]$ ist offensichtlich bijektiv. Ausserdem ist sie die Zusammensetzung der kanonischen Abbildung $\varinjlim [U,J\cdot J_A] \to [U,\varinjlim J\cdot J_A]$ mit $[U,\varphi_A] : [U,\varinjlim J\cdot J_A] \to [U,A]$. Die erstere ist jedoch invertierbar, folglich auch $[U,\varphi_A]$.

Sei jetzt $\underline{X}$ die von den in (ii) angegebenen Objekten X aufgespannte volle Unterkategorie von $\underline{A}$. Wegen 3.9 ist $\underline{X}$ dicht in $\underline{A}$. Andererseits gibt es für jedes solche X einen regulären Epimorphismus $p : \coprod_i U_i \to X$, $U_i \in \underline{X}$. Dieses p induziert eine Surjektion $[X,p] : \coprod_i [X,U_i] \xrightarrow{\cong} [X,\coprod_i U_i] \to [X,X]$. Weil id_X im Bild von $[X,p]$ liegt, so ist X Retrakt eines U_i . Daraus folgt, dass $\underline{X}$ klein ist.

(ii) $\Rightarrow$ (iii) Sei $I : \underline{X} \to \underline{A}$ die (dichte) Inklusion und $Y : \underline{X} \to [\underline{X}^o,\underline{Me}]$ die Yoneda Einbettung. Der Funktor $S : \underline{A} \to [\underline{X}^o,\underline{Me}]$, $A \rightsquigarrow [I-,A]$ ist volltreu (3.4) und er besitzt einen Koadjungierten $L : [\underline{X}^o,\underline{Me}] \to \underline{A}$. Wegen

$$[L[-,X],A] \cong [[-,X],[I-,A]] \cong [X,A]$$

gilt $L[-,X] \xrightarrow{\cong} X$.

Da S volltreu ist, genügt es zu zeigen, dass für jedes $t \in [\underline{X}^o,\underline{Me}]$ die Adjunktion $t \to SL(t)$ invertierbar ist. Sei $t = \varinjlim_\nu [-,X_\nu]$ eine Kolimesdarstellung. Dann gilt

$$t = \varinjlim_\nu [-,X_\nu] \xrightarrow{\cong} \varinjlim_\nu SL[-,X_\nu] \xrightarrow{\cong} SL \varinjlim_\nu [-,X_\nu] = SL(t)$$

q.e.d.

<u>Beispiele</u>.

4.4 Es sei $\underline{T}$ eine algebraische Theorie im Sinne von Lawvere, und $F(n)$ bezeichne für jedes $n \in \mathbb{N}$ die durch n Elemente frei erzeugte $\underline{T}$-Algebra (vgl. H. Schubert [49] 18.1). Man sieht leicht, dass $\{F(0),F(1),\ldots,F(n),\ldots\}$ eine dichte Generatorenmenge in der kovollständigen Kategorie $\underline{A}$ der $\underline{T}$-Algebren ist. Also ist $\underline{A}$ ein Koretrakt. Wenn die Operationen von $\underline{T}$ durch m-stellige Operationen mit $m \leq n$ erzeugt werden, dann ist sogar $F(n)$ ein dichter Generator (siehe Isbell [31]).

4.5 Wir bezeichnen mit Φ die <u>Pfeilkategorie</u> "$\cdot \to \cdot$" (Φ hat zwei Objekte 0,1 und ausser den Identitäten nur einen Morphismus $0 \to 1$), mit Δ die <u>Dreieckskategorie</u> "$\cdot \nearrow \cdot \searrow \cdot$" (Δ hat 3 Objekte 0,1,2 und ausser den Identitäten nur drei Morphismen $\gamma : 0 \to 1$, $\alpha : 1 \to 2$, $\beta : 0 \to 2$; es gilt $\beta = \alpha \circ \gamma$).
Es ist leicht zu zeigen, dass Δ ein dichter Generator in der Kategorie <u>Kat</u> der Kategorien aus $\underline{\underline{U}}$ ist. Hingegen ist Φ zwar ein echter Generator (1.9), aber kein dichter. Wenn $J : \{\Phi\} \to \underline{Kat}$ die Inklusion der vollen Unterkategorie bestehend aus Φ ist, und wenn $\underline{K}$ ein Objekt in <u>Kat</u> ist, dann lässt sich der "Kolimes der über $\underline{K}$ stehenden Kopien von Φ" (vgl. 3.1) folgendermassen beschreiben: Die Objekte von $\varinjlim JJ_{\underline{K}}$ sind einfach die Objekte von $\underline{K}$. Die Morphismen sind Folgen $(\alpha_1,\ldots,\alpha_n)$ von Morphismen $\alpha_i : K_{i-1} \to K_i$ aus $\underline{K}$ ($n \in \mathbb{N}$; für $n = 0$ sollte eine solche Folge nur aus einem Objekt K_o bestehen). Ausgangs- und Endobjekt von $(\alpha_1,\ldots,\alpha_n)$ sind K_o und K_n . Die Zusammensetzung von Morphismen ist gegeben durch Zusammenheften von Folgen. Der kanonische

Funktor $\underrightarrow{\lim}\, \mathbb{J}_{\underline{K}} \to \underline{K}$ ist die Identität auf den Objekten und bildet $(\alpha_1,\ldots,\alpha_n)$ auf die Zusammensetzung $\alpha_n\alpha_{n-1}\ldots\alpha_1$ in $\underline{K}$ ab.

4.6 Es seien $\underline{A}$ eine Grothendieck-Kategorie (abelsche Kategorie mit Koprodukten, Generator und exakten kofiltrierenden Kolimites). Ist U ein Generator, dann ist $U \amalg U$ ein dichter Generator in $\underline{A}$.

4.7 Es seien $\underline{\text{Komp}}$ die Kategorie der kompakten Räume und $I = [0,1]$ das Einheitsintervall. Isbell [31] hat gezeigt, dass $I \pi I$ ein dichter $\underline{\text{Kogenerator}}$ in $\underline{\text{Komp}}$ ist (dh. $I^2 = I\pi I$ ist ein dichter Generator in $\underline{\text{Komp}}^o$). Wir skizzieren einen etwas anderen Beweis. Sei K ein kompakter Raum. Es ist zu zeigen, dass K mit dem Limes L "der unter K stehenden Kopien von I^2 " identifiziert werden kann. Der Limes L kann wie folgt beschrieben werden. Ein Punkt von L ist eine Funktion $\varphi : [K,I^2] \to I^2$ mit der Eigenschaft $\tau\varphi(h) = \varphi(\tau h)$ für jedes Paar von stetigen Abbildungen $h : K \to I^2$ und $\tau: I^2 \to I^2$. Die Topologie auf L ist diejenige der punktweisen Konvergenz.
Die kanonische Abbildung $K \to L$ ordnet jedem $k \in K$ die Funktion $h \rightsquigarrow h(k)$ zu. Es genügt zu zeigen, dass jedes φ von dieser Gestalt ist. Wenn $f,g : K \to I$ die Komponenten von h bzw. $\xi,\eta : [K,I^2] \to I$ die Komponenten von φ und $\alpha,\beta : I^2 \to I$ die Komponenten von τ bezeichnen, dann ist die Gleichung $\tau\varphi(h) = \varphi(\tau h)$ äquivalent zu

$$\begin{aligned} \alpha\big(\xi(f,g),\eta(f,g)\big) &= \xi\big(\alpha(f,g),\beta(f,g)\big) \\ \beta\big(\xi(f,g),\eta(f,g)\big) &= \eta\big(\alpha(f,g),\beta(f,g)\big) \end{aligned} \qquad (*)$$

Falls $\alpha(x,y) = y$ und $\beta(x,y) = x$, so folgt aus (*) $\eta(f,g) = \xi(g,f)$. Falls $\alpha(x,y) = x$ und $\beta(x,y) = 0$, so folgt aus (*) $\xi(f,g) = \xi(f,0)$. Sei $\chi : [K,I\ ] \to I$ die Funktion $f \rightsquigarrow \xi(f,0)$. Falls $\alpha(x,y) = 0$ und $\beta(x,y) = y$, so folgt aus (*)
$\eta(f,g) = \eta(0,g) = \xi(g,0) = \chi(g)$. Es gilt also $\xi(f,g) = \chi(f)$ und $\eta(f,g) = \chi(g)$, dh. $\varphi(f,g) = \big(\chi(f),\chi(g)\big)$. Ersetzt man ξ und η in den Gleichungen (*), so erhält man

$$\alpha\big(\chi(f),\chi(g)\big) = \chi\big(\alpha(f,g)\big) \qquad (**)$$

Falls $\alpha(x,y) = \lambda x + \mu y$, wobei $\lambda \geq 0$, $\mu \geq 0$ und $\lambda+\mu \leq 1$ so folgt aus (**)

$$\chi(\lambda f+\mu g) = \lambda\chi(f) + \mu\chi(g) \qquad (***)$$

Falls $\alpha(x,y) = x\cdot y$, so folgt aus (**)

$$\chi(f\cdot g) = \chi(f)\chi(g) \qquad (****)$$

Falls $\alpha(x,y) = 1-x$, so folgt aus (**) $1-\chi(f) = \chi(1-f)$. Insbesondere ist $\chi \neq 0$.

Es sei nun $C(K)$ die Algebra aller stetigen Funktionen $K \to \mathbb{R}$. Wir zeigen, dass sich eine nicht verschwindende Funktion $\chi : [K,I] \to \mathbb{R}$ mit den Eigenschaften (***) und (****) eindeutig zu einem $\mathbb{R}$-Algebrenhomomorphismus $\chi' : C(K) \to \mathbb{R}$ ausdehnen lässt. Ein solcher Algebrenhomomorphismus ist aber bekanntlich von der Gestalt $f \rightsquigarrow f(k)$ mit $k \in K$.
Für $\varphi \in L$ und $h = (f,g) \in [K,I^2]$ gilt also

$$\varphi(h) = \big(\chi(f),\chi(g)\big) = \big(\chi'(f),\chi'(g)\big) = \big(f(k),g(k)\big) = h(k) .$$

Um χ auf $C(K)$ zu erweitern, wählt man für jede stetige Funktion $\ell : K \to \mathbb{R}$ eine Zerlegung $\ell = f-g$, wobei $f,g : K \rightrightarrows \mathbb{R}$ positive stetige Funktionen sind. Man definiert dann

$$\chi'(\ell) = \frac{1}{\lambda}\chi(\lambda f) - \frac{1}{\lambda}\chi(\lambda g)$$

wobei $0 < \lambda \leq 1$ irgendeine Zahl ist, derart, dass $\lambda g(K) \subset [0,1] \supset \lambda f(K)$. Aus (***) folgt leicht für $\mu = 0$, dass $\frac{1}{\lambda}\chi(\lambda f)$ und somit auch $\chi'(\ell)$ nicht von λ abhängt. Hieraus und aus (***) folgt ferner, dass $\chi'(\ell)$ nur von ℓ und nicht von f,g abhängt. Mit Hilfe von (***) und (****) kann man nun leicht zeigen, dass χ' ein $\mathbb{R}$-Algebrenhomomorphismus ist.

4.8 Es sei U eine Menge. Wir untersuchen nun die Mengen M , bei welchen U kodicht ist (dh. U ist dicht bei M in $\underline{Me}^{o}$). Der Limes L "der unter M stehenden Kopien von U " kann folgendermassen beschrieben werden. Ein Punkt von L ist eine Funktion $\varphi : [M,U] \to U$ mit der Eigenschaft $\tau\varphi(h) = \varphi(\tau h)$ für jedes Paar von Abbildungen $h : M \to U$ und $\tau : U \to U$. Die kanonische Abbildung $M \to L$ ordnet jedem $m \in M$ die Funktion $h \rightsquigarrow h(m)$ zu. Wählt man speziell für τ eine Retraktion von U auf $im(h)$, so folgt aus $\tau\varphi(h) = \varphi(\tau h)$, dass $\varphi(h) \in im(h)$, falls M nicht die leere Menge $\emptyset$ ist.

Dieser Beschreibung entnimmt man sofort, dass die leere Menge nur bei sich selbst und den einpunktigen Mengen kodicht ist, während eine einpunktige Menge nur bei den einpunktigen Mengen kodicht ist.

4.9 Eine andere, aber äquivalente Beschreibung von L basiert auf dem Begriff einer U-Zerlegung von M. Eine solche besteht aus einer Menge Z von paarweise disjunkten nichtleeren Teilmengen von M, welche ganz M überdecken derart, dass $|Z| \leq |U|$. Jeder Abbildung $h : M \to U$ kann zum Beispiel die Faserzerlegung $\{h^{-1}(u) | u \in \mathrm{im}(h)\}$ von h zugeordnet werden. Umgekehrt ist jede U-Zerlegung von M die Faserzerlegung einer Abbildung $M \to U$; die letztere ist natürlich nicht eindeutig bestimmt. Sind $Z, \bar{Z}$ zwei U-Zerlegungen von M, so definiert man $Z \leq \bar{Z}$, falls jedes $\bar{N} \in \bar{Z}$ Vereinigung gewisser $N \in Z$ ist.

Eine Funktion $\varphi \in L$ gibt Anlass zu einer Funktion φ', welche jeder U-Zerlegung Z von M ein Element von Z zuordnet. Man wählt eine Abbildung $h : M \to U$, deren Faserzerlegung Z ist und definiert $\varphi'(Z) = h^{-1}(\varphi(h))$. Wegen der Eigenschaft $\varphi(\tau h) = \tau\varphi(h)$ hängt $\varphi'(Z)$ nicht von der speziellen Wahl von h ab. Ferner folgt daraus, dass $\varphi'(Z) \subseteq \varphi'(\bar{Z})$, falls $Z \leq \bar{Z}$. Es ist leicht zu sehen, dass $\varphi \rightsquigarrow \varphi'$ eine Bijektion von L auf die Funktionen mit dieser Eigenschaft ist. Daraus folgt insbesondere, dass eine zweipunktige Menge nur bei der leeren Menge sowie den ein- und zweipunktigen Mengen kodicht ist. Sie ist also kein kodichter, wohl aber ein regulärer Kogenerator.

4.10 Wir setzen von jetzt an voraus, dass $|U| \geq 3$. Es sei $\varphi \in L$. Eine Teilmenge $N \subset M$ heisse φ-ausgezeichnet, wenn sie nicht leer ist, und wenn die Zerlegung $Z = \{N, M-N\}$ die Bedingung $N = \varphi'(Z)$ erfüllt (die Bezeichnungen sind diejenigen von 4.8). Die Gesamtheit aller φ-ausgezeichneten Teilmengen bezeichnen wir mit Φ.

4.11 Definition. Ein Ultrafilter Ψ auf M heisst ein U-Ultrafilter, wenn der Durchschnitt von nicht mehr als $|U|$ Elementen aus Ψ wieder zu Ψ gehört. (Für endliche U ist dies keine zusätzliche Bedingung).

Für jede U-Zerlegung Z von M und jeden U-Ultrafilter Ψ auf M gilt $\Psi \cap Z \neq \emptyset$. Wäre nämlich $N \notin \Psi$ für jedes $N \in Z$, so würde folgen, dass $M-N \in \Psi$ und $\bigcap_{N \in Z} (M-N) \in \Psi$.

Dies ist jedoch unmöglich, weil $\bigcap_{N\in Z}(M-N) = \emptyset$.

4.12 Lemma. Ein Ultrafilter Ψ auf M ist genau dann ein U-Ultrafilter, wenn für jede U-Zerlegung Z von M der Durchschnitt von Ψ und Z aus einem Element besteht.

Beweis. Da ein Ultrafilter nicht zwei disjunkte Teilmengen von M enthalten kann, so genügt es zu zeigen, dass jede Familie $(X_i)_{i\in I}$ von Elementen aus Ψ mit $|I| \leq |U|$ die Eigenschaft $\bigcap_{i\in I} X_i \in \Psi$ besitzt. Man versehe I mit einer Wohlordnung und betrachte die U-Zerlegung (Wir dürfen hier voraussetzen, dass $|U| \geq \aleph_0$, vgl. 4.11)

$$Z = \{\bigcap_{i\in I} X_i; M-X_0; X_0 - X_0 \cap X_1; X_0 \cap X_1 - X_0 \cap X_1 \cap X_2; \ldots\}$$

Dabei wird eine Komponente $\bigcap_{i<n} X_i - \bigcap_{j\leq n} X_j$ weggelassen, wenn sie leer ist. Da $X_n \in \Psi$ und $X_n \cap (\bigcap_{i<n} X_i - \bigcap_{j\leq n} X_j) = \emptyset$, so gehört keine der Komponenten $\bigcap_{i<n} X_i - \bigcap_{j\leq n} X_j$ zu Ψ. Wegen $Z \cap \Psi \neq \emptyset$ folgt daher $\bigcap_{i\in I} X_i \neq \emptyset$ und $Z \cap \Psi = \{\bigcap_{i\in I} X_i\}$.

4.13 Satz. Seien M, $U \in Me$ und $|U| \geq 3$. Für jedes $\varphi \in L$ ist die Menge Φ der φ-ausgezeichneten Mengen (4.10) ein U-Ultrafilter. Die obige Abbildung $\varphi \rightsquigarrow \Phi$ ist eine Bijektion vom Limes "der unter M stehenden Kopien von U" auf die Menge der U-Ultrafilter auf M.

4.14 Korollar. U ist genau dann kodicht bei M, wenn jeder U-Ultrafilter auf M trivial ist.

Beweis von 4.13. In jeder U-Zerlegung Z von M gibt es eine φ-ausgezeichnete Menge N. Man wähle nämlich eine Abbildung $h : M \to U$ mit Faserzerlegung Z und setze $N = h^{-1}(\varphi h)$. Folglich gilt $\Phi \cap Z = \{N\}$. Ferner ist Φ ein Ultrafilter, weil:

a) Kein $N \in \Phi$ ist leer und aus $N \in \Phi$ folgt $M-N \notin \Phi$.

b) Aus $N \subset \bar{N}$ und $N \in \Phi$ folgt $\bar{N} \in \Phi$. Man setze nämlich $Z = \{N, \bar{N}-N, M-\bar{N}\}$, $Z' = \{N, M-N\}$ und $Z'' = \{\bar{N}, M-\bar{N}\}$. Aus $Z \leq Z'$ folgt, dass $\varphi'(Z) \subset \varphi'(Z') = N$, also $\varphi'(Z) = N$. Aus $Z \leq Z''$ folgt, dass $N = \varphi'(Z) \subset \varphi'(Z'')$, also $\varphi'(Z'') = \bar{N}$. Insbesondere ergibt sich hieraus, dass aus $N, \bar{N} \in \Phi$ folgt $N \cap \bar{N} \neq \emptyset$.

c) Sei $N \subset M$ und $Z = \{N, M-N\}$. Da $Z \cap \Phi \neq \emptyset$, so gehört entweder N oder $M-N$ zu Φ.

d) Aus $N, \bar{N} \in \Phi$ folgt $N \cap \bar{N} \in \Phi$. Sei nämlich $Z = \{N \cap \bar{N}, N - N \cap \bar{N}, M-N\}$. Da $\bar{N} \cap (N - N \cap \bar{N}) = \emptyset$, folgt $(N - N \cap \bar{N}) \notin \Phi$. Ebenso $(M-N) \notin \Phi$. Da $\Phi \cap Z \neq \emptyset$, so folgt $\{N \cap \bar{N}\} = \Phi \cap Z$.

Umgekehrt gibt jeder U-Ultrafilter Ψ auf M Anlass zu einer Abbildung φ', nämlich $Z \rightsquigarrow Z \cap \Psi$, und folglich nach 4.9 zu einer Abbildung $\varphi \in L$.

Aus 4.14 folgt, dass U bei allen endlichen Mengen kodicht ist, weil jeder Ultrafilter auf einer endlichen Menge trivial ist ($|U| \geq 3$). Wenn U endlich ist, so ist U bei den unendlichen Mengen nicht kodicht, weil es bekanntlich auf den letzteren nicht-triviale Ultrafilter gibt. Hieraus folgt wegen 3.9, dass die endlichen Mengen keine kodichte Unterkategorie von Me bilden.

4.15 Satz.(siehe auch Isbell [31]) Es sei $U \in$ Me eine unendliche Menge. Wenn das zugrundeliegende Universum $\underline{U}$ das kleinste Universum ist, das U enthält, dann ist U in Me kodicht.

Das resultiert aus dem folgenden Satz von Ulam (Ulam [52], S. Mazur [41]): Die kleinste Kardinalzahl, bei der U nicht kodicht ist, dh. auf der es einen nicht trivialen U-Ultrafilter gibt, ist streng unerreichbar. Wir skizzieren den Beweis. Zunächst ist klar, dass jeder U-Ultrafilter auf U und jeder Menge mit Kardinalität $\leq \aleph_0$ trivial ist. Sei $K = \bigcup_{i \in I} K_i$ eine Vereinigung mit der Eigenschaft, dass die U-Ultrafilter auf I und jedem K_i trivial sind. Es ist zu zeigen, dass dies auch für K gilt. Sei Φ ein U-Ultrafilter auf K. Dann bilden die Teilmengen $J \subset I$ mit der Eigenschaft $\bigcup_{j \in J} K_j \in \Phi$ einen U-Ultrafilter Ψ auf I. Folglich ist Ψ trivial und es gibt ein $i \in I$ derart, dass $K_i \in \Phi$. Das System $\{F \in \Phi \mid F \subset K_i\}$ ist ein U-Ultrafilter auf K_i. Es gibt daher ein $k \in K_i$ mit der Eigenschaft $\{k\} \in \Phi$, mit andern Worten, Φ ist trivial. Es bleibt noch zu zeigen: Falls die U-Ultrafilter auf einer Menge K trivial sind, dann sind sie es auch auf 2^K. Wir zeigen zunächst, dass auf einer beliebigen Menge M, also insbesondere auch auf 2^K, jeder U-Ultrafilter ein K-Ultrafilter ist. Sei nämlich Z eine K-Zerlegung von M. Die Teilmengen $T \subset Z$ mit der Eigenschaft $\bigcup_{N \in T} N \in \Phi$ bilden einen U-Ultrafilter. Dieser ist wegen $|Z| \leq |K|$ trivial. Es gibt daher ein $N \in Z \cap \Phi$.

Sei jetzt $M = 2^K$ und Φ ein U-Ultrafilter auf 2^K. Jedes $k \in K$ gibt Anlass zu einer K-Zerlegung $Z_k = \{0_k, 1_k\}$ von 2^K, wobei 1_k (bzw. 0_k) aus allen Teilmengen von K besteht, welche k enthalten (bzw. nicht enthalten). Sei X_k dasjenige Element von $\{0_k, 1_k\}$, welches zu Φ gehört. Dann gehört $\bigcap_{k\in K} X_k$ ebenfalls zu Φ. Da das einzige Element von $\bigcap_{k\in K} X_k$ die Teilmenge $\{k \in K \mid 1_k \in \Phi\}$ ist, so ist Φ trivial.

4.16 Es kann vorkommen, dass ein Koretrakt keine dichte Generatorenmenge besitzt, die nur aus einem Objekt besteht. Es sei nämlich Ω eine Menge mit Kardinalzahl 1. Dann ist $\{(\Omega,\emptyset), (\emptyset,\Omega)\}$ ein dichter Generator in <u>Me</u> π <u>Me</u>. Aber kein Objekt (M,N) kann dicht sein. Ist $N = \emptyset$, so kann (M,N) höchstens bei Objekten der Form $(P,\emptyset)$ dicht sein. Ist $N \neq \emptyset$, so ist (M,N) bei Objekten der Form $(P,\emptyset)$ nicht dicht.

4.17 <u>Satz</u>. <u>Die Kategorie Top der topologischen Räume ist kein Koretrakt</u>.

<u>Beweis</u>. Es genügt zu zeigen, dass <u>Top</u> keine reguläre Generatorenmenge besitzt (vgl. 1.11). Sei M eine Menge topologischer Räume. Sei A die kleinste unendliche reguläre Ordinalzahl derart, dass $|A| > |U|$ für jedes $U \in M$. Die wohlgeordnete Menge A ergänzen wir durch ein grösstes Element w und versehen $E = A \cup \{w\}$ mit derjenigen Topologie, deren offene Mengen Vereinigungen von "halboffenen" Intervallen der Gestalt $]b,a]$, $b < a$, sowie den "abgeschlossenen" Intervallen $[0,a]$, $0 < a$, sind. Es seien $p_i : U_i \to E$ stetige Abbildungen, wobei $i \in I$ und $U_i \in M$. Weil A regulär ist, so gibt es für jedes $i \in I$ ein $w_i \in E$, welches w von $p_i(U_i) - \{w\}$ "trennt", dh. es gilt $p_i^{-1}(]w_i,w]) = p_i^{-1}(w)$. Folglich ist $p_i^{-1}(w)$ offen in U_i für jedes i. Da die nicht offene Untermenge $\{w\} \subset E$ in jedem U_i ein offenes Urbild besitzt, so kann die induzierte Abbildung $p : \coprod_{i\in I} U_i \to E$ kein regulärer Epimorphismus sein.

In der Kategorie <u>Komp</u> der kompakten Räume ist jeder einpunktige Raum ein regulärer aber kein dichter Generator. Trotzdem gilt der folgende

4.18 <u>Satz</u> (Isbell). <u>Die Kategorie Komp ist kein Koretrakt</u>.

<u>Beweis</u>. Es genügt zu zeigen, dass <u>Komp</u> keine kleine dichte Unterkategorie zulässt. Sei

M eine Menge kompakter Räume in <u>Komp</u>. Sei E die in 4.17 mit Hilfe von M konstruierte "lange Gerade". Sei Y ein zweipunktiger Raum, dessen beide Punkte abgeschlossen sind. Die charakteristische Funktion $\chi_w : E \to Y$ der Teilmenge $\{w\}$ von E ist unstetig. Trotzdem induziert sie eine natürliche Transformation $\Phi: [J-,E] \to [J-,Y]$, wobei $\Phi(M)(\xi) = \chi_w \circ \xi$ (J bezeichnet die Inklusion der durch M bestimmten vollen Unterkategorie). Folglich ist M wegen 3.4 nicht dicht.

§ 5 Kategorien α-stetiger Funktoren

5.1 Definition. Sei α eine reguläre Kardinalzahl. Eine Kategorie $\underline{D}$ heisst *α-kofiltrierend*, falls sie die folgenden Bedingungen erfüllt:

a) Für jede Familie $(D_\nu)_{\nu \in N}$ von Objekten in $\underline{D}$ mit $|N| < \alpha$ gibt es ein $D \in \underline{D}$ und eine Familie von Morphismen $(\xi_\nu : D_\nu \to D)_{\nu \in N}$.

b) Für jede Familie von Morphismen $(\xi_\lambda : D_0 \to D_1)_{\lambda \in L}$ in $\underline{D}$ mit $|L| < \alpha$ existiert ein Morphismus $\eta : D_1 \to D_2$ derart, dass $\eta \xi_\mu = \eta \xi_\lambda$ für alle $\lambda, \mu \in L$.*)

Ein Funktor $H : \underline{D} \to \underline{A}$ heisst ein *α-Kofilter* in $\underline{A}$, wenn $\underline{D}$ klein und α-kofiltrierend ist. Ist ausserdem $H(\xi)$ monomorph für jeden Morphismus $\xi \in \underline{D}$, so heisst H ein *monomorpher α-Kofilter*. Wenn $\varinjlim H$ für jeden α-Kofilter (bzw. monomorphen α-Kofilter) existiert, so sagen wir, $\underline{A}$ besitze α-kofiltrierende (bzw. monomorphe α-kofiltrierende) Kolimites.

Die dualen Definitionen "α-filtrierend, α-Filter ..." überlassen wir dem Leser.

5.2 Satz. *Für eine kleine Kategorie $\underline{D}$ sind folgende Bedingungen äquivalent:*

(i) *$\underline{D}$ ist α-kofiltrierend.*

(ii) *Die Yoneda Einbettung $Y : \underline{D} \to \underline{K}_\alpha(\underline{D})$ ist konfinal*, vgl. 2.14 b), 2.12.

(iii) *In $\underline{Me}$ kommutieren α-Limites mit $\underline{D}$-Kolimites, dh. für jede α-kleine Kategorie $\underline{X}$ und jeden Funktor $\Phi : \underline{X} \times \underline{D} \to \underline{Me}$ ist die kanonische Abbildung*

$$\varinjlim_{\underline{D}} \varprojlim_{\underline{X}} \Phi(X,D) \to \varprojlim_{\underline{X}} \varinjlim_{\underline{D}} \Phi(X,D)$$

bijektiv.

Beweis. (i) $\Rightarrow$ (iii) Dies beweist man wie im bekannten Spezialfall $\alpha = \aleph_0$.

(iii) $\Rightarrow$ (ii) Es ist zu zeigen, dass für jedes $F \in \underline{K}_\alpha(\underline{D})$ die Kategorie $F \backslash Y$ zusammenhängend ist (2.12). Nach Definition von $\underline{K}_\alpha(\underline{D})$ gibt es ein Kokerndiagramm $\coprod_{i \in I} [-,D_i] \overset{\varphi}{\underset{\psi}{\rightrightarrows}} \coprod_{j \in J} [-,D_j] \to F$ mit der Eigenschaft $|I| < \alpha > |J|$. Da jeder der von φ oder ψ induzierten Morphismen $[-,D_i] \to \coprod_{j \in J} [-,D_j]$ durch eine der kanonischen Inklusionen

*) Wir forderten ursprünglich nur, dass jedes Paar $D_0 \rightrightarrows D_1$ von einem Morphismus $D_1 \to D_2$ egalisiert werde. Herr H. Reichel teilte uns freundlicherweise mit, dass dies für unsere Anwendungen nicht ausreicht. Er schlug stattdessen die obige Bedingung b) vor.

$[-,D_j] \to \coprod_j [-,D_j]$ faktorisiert, so gibt es eine α-kleine Kategorie $\underline{X}^o$ und einen Funktor $H : \underline{X}^o \to \underline{D}$ derart, dass $F = \varinjlim YH$. Sei $\Phi : \underline{X} \amalg \underline{D} \to \underline{Me}$ der Funktor $X \amalg D \rightsquigarrow [H(X),D]$. Dann besteht für jedes $X \in \underline{X}$ der Kolimes von $\underline{D} \to \underline{Me}$, $D \rightsquigarrow \Phi(X,D)$ aus einem Punkt, und folglich auch $\varprojlim_{X} \varinjlim_{D} \Phi(X,D)$. Andererseits ist wegen

$\varinjlim_{D} [F,[-,D]] \cong \varinjlim_{D}[\varinjlim_{X} [-,H(X)],[-,D]] \cong \varinjlim_{D} \varprojlim_{X} [[-,H(X)],[-,D]] \cong \varinjlim_{D} \varprojlim_{X} [H(X),D]$ die einpunktige Menge $\varinjlim_{D} \varprojlim_{X} [H(X),D]$ isomorph zur Menge der Zusammenhangskomponenten von $F\backslash Y$.

(ii)$\Longrightarrow$(i): Da $Y : \underline{D} \to \underline{K}_\alpha(\underline{D})$ konfinal ist, gibt es zu jeder Familie $(D_\nu)_{\nu \in N}$ von Objekten in $\underline{D}$ mit $|N| < \alpha$ einen Morphismus $\coprod_\nu [-,D_\nu] \to [-,D]$ für ein geeignetes $D \in \underline{D}$. Dies beweist die Bedingung a). Ebenso gibt es zu einer Familie $(\xi_\lambda : D_o \to D_1)_{\lambda \in L}$ von Morphismen mit $|L| < \alpha$ einen Morphismus

$$\operatorname*{Koker}_{\lambda \in L} \left([-,D_o] \overset{[-,\xi_\lambda]}{\underset{\vdots}{\rightrightarrows}} [-,D_1] \right) \longrightarrow [-,D_2]$$

für ein geeignetes $D_2 \in \underline{D}$. Dies beweist b).

5.3 Wir untersuchen nun, wie sich die Stetigkeitseigenschaften eines Funktors $F : \underline{U}^o \to \underline{Me}$ in der Kategorie "der darstellbaren Funktoren über F" widerspiegeln.

Satz. Sei $\underline{U}$ eine kleine Kategorie, $Y : \underline{U} \to [\underline{U}^o,\underline{Me}]$ die Yoneda Einbettung und $F \in [\underline{U}^o,\underline{Me}]$ ein Funktor. Aequivalent sind:

(i) Die Kategorie Y/F ist α-kofiltrierend.

(ii) F ist ein α-kofiltrierender Kolimes von darstellbaren Funktoren.

Wenn der Funktor F diesen Bedingungen genügt, ist er ausserdem α-stetig.

Der Beweis der Aequivalenz (i)$\Longleftrightarrow$(ii) ist einfach. Die letzte Aussage folgt leicht aus 5.2.

5.4. Korollar. Sei $\underline{U}$ eine kleine α-kovollständige Kategorie und $F : \underline{U}^o \to \underline{Me}$ ein Funktor. Sei $Y : \underline{U} \to [\underline{U}^o,\underline{Me}]$ die Yoneda Einbettung $U \rightsquigarrow [-,U]$. Aequivalent sind:

(i) F ist α-stetig.

(ii) Die Kategorie Y/F ist α-kovollständig und der Vergissfunktor $Y_F : Y/F \to \underline{U}$ erhält und reflektiert α-Kolimites.

(iii) Y/F ist α-kofiltrierend.

Beweis. (ii)$\Longrightarrow$(iii) ist trivial und (iii)$\Longrightarrow$(i) folgt schon aus 5.3.

(i)$\Longrightarrow$(iii) Sei $H : \underline{D} \to Y/F$, $\delta \rightsquigarrow (U_\delta, \xi_\delta : [-,U_\delta] \to F)$ ein Funktor, wobei $\underline{D}$ α-klein ist. Wir identifizieren wie üblich $\big[[-,U_\delta],F\big]$ mit $F(U_\delta)$. Mit Hilfe der Isomorphismen $\big[[-,\varinjlim U_\delta],F\big] \xrightarrow{\cong} F(\varinjlim U_\delta) \xrightarrow{\cong} \varprojlim F(U_\delta)$ kann man einer Familie $\xi = (\xi_\delta) \in \varprojlim F(U_\delta)$ ein Element $\eta \in \big[[-,\varinjlim U_\delta],F\big]$ zuordnen. Es ist klar, dass $(\varinjlim U_\delta, \eta)$ ein Kolimes von H ist.

5.5 Ist $\underline{U}$ eine kleine Kategorie, so bezeichnen wir mit $St_\alpha[\underline{U}^o,\underline{Me}]$ die volle Unterkategorie von $[\underline{U}^o,\underline{Me}]$ bestehend aus den α-kofiltrierenden Kolimites von darstellbaren Funktoren. Falls $\underline{U}$ α-kovollständig ist, dann besteht $St_\alpha[\underline{U}^o,\underline{Me}]$ also aus allen α-stetigen Funktoren. Aber die Unterkategorie $St_\alpha[\underline{U}^o,\underline{Me}]$ von $[\underline{U}^o,\underline{Me}]$ ist auch sonst von Interesse. Sie ist unter α-kofiltrierenden Kolimites abgeschlossen und besitzt bezüglich diesen eine evidente universelle Eigenschaft.

Satz. Sei $\underline{U}$ eine kleine Kategorie, $Y : \underline{U} \to St_\alpha[\underline{U}^o,\underline{Me}]$ die Yoneda Einbettung und $\underline{B}$ eine beliebige Kategorie mit α-kofiltrierenden Kolimites. Der Funktor "Kan'sche Koerweiterung" $F \rightsquigarrow E_Y(F)$ induziert eine Aequivalenz von $[\underline{U},\underline{B}]$ auf diejenige volle Unterkategorie von $[St_\alpha[\underline{U}^o,\underline{Me}],\underline{B}]$, deren Objekte α-kofiltrierende Kolimites erhalten.

Wenn $\underline{U}$ α-kovollständig ist, dann entsprechen dabei die α-kostetigen Funktoren $\underline{U} \to \underline{B}$ den kostetigen Funktoren $St_\alpha[\underline{U}^o,\underline{Me}] \to \underline{B}$.

Beweis. Sei $T : \underline{U} \to \underline{B}$ ein Funktor. Nach 2.7 ist der partiell Koadjungierte L von $\underline{B} \to [\underline{U}^o,\underline{Me}]$, $B \rightsquigarrow [T-,B]$ auf jedem $F \in St_\alpha[\underline{U}^o,\underline{Me}]$ definiert und die Restriktion von L auf $St_\alpha[\underline{U}^o,\underline{Me}]$ ist die Kan'sche Koerweiterung $E_Y(T)$. Da die Inklusion $St_\alpha[\underline{U}^o,\underline{Me}] \to [\underline{U}^o,\underline{Me}]$ α-kofiltrierende Kolimites erhält, so gilt dies auch für $E_Y(T)$.

Ist $\underline{U}$ α-kovollständig und T α-kostetig, dann gilt $[T-,B] \in St_\alpha[\underline{U}^o,\underline{Me}]$ für jedes $B \in \underline{B}$. Folglich ist $E_Y(T)$ koadjungiert zu $\underline{B} \to St_\alpha[\underline{U}^o,\underline{Me}]$, $B \rightsquigarrow [T-,B]$ (vgl. 2.7).

Bemerkung. Sei $\underline{U}$ eine kleine Kategorie, $\underline{B}$ eine Kategorie mit α-kofiltrierenden Kolimites und $T : \underline{U} \to \underline{B}$ ein Funktor. Man sieht leicht, dass $E_Y(T) : St_\alpha[\underline{U}^o,\underline{Me}] \to \underline{B}$ genau dann eine Aequivalenz ist, wenn T volltreu ist, die Funktoren $[TU,-]$, $U \in \underline{U}$, α-kofiltrierende Kolimites erhalten, und jedes Objekt $B \in \underline{B}$ ein α-kofiltrierender Kolimes von Objekten der Form TU ist. Diese Bedingungen sind zum Beispiel für $\alpha = \aleph_o$ erfüllt, wenn $\underline{B}$ die Kategorie der flachen Moduln über einem Ring Λ ist, und wenn T die Inklusion der Unterkategorie der endlich erzeugten projektiven Moduln ist (siehe D. Lazard [38]).

5.6 Sei $\underline{U}$ eine kleine α-kovollständige Kategorie und $Y : \underline{U} \to [\underline{U}^o,\underline{Me}]$ die Yoneda Einbettung. Der Leser kann in 5.9 einen direkten Beweis für die Kovollständigkeit von $St_\alpha[\underline{U}^o,\underline{Me}]$ finden. Die folgenden Betrachtungen führen ebenfalls zu diesem Resultat. Sie erfordern etwas "mehr Aufwand"; sie sind jedoch von selbständigem Interesse, weil sie zu einer "expliziten" Konstruktion der Koreflexion $[\underline{U}^o,\underline{Me}] \to St_\alpha[\underline{U}^o,\underline{Me}]$ führen und ausserdem eine Dualität zwischen dem Problem "der α-Komplettierung einer kleinen Kategorie" und dem Problem "einen Funktor α-stetig zu machen" aufzeigen.
Sei α-$\underline{Kat}/\underline{U}$ die Unterkategorie von $\underline{Kat}/\underline{U}$ bestehend aus α-kostetigen Funktoren $\underline{X} \to \underline{U}$ ($\underline{X}$ α-kovollständig) und α-kostetigen Morphismen (Funktoren) über $\underline{U}$. Nach 5.4 gibt es ein kommutatives Diagramm

$$\begin{array}{ccc}
G & \rightsquigarrow & (Y/G, Y_G : Y/G \to \underline{U}) \\
\cap & & \cap \\
[\underline{U}^o,\underline{Me}] & \xrightarrow{\quad Y/- \quad} & \underline{Kat}/\underline{U} \\
\uparrow \cup & & \uparrow \cup \\
St_\alpha[\underline{U}^o,\underline{Me}] & \longrightarrow & \alpha\text{-}\underline{Kat}/\underline{U}
\end{array}$$

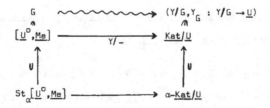

Der volltreue Funktor $Y/-$ besitzt einen Koadjungierten, nämlich $(\underline{D}, \underline{D} \xrightarrow{H} \underline{U}) \rightsquigarrow \varinjlim YH$, und dieser bildet die Unterkategorie α-$\underline{Kat}/\underline{U}$ in $St_\alpha[\underline{U}^o,\underline{Me}]$ ab (5.3). Im Hinblick auf die Konstruktion eines Koadjungierten zur Inklusion α-$\underline{Kat}/\underline{U} \to \underline{Kat}/\underline{U}$ betrachten wir die Abbildung

$$(\underline{D},\underline{D} \xrightarrow{H} \underline{U}) \leadsto (\underline{K}_\alpha(\underline{D}),\underline{K}_\alpha(\underline{D}) \xrightarrow{E_J(H)} \underline{U}) \qquad (*)$$

wobei $J : \underline{D} \to \underline{K}_\alpha(\underline{D})$ die Yoneda Einbettung ist. Aus 2.14 b) folgt nämlich, dass sich jeder Morphismus von $(\underline{D},\underline{D} \xrightarrow{H} \underline{U}) \in \underline{Kat}/\underline{U}$ nach $(\underline{X},\underline{X} \to \underline{U}) \in \alpha$-$\underline{Kat}/\underline{U}$ durch den kanonischen Morphismus $(\underline{D},\underline{D} \xrightarrow{H} \underline{U}) \to (\underline{K}_\alpha(\underline{D}),\underline{K}_\alpha(\underline{D}) \xrightarrow{E_J(H)} \underline{U})$ faktorisieren lässt, welcher durch die Yoneda Einbettung $J : \underline{D} \to \underline{K}_\alpha(\underline{D})$ gegeben ist. Diese Faktorisierung ist allerdings nur bis auf Isomorphie bestimmt. Die obige Abbildung (*) liefert deshalb keinen Koadjungierten im üblichen Sinne (vgl. Ulmer [55] 2.29; Gray [26] gibt eine Methode an, wie mit dieser Art von "Koadjungierten" zu rechnen ist). Wir zeigen aber, dass die Zusammensetzung

$$\underset{[\underline{U}^o,\underline{Me}]}{G} \leadsto \underset{\underline{Kat}/\underline{U}}{(Y/G,Y_G)} \leadsto \underset{\alpha\text{-}\underline{Kat}/\underline{U}}{(\underline{K}_\alpha(Y/G),E_J(Y_G))} \leadsto \underset{St_\alpha[\underline{U}^o,\underline{Me}]}{\varinjlim YE_J(Y_G)}$$

trotzdem einen Koadjungierten zur Inklusion $St_\alpha[\underline{U}^o,\underline{Me}] \to [\underline{U}^o,\underline{Me}]$ liefert.

Sei $G : \underline{U}^o \to \underline{Me}$ ein Funktor und $J : Y/G \to \underline{K}_\alpha(Y/G)$ die Yoneda Einbettung. Zur Vereinfachung wählen wir im folgenden alle Kan'schen Koerweiterungen von Funktoren $t : Y/G \to \underline{X}$ bezüglich J so, dass $E_J(t)J = t$. Sei LG der Kolimes von $YE_J(Y_G) : \underline{K}_\alpha(Y/G) \to \underline{U} \to [\underline{U}^o,\underline{Me}]$. Weil $St_\alpha[\underline{U}^o,\underline{Me}]$ in $[\underline{U}^o,\underline{Me}]$ unter α-kofiltrierenden Kolimites abgeschlossen ist, ist LG α-stetig. Wir bezeichnen mit $\psi(G) : G \to LG$ den von $J : Y/G \to \underline{K}_\alpha(Y/G)$ induzierten Morphismus $G \xrightarrow{\cong} \varinjlim Y\cdot Y_G \to \varinjlim YE_J(Y_G)$.

5.7 Satz. Unter den obigen Voraussetzungen existiert für jedes $F \in St_\alpha[\underline{U}^o,\underline{Me}]$ und jeden Morphismus $\varphi : G \to F$ genau ein Morphismus $\chi : LG \to F$ derart, dass $\varphi = \chi\psi(G)$.

Beweis. Ein Morphismus $\chi : LG \xrightarrow{\cong} \varinjlim YE_J(Y_G) \to F$ wird durch eine natürliche Transformation $\chi' : YE_J(Y_G) \to konst_F$ gegeben. Ebenso entsprechen die Morphismen $\varphi : G \xrightarrow{\cong} \varinjlim YY_G \to F$ bijektiv den natürlichen Transformation $\varphi' : YY_G \to konst_F$. Die

Gleichung $\varphi = \chi\psi(G)$ bedeutet, dass φ' die natürliche Transformation $\chi' J : YE_J(Y_G)J \to \text{konst}_F J$ ist. Es ist also zu zeigen, dass die Abbildung $[YE_J(Y_G),\text{konst}_F] \to [YY_G,\text{konst}_F]$, $\chi' \rightsquigarrow \chi' J$ bijektiv ist.

Dafür bemerke man, dass die betrachteten Funktoren ihre Werte in $St_\alpha[\underline{U}^o,\underline{Me}]$ haben. Bezeichnet $Z : \underline{U} \to St_\alpha[\underline{U}^o,\underline{Me}]$ die Faktorisierung von Y durch $St_\alpha[\underline{U}^o,\underline{Me}]$, so gilt also $[YE_J(Y_G),\text{konst}_F] = [ZE_J(Y_G),\text{konst}_F]$ und $[YY_G,\text{konst}_F] = [ZY_G,\text{konst}_F]$. Weil Z α-kostetig ist, so folgt aus 2.7 , dass $ZE_J(Y_G) = E_J(ZY_G)$. Für jeden Funktor $H : \underline{K}_\alpha(Y/G) \to St_\alpha[\underline{U}^o,\underline{Me}]$ ist daher die Abbildung $[ZE_J(Y_G),H] \to [ZY_G,HJ]$, $\rho \rightsquigarrow \rho J$ bijektiv. Das beweist die Existenz und die Eindeutigkeit von χ .

Eine direkte Konstruktion von $\chi : LG \to F$ erhält man folgendermassen. Der Morphismus $\varphi : G \to F$ gibt Anlass zu einem Funktor $Y/\varphi : Y/G \to Y/F$. Da Y/F α-kovollständig ist (5.4), so existiert die Kan'sche Koerweiterung $E_J(Y/\varphi) : \underline{K}_\alpha(Y/G) \to Y/F$ und diese induziert wegen $E_J(Y/\varphi)\cdot J = Y/\varphi$ einen Morphismus $\chi : LG \to F$ mit der Eigenschaft $\chi\cdot\psi(G) = \varphi$.(Die Eindeutigkeit von χ kann auch direkt mit Hilfe der α-Kostetigkeit von $E_J(Y/\varphi)$ bewiesen werden).

5.8 <u>Korollar</u> <u>Der Funktor</u> $[\underline{U}^o,\underline{Me}] \to St_\alpha[\underline{U}^o,\underline{Me}]$, $G \rightsquigarrow \varinjlim Y\cdot E_J(Y_G)$ <u>ist koadjungiert zur Inklusion</u> $St_\alpha[\underline{U}^o,\underline{Me}] \to [\underline{U}^o,\underline{Me}]$.

Die Existenz einer solchen Koreflexion könnte man auch aus einer direkten Beschreibung des Funktors L und dem Kriterium von J. Gray ([25], p.16, prop.3) herleiten. Sie folgt auch aus der Kovollständigkeit von $St_\alpha[\underline{U}^o,\underline{Me}]$, für die wir jetzt einen vom Satz 5.7 unabhängigen Beweis skizzieren.

5.9 <u>Satz</u>. <u>Sei</u> $\underline{U}$ <u>eine kleine α-kovollständige Kategorie</u>. <u>Dann ist</u> $St_\alpha[\underline{U}^o,\underline{Me}]$ <u>kovollständig</u>.

<u>Beweis</u>. Nach 5.5 besitzt $St_\alpha[\underline{U}^o,\underline{Me}]$ α-kofiltrierende Kolimites. Da die Yoneda Einbettung $\underline{U} \to St_\alpha[\underline{U}^o,\underline{Me}]$ α-kostetig ist, so existieren auch α-Koprodukte von darstellbaren Funktoren und Kokerne von Morphismenpaaren $[-,U] \rightrightarrows [-,U']$. Da ein beliebiges Koprodukt

der α-kofiltrierende Kolimes seiner Teilkoprodukte mit weniger als α Summanden ist, so folgt hieraus, dass in $St_\alpha[\underline{U}^o,\underline{Me}]$ beliebige Koprodukte von darstellbaren Funktoren existieren.

Seien $\varphi_o,\varphi_1 : F \rightrightarrows F'$ natürliche Transformationen in $St_\alpha[\underline{U}^o,\underline{Me}]$. Mit $Y/(\varphi_o,\varphi_1)$ bezeichnen wir die Kategorie von Morphismenpaaren $[-,U] \rightrightarrows [-,U']$ über dem Paar $F \rightrightarrows F'$, die Objekte sind also gegeben durch Diagramme

(*)

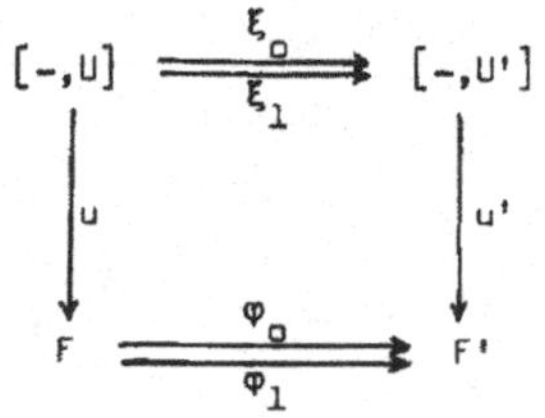

mit der Eigenschaft $u'\xi_o = \varphi_o u$ und $u'\xi_1 = \varphi_1 u$. Die Morphismen sind gegeben durch Diagramme

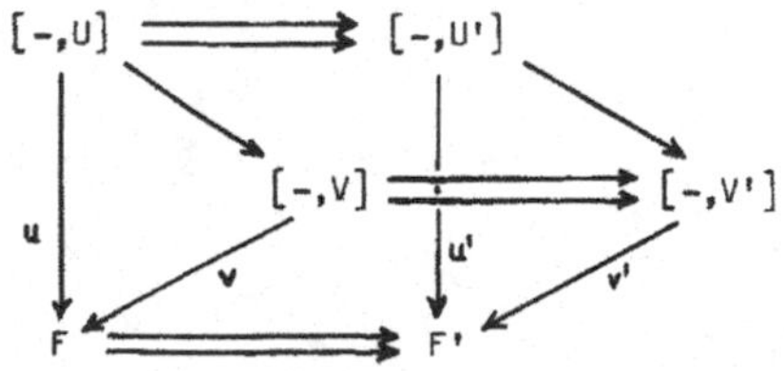

mit den evidenten Kommutativitätseigenschaften. Mit Hilfe von 5.3 folgt leicht, dass $Y/(\varphi_o,\varphi_1)$ α-kovollständig ist und somit auch α-kofiltrierend. Ausserdem ist der Kolimes des Funktors, welcher einem Diagramm (*) das Paar $(\xi_o,\xi_1) : [-,U] \rightrightarrows [-,U']$ zuordnet, gerade $F \underset{\varphi_1}{\overset{\varphi_o}{\rightrightarrows}} F'$. Hieraus ergibt sich leicht, dass der Kolimes des α-Kofilters $Y/(\varphi_o,\varphi_1) \to St_\alpha[\underline{U}^o,\underline{Me}]$, welcher einem Diagramm (*) den Kokern von $(\xi_o,\xi_1) : [-,U] \rightrightarrows [-,U']$ zuordnet, der gesuchte Kokern von $(\varphi_o,\varphi_1) : F \rightrightarrows F'$ ist.

Um das Koprodukt einer Familie $(F_i)_{i\in I}$ zu konstruieren, wählt man für jeden Funktor F_i ein Morphismenpaar $\coprod_\iota [-,U_\iota] \rightrightarrows \coprod_\varkappa [-,U_\varkappa]$, dessen Kokern gerade F_i ist. Der Kokern des induzierten Morphismenpaares

$$\coprod_{i}\Big(\coprod_{\iota}[-,U_{\iota}]\Big) \rightrightarrows \coprod_{i}\Big(\coprod_{\varkappa}[-,U_{\varkappa}]\Big)$$

ist dann offensichtlich das Koprodukt von $(F_i)_{i\in I}$.

§ 6 Präsentierbare bzw. erzeugbare Objekte und Generatoren, Beispiele

Für jede Kardinalzahl $\alpha < \infty$ bezeichnen wir mit α^+ die kleinste reguläre Kardinalzahl $> \alpha$ (für $\alpha < \aleph_0$ gilt also $\alpha^+ = \aleph_0$, vgl. § 0; für $\alpha \geq \aleph_0$ ist α^+ die kleinste Kardinalzahl $> \alpha$).

6.1 Definition. Sei α eine reguläre Kardinalzahl und $\underline{A}$ eine Kategorie. Ein Objekt $A \in \underline{A}$ heisst α-präsentierbar (bzw. α-erzeugbar), wenn der Funktor $[A,-] : \underline{A} \to \underline{Me}$ alle existierenden Kolimites von α-Kofiltern erhält (bzw. alle existierenden Kolimites von monomorphen α-Kofiltern).

Ein Objekt heisst präsentierbar (bzw. erzeugbar), wenn es für eine reguläre Kardinalzahl α α-präsentierbar (bzw. α-erzeugbar) ist. Die kleinste solche Kardinalzahl heisst die Präsentierungszahl $\pi(A)$ von A (bzw. Erzeugungszahl $\varepsilon(A)$ von A). Falls Unklarheit besteht, zu welcher Kategorie das Objekt gehört, so schreiben wir $\pi(A,\underline{A})$ bzw. $\varepsilon(A,\underline{A})$. Es gilt $\pi(A) \geq \varepsilon(A)$.

Ein Objekt $A \in \underline{A}$ heisst α-kopräsentierbar (bzw. α-koerzeugbar), wenn $A \in \underline{A}^o$ α-präsentierbar (bzw. α-erzeugbar) ist.

6.2 Satz. In einer Kategorie $\underline{A}$ ist jeder kleine Kolimes von präsentierbaren (bzw. erzeugbaren) Objekten wieder präsentierbar (bzw. erzeugbar). Ein α-Kolimes von α-präsentierbaren (bzw. α-erzeugbaren) Objekten ist wieder α-präsentierbar (bzw. α-erzeugbar).

Dies folgt unmittelbar aus 5.2 (i) $\Rightarrow$(iii).

Wir geben nun einige Beispiele.

6.3 In der Kategorie $\underline{Me}$ gilt $\pi(X) = \varepsilon(X) = |X|^+$ für jede Menge $X \in \underline{Me}$. Für endliche Mengen ist die Aussage klar. Für $|X| \geq \aleph_0$ ist X ein $|X|^+$-Koprodukt von einpunktigen Mengen. Aus 6.2 folgt also $\pi(X) \leq |X|^+$. Wäre andererseits $|X|^+ > \varepsilon(X)$, so betrachtet man den $\varepsilon(X)$-Kofilter der Teilmengen $Y \subset X$ mit $|Y| < \varepsilon(X)$. Die Identität von X müsste dann durch eine der Inklusionen $Y \subset X$ faktorisieren. Dies ist jedoch wegen $|Y| < \varepsilon(X) \leq |X|$ unmöglich. Folglich gilt $\pi(X) \leq |X|^+ \leq \varepsilon(X) \leq \pi(X)$.

Eine Menge $X \in \underline{Me}$ ist genau dann kopräsentierbar oder koerzeugbar, wenn X eine einpunktige Menge ist. Man sieht leicht, dass die Menge $\{0,1\}$ nicht koerzeugbar ist. Folglich gilt dies auch für jede Menge M mit $|M| \geq 2$, weil $\{0,1\}$ ein Retrakt von M ist. Die leere Menge $\emptyset$ ist nicht koerzeugbar, weil es für jedes α einen epimorphen "nicht leeren" α-Filter mit leerem Limes gibt. Seien z.B. M,N Mengen mit $|M| > |N| = \alpha$. Für eine beliebige Menge P sei $Inj(P,N)$ die Menge der Injektionen $P \to N$. Die Teilmengen $P \subset M$ mit $|P| < \alpha$ geben Anlass zu einem epimorphen nichtleeren α-Filter $\{Inj(P,N)\}_P$ mit Limes $Inj(M,N) = \emptyset$.

In einer Funktorkategorie $[\underline{U}^o,\underline{Me}]$ ist bekanntlich $[F,-]$ für jeden darstellbaren Funktor F kostetig, und folglich ist jeder α-Kolimes von darstellbaren Funktoren α-präsentierbar (6.2), insbesondere gilt dies für jeden Funktor der Unterkategorie $\underline{K}_\alpha(\underline{U})$, vgl. 2.14 b). Ist $\underline{U}$ klein, so folgt umgekehrt aus 7.6, dass jeder α-präsentierbare Funktor in $[\underline{U}^o,\underline{Me}]$ zu $\underline{K}_\alpha(\underline{U})$ gehört.

In der Kategorie der Monoide, Gruppen, Ringe oder allgemeiner der universellen Algebren à la Birkhoff [11] oder Lawvere [37] ist jede freie Algebra mit einem erzeugenden Element $\aleph_o$-präsentierbar. Aus 7.6 (bzw. 9.3) folgt daher, dass die $\aleph_o$-präsentierbaren (bzw. $\aleph_o$-erzeugbaren) Objekte gerade die endlich präsentierbaren (bzw. endlich erzeugbaren) Algebren im üblichen Sinne sind. Allgemeiner ist eine Algebra genau dann α-präsentierbar, wenn sie eine Präsentierung durch echt weniger als α Erzeugende und Relationen im üblichen Sinne zulässt (Birkhoff [11]).

6.4 In der Kategorie $\underline{Top}$ der topologischen Räume gilt $\pi(X) = \varepsilon(X) = |X|^+$ für jeden diskreten Raum X . Dies beweist man wie in 6.3. Wir zeigen nun, dass jeder nichtdiskrete topologische Raum T nicht erzeugbar ist. Insbesondere sind die präsentierbaren Individuen gerade die Diskreten, eine vorbildliche Gesellschaft!

Wir zeigen, dass ein nichtdiskreter Raum T für keine reguläre Kardinalzahl α α-erzeugbar ist.

Sei S eine nichtoffene Teilmenge von T und α eine beliebige reguläre Kardinalzahl. Sei R eine Menge, welche T enthält derart, dass $|R-T| = \alpha$. Für jede Teilmenge $X \subset R-T$ mit $|X| < \alpha$ bezeichne R_X den folgenden topologischen Raum: Die unterliegende Menge von R_X ist R und neben $\emptyset$ und R sind die offenen Mengen diejenigen Untermengen U von R derart, dass $U \cap T = S$ und $U \cap X = \emptyset$. Die Räume R_X bilden in natürlicher Weise einen monomorphen α-Kofilter, dessen Kolimes gerade R mit der groben Topologie ist. Die Inklusion $T \to \varinjlim_X R_X$ ist daher stetig, obwohl keine der Inklusionen $T \to R_X$ stetig ist.

Man sieht auch leicht, <u>dass ein topologischer Raum</u> T <u>nur dann koerzeugbar in Top ist, wenn</u> $|T| = 1$. Wenn die Topologie von T grob ist, folgt dies nämlich aus der entsprechenden Aussage für <u>Me</u>. Andernfalls sei α eine reguläre Kardinalzahl und $(M_t)_{t \in T}$ eine durch T indizierte Familie von Mengen M_t mit Kardinalität α. Für jede Teilmenge N von $M = \coprod_{t \in T} M_t$ definieren wir M_N als den topologischen Raum mit unterliegender Menge M, dessen offene Mengen M selbst und die Teilmengen von N sind. Es gilt dann $M_M = \varprojlim_N M_N$, wobei N die Teilmengen mit Kardinalität $< \alpha$ durchläuft. Da M_M diskret ist, so ist $M_M \xrightarrow{f} T$, $M_t \rightsquigarrow t$, stetig, sie lässt sich aber durch kein M_N faktorisieren (für $U \subsetneq T$ offen, $U \neq \emptyset$, gilt $\emptyset \neq f^{-1}(U) \neq M_M$ und $|f^{-1}(U)| \geq \alpha$).

6.5 a) <u>In der Kategorie Komp der kompakten topologischen Räume ist nur die leere Menge erzeugbar</u>.

Der unterliegende Funktor U : <u>Komp</u> $\to$ <u>Me</u> ist nämlich tripleable und das zugehörige Tripel hat keinen "rank", vgl. Linton [39] § 5, § 6. Dies bedeutet, dass es kein α gibt derart, dass der darstellbare Funktor $U \cong [1,-]$ mit monomorphen α-kofiltrierenden Kolimites kommutiert. Folglich lässt sich für einen nichtleeren Raum K eine konstante Abbildung $K \to \varinjlim_\nu X_\nu$ im allgemeinen nicht durch einen der kanonischen Monomorphismen $X_\nu \to \varinjlim_\nu X_\nu$ faktorisieren.

Man kann auch leicht direkt ein Gegenbeispiel angeben. Sei $\hat{M}$ die Stone-Čech'sche Kompaktifizierung einer Menge M mit $|M| = \alpha$, d.h. das Koprodukt der Familie $\{m\}_{m \in M}$ in <u>Komp</u>. Bekanntlich ist die unterliegende Menge von $\hat{M}$ isomorph zur Menge der Ultrafilter auf M. In Komp gilt dann $\hat{M} = \varinjlim_N \hat{N}$, wobei N die Menge der Teilmengen von M mit der Eigenschaft $|N| < \alpha$ durchläuft. Sei nun $U \in \hat{M}$ ein Ultrafilter der den Filter der Teilmengen $M-N$ enthält. Offensichtlich gilt dann $U \notin \bigcup_N \hat{N} \subset \hat{M}$. Für einen nicht leeren Raum K lässt sich daher die konstante Abbildung $K \to \hat{M}$, $k \rightsquigarrow U$ durch keine der Inklusionen $\hat{N} \subset \hat{M}$ faktorisieren.

b) Für einen Raum $K \in$ Komp sind folgende Aussagen äquivalent:

(i) K ist $\aleph_0$-koerzeugbar.

(ii) K ist $\aleph_0$-kopräsentierbar.

(iii) K ist endlich.

Beweis. (iii) $\Longrightarrow$ (ii) Seien $(X_\alpha, p_{\beta\alpha})$ ein $\aleph_0$-Filter von kompakten Räumen, X dessen Limes und $p_\alpha : X \to X_\alpha$ die kanonischen Projektionen. Wir zeigen zuerst, dass es für jede offene Partition $\{F_1,\dots,F_n\}$ von X ein α und eine offene Partition $\{F_1^\alpha,\dots,F_n^\alpha\}$ von X_α gibt derart, dass $F_i = p_\alpha^{-1}(F_i^\alpha)$ für jedes i. Da jedes F_i offen und kompakt ist, gibt es ein β und offene Teilmengen U_i von X_β derart, dass $F_i = p_\beta^{-1}(U_i)$. Folglich gilt auch $F_i = p_\beta^{-1}(p_\beta(F_i))$ und $p_\beta(F_i) \cap p_\beta(F_j) = \emptyset$ für $i \neq j$. Infolgedessen kann man offene Teilmengen $V_i \subset X_\beta$ so wählen, dass $V_i \supset p_\beta(F_i)$ und $V_i \cap V_j = \emptyset$ für $i \neq j$. Aus der Gleichung $\bigcap_{\alpha > \beta} p_{\beta\alpha}(X_\alpha) = p_\beta(X) \subset \bigcup_i V_i$ folgt dann, dass für ein genügend grosses α $p_{\beta\alpha}(X_\alpha)$ in $\bigcup_i V_i$ enthalten ist. Man kann deshalb $F_i^\alpha = p_{\beta\alpha}^{-1}(V_i)$ setzen. Es seien schliesslich $\{F_1^\alpha,\dots,F_n^\alpha\}$ und $\{G_1^\alpha,\dots,G_n^\alpha\}$ zwei offene Partitionen von X_α derart, dass $p_\alpha^{-1}(F_i^\alpha) = p_\alpha^{-1}(G_i^\alpha)$ für jedes i. Wir müssen noch zeigen, dass für ein genügend grosses β die Gleichung $p_{\alpha\beta}^{-1}(F_i^\alpha) = p_{\alpha\beta}^{-1}(G_i^\alpha)$ für jedes i gilt. Dies folgt aber aus den Relationen

$$\bigcap_{\beta > \alpha} p_{\alpha\beta}(X_\beta) = p_\alpha(X) \subset \bigcup_i (F_i^\alpha \cap G_i^\alpha) .$$

Da $U = \bigcup_i (F_i^\alpha \cap G_i^\alpha)$ in X_α offen ist, so ist nämlich für ein genügend grosses β $p_{\alpha\beta}(X_\beta)$ in U enthalten, insbesondere gilt $p_{\alpha\beta}^{-1}(F_i^\alpha) = p_{\alpha\beta}^{-1}(G_i^\alpha)$.

(ii) $\Longrightarrow$ (i) trivial.

(i) $\Rightarrow$ (iii) Es sei x ein Punkt von K und V durchlaufe die abgeschlossenen Umgebungen von x in K. Sei K/V der kompakte Restklassenraum von K, den man durch "Zusammenziehen" von V erhält. Es gilt dann $K \xrightarrow{\cong} \varprojlim_V K/V$. Wenn K $\aleph_0$-erzeugbar ist, lässt sich die Identität von K durch ein K/V faktorisieren. Dann gilt aber $V = \{x\}$ und folglich ist $\{x\}$ offen in K. Dies zeigt, dass K diskret ist und folglich endlich.

<u>Bemerkung</u>. Sei <u>Tuk</u> die volle Unterkategorie der total unzusammenhängenden Räume von <u>Komp</u> und π_0 : <u>Komp</u> $\to$ <u>Tuk</u> der Funktor, der jeden Raum $K \in$ <u>Komp</u> dessen Zusammenhangskomponenten zuordnet. <u>Da jeder endliche Raum $\aleph_0$-kopräsentierbar ist, so folgt, dass der Funktor π_0 $\aleph_0$-filtrierende Limites erhält</u>. Umgekehrt lässt sich hieraus (iii) $\Rightarrow$ (ii) ableiten, weil die Funktoren $K \rightsquigarrow [K, \mathbb{Z}/2\mathbb{Z}]$ und $B \rightsquigarrow \operatorname{Spec} B$ quasi-inverse Antiäquivalenzen zwischen <u>Tuk</u> und der Kategorie der Boolschen Algebren induzieren. Dabei entsprechen die endlichen Räume den endlichen Algebren. Das sind aber genau die $\aleph_0$-präsentierbaren Algebren. Folglich sind die endlichen Räume genau die $\aleph_0$-kopräsentierbaren Objekte in <u>Tuk</u>. Hieraus folgt wegen $[-,E] \xrightarrow{\cong} [\pi_0 -, E]$, dass ein endlicher Raum E auch in <u>Komp</u> $\aleph_0$-kopräsentierbar ist.

c) <u>Das Einheitsintervall</u> $I = [0,1]$ <u>ist $\aleph_1$-kopräsentierbar in</u> <u>Komp</u>.

<u>Beweis</u>. Sei $K : \underline{T} \to$ <u>Komp</u> ein $\aleph_1$-Filter, L dessen Limes und $p_t : L \to K_t$ die kanonischen Projektionen, $t \in \underline{T}$. Auf Grund der Konstruktion von L in <u>Komp</u> (bzw. <u>Me</u>) ist leicht ersichtlich, dass die stetigen Funktionen der Form $g \cdot p_t : L \to \mathbb{R}$ die Punkte von L trennen, wobei $g : K_t \to \mathbb{R}$ beliebige Funktionen sind. Nach Weierstrass-Stone ist jede stetige Funktion $f : L \to I \subset \mathbb{R}$ der Limes einer Folge $g_1 p_{t_1}, g_2 p_{t_2}, \ldots, g_n p_{t_n}, \ldots$ solcher Funktionen. Da $\underline{T}$ $\aleph_1$-filtrierend ist, so gibt es Morphismen $\alpha_n : t \to t_n$ mit gemeinsamem Definitionsbereich $t \in \underline{T}$. Folglich gilt $f = \lim_n g_n K_{\alpha_n} p_t$ und f ist konstant auf den Fasern der Abbildung $p_t : L \to K_t$. Daraus folgt, dass f durch die induzierte Abbildung $L \to p_t(L)$ faktorisiert. Da jede stetige Funktion $p_t(L) \to I$ auf K_t erweitert werden kann, so faktorisiert f auch durch $p_t : L \to K_t$. Dies zeigt, dass die kanonische Abbildung

$$\varinjlim_t [K_t, I] \to [\varprojlim_t K_t, I]$$

surjektiv ist.

Wir zeigen nun noch, dass sie auch injektiv ist. Seien $f,g : K_t \rightrightarrows I$ stetige Funktionen, welche auf dem Bild $p_t(L)$ von $p_t : L \to K_t$ übereinstimmen, d.h. es gilt $fp_t = gp_t$. Da $p_t(L)$ der Durchschnitt aller Bilder $K_\sigma : K_s \to K_t$ ist, wobei $\sigma : s \to t$ alle Morphismen in $\underline{I}$ mit Wertebereich t durchläuft, so ergibt sich die Behauptung aus dem untenstehenden Lemma. (Man beachte, dass diese Bilder einen $\aleph_1$-Filter bilden.)

Lemma. Es seien K ein kompakter Raum, $(K_\sigma)_{\sigma\in\Sigma}$ eine Familie von kompakten Unterräumen, derart, dass für jede abzählbare Teilmenge I von Σ ein τ mit $K_\tau \subset \bigcap_{\sigma\in I} K_\sigma$ existiert. Wenn zwei stetige reelle Funktionen $f,g : K \to \mathbb{R}$ auf $\bigcap_{\sigma\in\Sigma} K_\sigma$ übereinstimmen, dann stimmen sie schon auf einem K_τ, $\tau \in I$, überein.

Beweis. Da man K in einen Würfel $\prod_M I$ einbetten und die Abbildungen f und g auf $\prod_M I$ erweitern kann, so genügt es den Fall $K = \prod_M I$ zu betrachten. Nach Weierstrass-Stone hängen f,g nur von abzählbar vielen Koordinaten ab. Es gibt daher eine abzählbare Teilmenge N in M und Funktionen $f_1, g_1 : \prod_N I \rightrightarrows I$ derart, dass $f = f_1 p$ und $g = g_1 p$, wobei $p : \prod_M I \to \prod_N I$ die kanonische Projektion ist. Da $\prod_N I$ metrisierbar ist, so gibt es eine Folge $K_{\sigma_1}, \ldots, K_{\sigma_n}, \ldots$ derart, dass $p(K_{\sigma_1}) \cap \ldots \cap p(K_{\sigma_n}) \cap \ldots = \bigcap_{\sigma\in\Sigma} p(K_\sigma)$. Da es ein K_τ gibt, welches in jedem K_{σ_n} enthalten ist, so gilt $p(K_\tau) = \bigcap_{\sigma\in\Sigma} p(K_\sigma)$. Da f_1, g_1 auf $p(\bigcap_{\sigma\in\Sigma} K_\sigma) = \bigcap_{\sigma\in\Sigma} p(K_\sigma)$ übereinstimmen, stimmen sie bereits auf $p(K_\tau)$ überein.

6.6 In dieser Nummer setzen wir voraus, dass $\underline{A}$ eine kovollständige Kategorie ist, welche eine Menge von α-präsentierbaren Generatoren besitzt. Die von den Generatoren aufgespannte volle Unterkategorie bezeichnen wir mit $\underline{U}$. Es gelten dann die folgenden Aussagen:

a) Für jeden Monomorphismus $\varphi : H \to H'$ von α-Kofiltern in $\underline{A}$ ist $\varinjlim \varphi : \varinjlim H \to \varinjlim H'$ ein Monomorphismus.

Ein Morphismus ξ in $\underline{A}$ ist nämlich genau dann ein Monomorphismus, wenn $[U,\xi]$ für jedes $U \in \underline{U}$ injektiv ist. Die Abbildung $[U, \varinjlim \varphi]$ ist jedoch injektiv, weil sie der (α-kofiltrierende) Kolimes der injektiven Abbildungen $[U,\varphi(D)] : [U,H(D)] \to [U,H'(D)]$ in $\underline{Me}$ ist, $D \in \underline{D}$ (= Definitionsbereich von H und H').

b) Für die Zerlegungszahl von $A \in \underline{A}$ gilt $Z(A) \leq \alpha'$ (vgl. 1.5, dabei bezeichnet α' die kleinste Ordinalzahl mit Kardinalität α).
Es ist zu zeigen, dass $\varphi_{\alpha'} : A_{\alpha'} \to B$ monomorph ist (die Bezeichnungen sind diejenigen von 1.5), oder was dasselbe ist, dass die Abbildung $[U,\varphi_{\alpha'}]$ für jedes $U \in \underline{U}$ injektiv ist. Nach 1.5 gilt $A_{\alpha'} = \varinjlim_{\nu<\alpha'} A_\nu$ und die A_ν mit $\nu < \alpha'$ bilden einen α-Kofilter. Zwei Morphismen $\eta, \xi : U \rightrightarrows A_{\alpha'}$ mit $\varphi_{\alpha'} \cdot \eta = \varphi_{\alpha'} \cdot \xi$ faktorisieren deshalb durch den kanonischen Morphismus $p_\nu : A_\nu \to A_{\alpha'}$ für ein ν . Auf Grund der Konstruktion von $\varkappa_\nu : A_\nu \to A_{\nu+1}$ (vgl. 1.6, 1.5) ergibt sich unmittelbar, dass die Faktorisierungen $\bar{\xi}, \bar{\eta} : U \rightrightarrows A_\nu$ (von ξ und η) durch $\varkappa_\nu$ koegalisiert werden, dh. $\varkappa_\nu \bar{\xi} = \varkappa_\nu \bar{\eta}$. Wegen $p_\nu = p_{\nu+1} \varkappa_\nu$ folgt daraus $\xi = p_\nu \bar{\xi} = p_{\nu+1} \varkappa_\nu \bar{\xi} = p_{\nu+1} \varkappa_\nu \bar{\eta} = p_\nu \bar{\eta} = \eta$.

c) Die echten Quotienten eines beliebigen Objekts bilden eine Menge.
Für jedes Objekt $A \in \underline{A}$ bezeichne $A_{\underline{U}}$ die Einschränkung des Funktors $[-,A] : \underline{A}^o \to \underline{Me}$ auf $\underline{U}$. Ordnet man jedem regulären Quotienten B eines Objekts A den Unterfunktor $A_{\underline{U}} \prod_{B_{\underline{U}}} A_{\underline{U}}$ von $A_{\underline{U}} \prod A_{\underline{U}}$ zu, so erhält man eine Injektion der regulären Quotienten von A in die Menge der Unterfunktoren von $A_{\underline{U}} \prod A_{\underline{U}}$. Die regulären Quotienten von A bilden daher eine Menge und folglich gilt dasselbe für die regulären Quotienten der regulären Quotienten usw.. Dieses Verfahren schöpft wegen 6.6 b) alle echten Quotienten von A nach α' Schritten aus.

d) Jeder Morphismus lässt sich eindeutig in einen echten Epimorphismus und einen Monomorphismus zerlegen. Dies folgt aus 1.3 und 6.6 c).

e) Ist A α-präsentierbar in $\underline{A}$ und ist $\varepsilon : A \to B$ ein regulärer Epimorphismus, dann ist B genau dann α-präsentierbar, wenn es eine rechtsexakte Folge

$$\coprod_{i \in I} U_i \rightrightarrows A \xrightarrow{\varepsilon} B ,$$

gibt derart, dass $|I| < \alpha$ *und* $U_i \in \underline{U}$ *für alle* $i \in I$.

Beweis. Wegen 6.2 genügt es zu zeigen, dass die Bedingung notwendig ist. Nach 1.4 gibt es ein Koprodukt $\coprod_{j\in J} U_j$, $U_j \in \underline{U}$, und Morphismen $\coprod_{j\in J} U_j \rightrightarrows A$, deren Kokern $\varepsilon : A \to B$ ist. Für jede Teilmenge I von J mit $|I| < \alpha$ sei A_I der Kokern des durch $I \subset J$ induzierten Morphismenpaares $\coprod_{i\in I} U_i \rightrightarrows A$. Da die Folge

$$\coprod_{j\in J} U_j \rightrightarrows A \xrightarrow{\varepsilon} B$$

rechtsexakt ist, so ist der kanonische Morphismus $\theta : \varinjlim_I A_I \to B$ invertierbar. Da B α-präsentierbar ist, so lässt sich θ^{-1} durch ein A_I faktorisieren; dh. der durch ε induzierte Morphismus $\varepsilon_I : A_I \to B$ hat einen Schnitt σ . Weil A_I ρ-präsentierbar ist, so folgt aus der Gleichung $\varepsilon_I(\sigma\varepsilon_I) = \varepsilon_I$, dass es ein $I' \subset J$ gibt, welches I umfasst derart, dass $\varepsilon_I^{I'}(\sigma\varepsilon_I) = \varepsilon_I^{I'}$ (dabei ist $\varepsilon_I^{I'} : A_I \to A_{I'}$ der von $\coprod_I U_i \to \coprod_{I'} U_{i'}$ induzierte Morphismus). Aus $\varepsilon_I = \varepsilon_{I'}\varepsilon_I^{I'}$ folgen die Gleichungen $((\varepsilon_I^{I'}\sigma)\varepsilon_{I'})\varepsilon_I^{I'} = \varepsilon_I^{I'}$ und $(\varepsilon_I^{I'}\sigma)\varepsilon_{I'} = id_{A_{I'}}$. Dies zeigt, dass der Schnitt $\varepsilon_I^{I'}\sigma$ von $\varepsilon_{I'}$ gleich $\varepsilon_{I'}^{-1}$ ist. Folglich ist $\coprod_{i'\in I'} U_{i'} \rightrightarrows A \xrightarrow{\varepsilon} B$ rechtsexakt.

6.7 *Eine kovollständige Kategorie* $\underline{A}$ *mit einer Menge von* α-*erzeugbaren Generatoren hat entsprechend schwächere Eigenschaften*. Wir skizzieren diese kurz ;

a) *Für jeden Monomorphismus* $\varphi : H \to H'$ *von monomorphen* α-*Kofiltern in* $\underline{A}$ *ist* $\varinjlim \varphi : \varinjlim H \to \varinjlim H'$ *ein Monomorphismus*.

b) *Für jeden* α-*Kofilter von Unterobjekten* A_j *eines Objektes* $A \in \underline{A}$ *ist der kanonische Morphismus* $\varinjlim_J A_j \to A$ *monomorph*.

c) *Für jeden monomorphen* α-*Kofilter* $H : \underline{D} \to \underline{A}$ *und jedes* $D \in \underline{D}$ *ist der kanonische Morphismus* $H(D) \to \varinjlim H$ *monomorph*.

d) *Ein echter Quotient eines* α-*erzeugbaren Objektes ist wieder* α-*erzeugbar*.

Sei $\varepsilon : A \to B$ ein echter Epimorphismus und $H : \underline{D} \to \underline{A}$ ein monomorpher α-Kofilter. Für jeden Morphismus $\beta : B \to \varinjlim H$ lässt sich $\beta\varepsilon$ durch einen der kanonischen Monomorphismen $H(D) \to \varinjlim H$ faktorisieren. Folglich lässt sich nach 1.1 auch β durch $H(D) \to \varinjlim H$ faktorisieren.

§7 Lokal α-präsentierbare Kategorien

7.1 Definition. Sei α eine reguläre Kardinalzahl. Eine Kategorie $\underline{A}$ heisst lokal α-präsentierbar, wenn $\underline{A}$ kovollständig ist und eine echte Generatorenmenge besitzt, deren Elemente α-präsentierbar sind. Eine Kategorie $\underline{A}$ heisst lokal präsentierbar, wenn es ein α gibt, so dass $\underline{A}$ lokal α-präsentierbar ist.

Der Präsentierungsrang $\pi(\underline{A})$ von $\underline{A}$ ist die kleinste reguläre Kardinalzahl γ, für welche es eine echte Generatorenmenge von γ-präsentierbaren Elementen gibt.

Eine Kategorie $\underline{A}$ heisst lokal α-kopräsentierbar, wenn $\underline{A}^{o}$ lokal α-präsentierbar ist.

7.2 Beispiele a) Für jede kleine Kategorie $\underline{U}$ ist $\underline{A} = [\underline{U}^{o},\underline{Me}]$ lokal präsentierbar und es gilt $\pi(\underline{A}) = \aleph_0$.

b) Jede Kategorie $\underline{A}$ von universellen Algebren im Sinne von Birkhoff [11] bzw. Lawvere [37] ist lokal präsentierbar, zB. Monoide, abelsche Gruppen, Gruppen, Ringe, Λ-Algebren, ..., aber nicht Körper. Die von einem Element frei erzeugte Algebra ist ein $\aleph_0$-präsentierbarer echter Generator (sogar regulär). Es gilt $\pi(\underline{A}) = \aleph_0$.

c) Jede Kategorie $\underline{A}$ von universellen Algebren im Sinne von Slominski [50] bzw. Linton [39] §6 (dh. mit rank) ist lokal präsentierbar. Eine obere Grenze für $\pi(\underline{A})$ ist durch die Anzahl der Operationen [50] bzw. durch den "rank" [39] §6 gegeben.

d) Die Kategorie $\underline{Kat}$ der Kategorien, die zum gewählten Universum gehören, ist lokal präsentierbar. Die Kategorie "$\cdot \to \cdot$" ist ein $\aleph_0$-präsentierbarer echter Generator und es gilt $\pi(\underline{Kat}) = \aleph_0$.

e) Sei $\underline{A}$ eine lokal präsentierbare Kategorie und $\mathbb{T}$ ein Tripel in $\underline{A}$ mit Rang (vgl. §10). Dann ist auch die Kategorie $\underline{A}^{\mathbb{T}}$ lokal präsentierbar und es gilt
$\pi(\underline{A})^{\mathbb{T}} \leq \max\left(\pi(\underline{A}),\pi(\mathbb{T})\right)$.

f) Die Kategorie $\underline{Komp}$ der kompakten topologischen Räume ist lokal kopräsentierbar. Das Einheitsintervall ist ein $\aleph_1$-kopräsentierbar kodichter Kogenerator (4.7, 6.5 c)) und wegen 6.5 b) gilt $\pi(\underline{\text{Komp}}^{\circ}) = \aleph_1$.

g) Eine inf- und supvollständige partiell geordnete Menge $\underline{M}$ ist lokal präsentierbar und lokal kopräsentierbar.

h) Sei $\underline{X}$ eine kleine nichtleere Kategorie. Eine Kategorie $\underline{A}$ ist genau dann lokal präsentierbar, wenn $[\underline{X},\underline{A}]$ lokal präsentierbar ist. Die eine Richtung ($\Leftarrow$) kann man mit Hilfe von konstanten Funktoren leicht beweisen. Umgekehrt sei M eine echte Generatorenmenge von α-präsentierbaren Objekten in $\underline{A}$. Dann bilden die verallgemeinerten darstellbaren Funktoren $U \otimes [X,-] : \underline{X} \to \underline{A}$, $U \in M$, eine echte Generatorenmenge in $[\underline{X},\underline{A}]$ und diese sind wegen

$$\left[U \otimes [X,-],F\right] \cong [U,FX]$$

ebenfalls α-präsentierbar ($F : \underline{X} \to \underline{A}$ ist ein beliebiger Funktor, vgl. Ulmer [56] Intr. (4)-(7)). Es gilt also $\pi([\underline{X},\underline{A}]) \leq \pi(\underline{A})$.

i) Eine koreflexive Unterkategorie $\underline{B}$ einer lokal präsentierbaren Kategorie $\underline{A}$ ist selbst lokal präsentierbar, wenn für eine genügend grosse reguläre Kardinalzahl β die Inklusion $I : \underline{B} \to \underline{A}$ β-kofiltrierende Kolimites erhält. Es gilt dann $\pi(\underline{B}) \leq \sup(\beta,\pi(\underline{A}))$. Insbesondere ist $St_{\alpha}[\underline{U}^{\circ},\underline{Me}]$ lokal α-präsentierbar, wenn $\underline{U}$ klein und α-kovollständig ist (5.5, 5.8).

j) Zum Schluss einige Gegenbeispiele: Top ist weder lokal präsentierbar noch lokal kopräsentierbar (4.17, 6.4); Komp ist nicht lokal präsentierbar (4.18, 7.4); Me ist nicht lokal kopräsentierbar (6.3), obwohl Me unter gewissen Voraussetzungen ein Retrakt sein kann (4.15); allgemeiner ist jede nichtkleine Kategorie $\underline{B}$ nicht lokal kopräsentierbar, wenn $\underline{B}$ lokal präsentierbar ist (7.13).

7.3 Wir vergleichen nun die verschiedenen Begriffe von Generatoren in lokal präsentierbaren Kategorien. Ein Generator braucht nicht echt zu sein, wie das initiale Objekt des Beispiels 7.2 g) zeigt. Ein echter Generator ist nicht immer regulär. ZB. ist die Pfeilkategorie $\cdot \to \cdot$ in Kat ein echter, aber kein regulärer Generator (3.7 und 4.5).

Schliesslich braucht ein regulärer Generator nicht dicht zu sein. Z.B. ist $\mathbb{Z}$ kein dichter Generator in der Kategorie der abelschen Gruppen.

Im folgenden beschränken wir uns auf echte, reguläre und dichte Generatoren. Wir zeigen wie man echte Generatorenmengen zu dichten Generatorenmengen ergänzen kann. Dazu benötigen wir den Begriff des Abschlusses einer Unterkategorie unter gewissen Kolimites.

Sei zunächst α regulär oder $\alpha = \infty$, $\underline{A}$ eine Kategorie mit α-Koprodukten, M eine Klasse von Objekten und $\underline{U}$ die von M aufgespannte volle Unterkategorie von $\underline{A}$. Unter dem <u>vollen Abschluss von</u> M <u>(oder $\underline{U}$) in $\underline{A}$ unter α-Koprodukten</u> verstehen wir die volle Unterkategorie $\coprod_\alpha(M,\underline{A})$ $\left(=\coprod_\alpha(\underline{U},\underline{A})\right)$ von $\underline{A}$, die aus den α-Koprodukten von Objekten aus M und allen dazu isomorphen Objekten in $\underline{A}$ besteht. Mit $\underline{U}$ ist auch $\coprod_\alpha(\underline{U},\underline{A})$ eine kleine Kategorie, vorausgesetzt $\alpha \neq \infty$. Die Klasse der Objekte von $\coprod_\alpha(\underline{U},\underline{A})$ braucht jedoch keine Menge zu sein, selbst wenn M eine Menge ist. In manchen Fällen kann es daher zweckmässig sein, $\coprod_\alpha(\underline{U},\underline{A})$ durch eine volle Unterkategorie zu ersetzen, die wenigstens einen Repräsentanten aus jeder Isomorphieklasse von Objekten enthält. Eine solche Unterkategorie nennen wir <u>einen Abschluss von</u> M <u>(oder $\underline{U}$) in $\underline{A}$ unter α-Koprodukten</u>.

Wenn $\underline{A}$ α-kovollständig ist, definieren wir entsprechend den <u>vollen Abschluss</u> $\underline{K}_\alpha(M,\underline{A})$ $\left(= \underline{K}_\alpha(\underline{U},\underline{A})\right)$ <u>von</u> M <u>(oder $\underline{U}$) in $\underline{A}$ unter α-Kolimites</u> als die kleinste volle α-kovollständige Unterkategorie $\underline{V}$ von $\underline{A}$ mit den folgenden Eigenschaften: a) Jeder Funktor $H : \underline{D} \to \underline{A}$, der durch $\underline{U}$ faktorisiert und dessen Definitionsbereich α-klein ist, besitzt einen Kolimes, welcher bereits zu $\underline{V}$ gehört. b) Mit einem Objekt enthält $\underline{V}$ auch alle dazu gehörigen isomorphen Objekte aus $\underline{A}$. Eine volle Unterkategorie von $\underline{K}_\alpha(M,\underline{A})$, die in jeder Isomorphieklasse von Objekten aus $\underline{K}_\alpha(M,\underline{A})$ wenigstens ein Objekt besitzt, nennen wir <u>einen Abschluss von</u> M <u>(oder $\underline{U}$) in $\underline{A}$ unter α-Kolimites</u>.

Z.B. erhält man einen solchen Abschluss als Vereinigung $\bigcup \underline{U}_i$ von vollen Unterkategorien $\underline{U}_i, i \in \mathbb{N}$; wobei $\underline{U}_o$ ein Abschluss von $\underline{U}$ unter α-Koprodukten ist, und $\underline{U}_{i+1}$ von $\underline{U}_i$ sowie den Kokernen aller Morphismenpaare aus $\underline{U}_i$ aufgespannt wird. Man bemerke dabei, dass alle $\underline{U}_i$ in $\underline{A}$ unter α-Koprodukten abgeschlossen sind (dh. $\underline{U}_i$ ist ein Abschluss von sich selbst!). Für $\alpha \neq \infty$ kann man ferner durch geeignete Wahl von $\underline{U}_o$ und den hinzugefügten Kokernen erreichen, dass mit M auch $Ob(\bigcup \underline{U}_i)$ eine Menge ist. Daraus folgt insbesondere dass ein Abschluss einer kleinen Unterkategorie unter α-Kolimites selbst wieder klein ist. Die Konstruktion zeigt auch, dass alle Objekte eines solchen Abschlusses α-präsentierbar sind, wenn die vorgegebenen Objekte aus M es sind.

7.4 Satz. Sei $\underline{A}$ eine lokal präsentierbare Kategorie und M eine echte Generatorenmenge, deren Elemente α-präsentierbar sind, wobei α regulär ist. Dann ist jeder Abschluss $\underline{X}$ von M in $\underline{A}$ unter α-Kolimites eine kleine dichte Unterkategorie von $\underline{A}$, deren Objekte in $\underline{A}$ α-präsentierbar sind.

Beweis. Die Objekte von $\underline{X}$ sind α-präsentierbar (7.3). Sei $\underline{U} \subset \underline{X}$ eine volle Unterkategorie derart, dass $\mathrm{Ob}\,\underline{U}$ eine Menge ist und jedes Objekt von $\underline{X}$ isomorph zu einem Objekt von $\underline{U}$ ist. Es ist klar, dass mit M auch $\mathrm{Ob}\,\underline{U}$ eine echte Generatorenmenge ist. Sei $A \in \underline{A}$ und $\underline{U}/A$ die α-kovollständige "Kategorie der Objekte von $\underline{U}$ über A". Mit ξ bezeichnen wir ein Objekt in $\underline{U}/A$ und mit U_ξ sein Bild unter dem Vergissfunktor $\underline{U}/A \to \underline{A}$ (2.6). Es ist zu zeigen, dass der kanonische Morphismus $\varinjlim_{\xi} U_\xi \to A$ ein Isomorphismus ist. Nach 1.9 ist dies genau dann der Fall, wenn für jedes $U \in \underline{U}$ die induzierte Abbildung $[U, \varinjlim_{\xi} U_\xi] \to [U,A]$ bijektiv ist. Diese ist offensichtlich surjektiv. Da U α-präsentierbar ist und $\underline{U}/A$ α-kofiltrierend, so gilt $\varinjlim_{\xi} [U,U_\xi] \xrightarrow{\simeq} [U, \varinjlim_{\xi} U_\xi]$. Seien $\alpha, \beta : U \rightrightarrows \varinjlim U_\xi$ zwei Morphismen, die von $\varinjlim U_\xi \to A$ koegalisiert werden. Dann gibt es ein $\xi \in \underline{U}/A$ und zwei Morphismen $\alpha_\xi, \beta_\xi : U \rightrightarrows U_\xi$, die mit der universellen Abbildung $u_\xi : U_\xi \to \varinjlim_{\xi} U_\xi$ zusammengesetzt, gerade α und β ergeben. Da $\underline{U}$ in $\underline{A}$ unter Kokernen abgeschlossen ist, so gehört $\mathrm{Koker}(\alpha_\xi, \beta_\xi)$ ebenfalls zu $\underline{U}$ und der kanonische Morphismus $\mathrm{Koker}(\alpha_\xi, \beta_\xi) \to A$ ist daher ein Objekt von $\underline{U}/A$. Folglich gibt es ein Diagramm (mit den evidenten Kommutativitätseigenschaften)

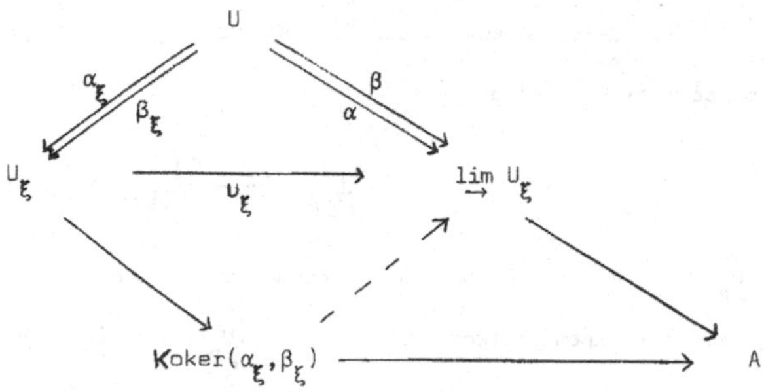

Hieraus folgt $\alpha = \beta$. Dies zeigt, dass die obige Abbildung $[U, \varinjlim_{\xi} U_\xi] \to [U,A]$ auch injektiv ist und somit gilt $\varinjlim_{\xi} U_\xi \xrightarrow{\cong} A$.

7.5 <u>Satz. Sei $\underline{A}$ eine lokal präsentierbare Kategorie und M eine reguläre Generatorenmenge, deren Elemente α-präsentierbar sind, wobei α regulär ist. Dann ist jeder Abschluss $\underline{X}$ von M in $\underline{A}$ unter α-Koprodukten eine kleine dichte Unterkategorie, deren Objekte α-präsentierbar in $\underline{A}$ sind.</u>

Nach 6.2 sind die Objekte von $\underline{X}$ α-präsentierbar in $\underline{A}$. Hieraus folgt, dass $\underline{X}$ bei einem beliebigen Koprodukt $\coprod_i U_i$, $U_i \in M$, dicht ist. Denn $\coprod_i U_i$ ist der Kolimes seiner α-kleinen Teilkoprodukte, diese sind isomorph zu Objekten von $\underline{X}$ und sie bestimmen eine konfinale Unterkategorie von $\underline{X}/\coprod_i U_i$. Aus 3.3 d) und 3.9 folgt dann, dass $\underline{X} \subset \underline{A}$ dicht ist.

7.6 <u>Satz. Sei $\underline{A}$ eine lokal präsentierbare Kategorie und M eine reguläre Generatorenmenge, deren Elemente α-präsentierbar sind, wobei α regulär ist. Ein Objekt $A \in \underline{A}$ ist genau dann α-präsentierbar, wenn es ein Morphismenpaar</u>

$$\xi, \eta : \coprod_{j \in J} U_j \rightrightarrows \coprod_{i \in I} U_i$$

<u>mit den Eigenschaften $U_j, U_i \in M$ und $|J| < \alpha > |I|$ gibt derart, dass A ein Retrakt von Koker(ξ, η) ist. Wenn ausserdem in $\underline{A}$ die Zusammensetzung zweier regulärer Epimorphismen wieder regulär ist, dann ist jedes α-präsentierbare Objekt $A \in \underline{A}$ der Kokern eines solchen Morphismenpaares.</u>

Beweis. Es genügt zu zeigen, dass die Bedingung notwendig ist. Sei $\underline{V}$ ein Abschluss von M in $\underline{A}$ unter α-Koprodukten. Nach 7.5 ist dann $\underline{V}$ dicht in $\underline{A}$. Folglich gibt es eine rechtsexakte Folge

$$\coprod_{n'\in N'} U_{n'} \overset{\alpha}{\underset{\beta}{\rightrightarrows}} \coprod_{n\in N} U_n \longrightarrow A$$

wobei $U_n, U_{n'} \in M$ und N und N' irgendwelche Mengen sind. Sei $V \in \underline{V}$ ein Objekt, $\coprod_{l\in L} U_l$ ein α-kleines Teilkoprodukt von $\coprod_{n\in N} U_n$ und $(\eta_k : V \to \coprod_{l\in L} U_l)_{k\in K}$ eine Familie von Morphismen mit $|K| < \alpha$, die denselben Morphismus $V \longrightarrow \coprod_{n\in N} U_n$ induzieren. Da $\coprod_{n\in N} U_n$ der Kolimes seiner α-kleinen Teilkoprodukte und V α-präsentierbar in $\underline{A}$ ist, so gibt es ein $\coprod_{l\in L} U_l$ umfassendes Teilkoprodukt $\coprod_{l'\in L'} U_{l'}$ mit $|L'| < \alpha$ derart, dass schon der kanonische Morphismus $\coprod_{l\in L} U_l \longrightarrow \coprod_{l'\in L'} U_{l'}$ alle Morphismen $\eta_k : V \longrightarrow \coprod_{l\in L} U_l$ koegalisiert. Hieraus folgt leicht, dass die Kategorie $\underline{V}/\coprod U_n$ α-kofiltrierend ist. Wir betrachten nun die Kategorie $\underline{K}$ der über $\alpha, \beta : \coprod U_{n'} \rightrightarrows \coprod U_n$ stehenden Paare von Morphismen in $\underline{V}$. Deren Objekte sind 6-Tupel $T = (V_T, V'_T, \alpha_T, \beta_T, v_T, v'_T)$ mit der Eigenschaft, dass die Diagramme

$$\begin{array}{ccc} V_T & \xrightarrow{\alpha_T} & V'_T \\ {\scriptstyle v_T}\downarrow & & \downarrow{\scriptstyle v'_T} \\ \coprod U_{n'} & \xrightarrow{\alpha} & \coprod U_n \end{array} \qquad\qquad \begin{array}{ccc} V_T & \xrightarrow{\beta_T} & V'_T \\ {\scriptstyle v_T}\downarrow & & \downarrow{\scriptstyle v'_T} \\ \coprod U_{n'} & \xrightarrow{\beta} & \coprod U_n \end{array}$$

kommutativ sind. Die Morphismen zwischen Objekten sind wie in 5.9 Diagramme mit evidenten Kommutativitätseigenschaften. Auf Grund der obigen Bemerkungen ist leicht zu sehen, dass $\underline{K}$ α-kofiltrierend ist, und dass $\alpha = \varinjlim_T \alpha_T$, $\beta = \varinjlim_T \beta_T$. Sei A_T der Kokern von $\alpha_T, \beta_T : V_T \rightrightarrows V'_T$ und $q_T : A_T \to A$ der von v_T und v'_T induzierte Morphismus. Da Kokerne mit Kolimites vertauschbar sind, so ist A der Kolimes der A_T und die Morphismen $q_T : A_T \to A$ sind kouniversell. Die Identität von A faktorisiert deshalb durch einen der Morphismen $q_T : A_T \to A$, und somit ist A ein Retrakt von A_T.

Unter der zusätzlichen Voraussetzung ist die Zusammensetzung des kanonischen Morphismus

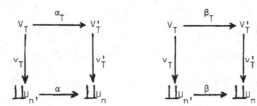

$V_T \to A_T$ mit $q_T : A_T \to A$ wieder ein regulärer Epimorphismus, und der zweite Teil folgt deshalb aus 6.6 e).

7.7 Beispiele a) Sei $\underline{A}$ eine lokal α-präsentierbare Kategorie und M eine echte Generatorenmenge wie in 7.4. Ein Objekt ist genau dann α-präsentierbar, wenn es zum vollen Abschluss $\underline{K}_\alpha(M,\underline{A})$ von M in $\underline{A}$ unter α-Kolimites gehört.

b) Es sei $\underline{X}$ eine kleine Kategorie und $\underline{A} = [\underline{X},\underline{Me}]$. Die Hom-Funktoren $[X,-]$, $X \in \underline{X}$, bilden eine reguläre Generatorenmenge. In 7.6 kann α beliebig gewählt werden.

c) Es sei $\underline{A}$ eine Kategorie von universellen Algebren (7.2 b)). Die von einem Element frei erzeugte Algebra ist dann ein $\aleph_0$-präsentierbarer regulärer Generator. Aus 7.6 folgt deshalb, dass die $\aleph_0$-präsentierbaren Objekte die endlich präsentierbaren Algebren im üblichen Sinne sind.

Im Falle von Linton, bzw. Slominski (7.2 c)) ist die von einem Element frei erzeugte Algebra ein α-präsentierbarer regulärer Generator. Dabei ist α der "regular rank" von $\underline{A}$ (vgl. [39] §6) bzw. die kleinste reguläre Kardinalzahl, welche grösser ist als die Stellenzahl der vorgegebenen Operationen ([50]).

d) Für $\underline{Komp}^0$ (7.2 f)) ist das Einheitsintervall I ein regulärer $\aleph_1$-präsentierbarer regulärer Generator und nach 9.4 d) sind die kompakten metrisierbaren Räume gerade die $\aleph_1$-präsentierbaren Objekte.

e) Wir kennen kein Beispiel einer lokal präsentierbaren Kategorie $\underline{A}$ mit Zerlegungszahl $Z(\underline{A}) > 0$, in welcher es ein Objekt gibt, das sich nur als Retrakt eines Kokernes 7.6 darstellen lässt, aber selbst kein solcher Kokern ist. Z.B. ist in der Kategorie $\underline{Kat}$ der Kategorien aus $\underline{\underline{U}}$ die Dreieckskategorie Δ (4.5) ein $\aleph_0$-präsentierbarer regulärer Generator. Für $\alpha > \aleph_0$ ist ein Objekt $K \in \underline{Kat}$ genau dann α-präsentierbar, wenn es eine rechtsexakte Folge

$$\coprod_J \Delta \rightrightarrows \coprod_I \Delta \to K$$

mit $|I| < \alpha$ und $|J| < \alpha$ gibt (dabei bezeichnet $\coprod_I \Delta$ das I-fache Koprodukt von Δ). Dies folgt leicht aus der folgenden Eigenschaft: Ist $\alpha : K \to L$ ein regulärer Epimorphismus in $\underline{Kat}$ und $\beta : \Delta \to L$ irgendein Morphismus, so gibt es einen Morphismus

$\gamma : \coprod_I \Delta \to L$ mit endlichem I derart, dass der induzierte Epimorphismus
$(\alpha,\beta,\gamma) : K \amalg \Delta \amalg (\coprod_I \Delta) \to L$ wieder regulär ist.

7.8 Satz. *Sei $\underline{A}$ eine kovollständige Kategorie und M eine Menge von α-präsentierbaren Objekten, wobei α eine reguläre Kardinalzahl ist. Sei $\underline{U} = \underline{K}_\alpha(M,\underline{A})$ der volle Abschluss von M in $\underline{A}$ unter α-Kolimites und $I : \underline{U} \to \underline{A}$ die α-kostetige Inklusion. Sei $Y : \underline{U} \to St_\alpha[\underline{U}^o,\underline{Me}]$ die Yoneda Einbettung. Dann induziert die Kan'sche Koerweiterung*

$$E_Y(I) : St_\alpha[\underline{U}^o,\underline{Me}] \to \underline{A}$$

eine Aequivalenz von $St_\alpha[\underline{U}^o,\underline{Me}]$ auf die volle Unterkategorie $\underline{K}_\infty(M,\underline{A})$ von $\underline{A}$. Ausserdem ist $E_Y(I)$ koadjungiert zu $\underline{A} \to St_\alpha[\underline{U}^o,\underline{Me}]$, $A \rightsquigarrow [I-,A]$.

Beweis. Nach 5.5 ist $E_Y(I) : St_\alpha[\underline{U}^o,\underline{Me}] \to \underline{A}$ kostetig. Der Beweis von 5.5 zeigt ausserdem, dass $E_Y(I)$ koadjungiert zum Funktor $\underline{A} \to St_\alpha[\underline{U}^o,\underline{Me}]$, $A \rightsquigarrow [I-,A]$ ist. Der letztere erhält α-kofiltrierende Kolimites, weil die Objekte von $\underline{U}$ α-präsentierbar in $\underline{A}$ sind (7.3). Die Zusammensetzung von $E_Y(I)$ mit $A \rightsquigarrow [I-,A]$ erhält deshalb ebenfalls α-kofiltrierende Kolimites. Ausserdem bildet sie die Unterkategorie der Hom-Funktoren identisch auf sich selbst ab. Da jedes Objekt in $St_\alpha[\underline{U}^o,\underline{Me}]$ ein α-kofiltrierender Kolimes von Hom-Funktoren ist (5.4), so folgt, dass die Zusammensetzung $St_\alpha[\underline{U}^o,\underline{Me}] \to \underline{A} \to St_\alpha[\underline{U}^o,\underline{Me}]$ isomorph zur Identität ist. Insbesondere ist $E_Y(I) : St_\alpha[\underline{U}^o,\underline{Me}] \to \underline{A}$ eine volle, kostetige Einbettung. Hieraus folgt leicht, dass $E_Y(I)$ eine Aequivalenz von $St_\alpha[\underline{U}^o,\underline{Me}]$ auf $\underline{K}_\infty(M,\underline{A})$ induziert.

Nimmt man z.B. für $\underline{A}$ die Kategorie $\underline{Top}$ der topologischen Räume und für M einen einpunktigen Raum, dann ist der Abschluss $\underline{K}_\infty(M,\underline{Top})$ äquivalent zur Kategorie der diskreten Räume (dh. zu $\underline{Me}$).

Nimmt man andererseits für $\underline{A}$ die Kategorie $\underline{Komp}$ der kompakten Räume und für M die endlichen Räume, dann ist der volle Abschluss von $\underline{U}$ in $\underline{Komp}$ unter Limites äquivalent zur Kategorie $\underline{Tuk}$ der total unzusammenhängenden Räume, und es gilt $\pi(\underline{Tuk}^o) = \aleph_0$ (6.5 b)).

7.9 Korollar. Sei $\underline{A}$ eine Kategorie und α eine reguläre Kardinalzahl. Aequivalent sind:

(i) $\underline{A}$ ist lokal α-präsentierbar.

(ii) Die volle Unterkategorie $\underline{A}(\alpha)$ der α-präsentierbaren Objekte ist klein und unter α-Kolimites abgeschlossen und der von der Inklusion $I : \underline{A}(\alpha) \to \underline{A}$ induzierte Funktor

$$\underline{A} \to St_{\alpha}[\underline{A}(\alpha)^{o}, \underline{Me}] \ , \ A \rightsquigarrow [I-, A]$$

ist eine Aequivalenz.

(ii) $\Rightarrow$ (i) folgt aus 7.2 i) und (i) $\Rightarrow$ (ii) aus 7.8, weil nach 7.7a), 7.4 und 3.5 der Funktor $A \rightsquigarrow [I-, A]$ volltreu ist.

Zum Beispiel induziert die Inklusion $I : \underline{Met} \to \underline{Komp}$ der metrisierbaren kompakten Räume in die kompakten Räume eine Aequivalenz

$$\underline{Komp}^{o} \to St_{\aleph_1}[\underline{Met}, \underline{Me}] \ , \ K \rightsquigarrow [K, I-]$$

(vgl. 7.7 d)).

7.10 Korollar. Zwei lokal α-präsentierbare Kategorien $\underline{A}$ und $\underline{A}'$ sind genau dann äquivalent, wenn die vollen Unterkategorien $\underline{A}(\alpha)$ und $\underline{A}'(\alpha)$ ihrer α-präsentierbaren Objekte äquivalent sind.

7.11 Korollar. Sei α eine reguläre Kardinalzahl. Die Abbildungen $\underline{A} \rightsquigarrow \underline{A}(\alpha)$ und $\underline{U} \rightsquigarrow St_{\alpha}[\underline{U}^{o}, \underline{Me}]$ sind zueinander inverse Bijektionen zwischen den Aequivalenzklassen von lokal α-präsentierbaren Kategorien und den Aequivalenzklassen von kleinen α-kovollständigen Kategorien.

Dies folgt aus 7.6 und 7.9. Aus 7.4 folgt, dass die erstgenannte Abbildung eine Kategorie $\underline{A}$ mit $\pi(\underline{A}) = \alpha$ auf eine kleine α-kovollständige Kategorie $\underline{U}$ abbildet, in welcher für $\alpha' < \alpha$ die α'-präsentierbaren Objekte keine dichte Unterkategorie von $\underline{U}$ bilden (α' regulär).

7.12 Korollar. In einer lokal α-präsentierbaren Kategorie $\underline{A}$ sind α-Limites mit α-kofiltrierenden Kolimites vertauschbar (vgl. 5.2 (iii)). Insbesondere ist ein α-kofiltrierender Kolimes von regulären Monomorphismen (bzw. regulären Epimorphismen) wieder ein regulärer Monomorphismus (bzw. regulärer Epimorphismus).

Nach 5.2 gilt dies nämlich für $\underline{A} = [\underline{U}^o, \underline{Me}]$, $\underline{U}$ klein, und folglich auch für jede volle koreflexive Unterkategorie von $[\underline{U}^o, \underline{Me}]$, falls die Inklusion α-kofiltrierende Kolimites erhält; insbesondere also für $St_\alpha[\underline{U}^o, \underline{Me}]$ (5.5, 5.8).

7.13 Satz Sei $\underline{A}$ eine Kategorie derart, dass $\underline{A}$ und $\underline{A}^o$ lokal präsentierbar sind. Dann ist $\underline{A}$ eine "Hängematte", dh. $\underline{A}$ ist äquivalent zu einer inf- und supvollständigen geordneten Menge (vgl. 7.2 g)). Gibt es in $\underline{A}$ ein Nullobjekt, dann ist $\underline{A} \cong \{0\}$.

Beweis. Wir zeigen **zuerst**, dass jedes Objekt $A \in \underline{A}$ nur einen Endomorphismus besitzt, nämlich die Identität. Sei $f : A \to A$ ein Endomorphismus und sei α eine reguläre Kardinalzahl mit den Eigenschaften $\pi(\underline{A}) \leq \alpha \geq \pi(\underline{A}^o)$ und $\pi(A) \leq \alpha$. Sei I eine Menge mit $|I| = \alpha$ und sei $i_o \in I$ ein ausgezeichnetes Element. Die Teilmengen $\nu \subset I$ mit $|\nu| < \alpha$ und $i_o \in \nu$ bilden eine α-kofiltrierende Kategorie $\underline{D}$; die Morphismen sind durch die natürlichen Inklusionen in I gegeben. Sei $\underline{D} \to \underline{A}$, $\nu \rightsquigarrow \prod_\nu A$, der Funktor, der jeder Menge ν das ν-fache Produkt von A zuordnet und jeder Inklusion $\nu \to \mu$ den Morphismus $\prod_\nu A \to \prod_\mu A$ mit den folgenden Eigenschaften: Die Zusammensetzung $\prod_\nu A \to \prod_\mu A \xrightarrow{p_i} A$ ist $\prod_\nu A \xrightarrow{p_i} A$ falls $i \in \nu$ und $\prod_\nu A \xrightarrow{p_{i_o}} A \xrightarrow{f} A$ falls $\mu \ni i \notin \nu$. Dabei bezeichnet $p_i : \prod_\nu A \to A$ die kanonische Projektion auf den i-ten Faktor. Ebenso sei $\xi_\nu : \prod_\nu A \to \prod_I A$ der Morphismus mit der Eigenschaft, dass $p_i \xi_\nu = p_i$ falls $i \in \nu$ und $p_i \xi_\nu = f p_{i_o}$ falls $i \notin \nu$. Es ist evident, dass die Morphismen ξ_ν eine natürliche Transformation von $\underline{D} \to \underline{A}$, $\nu \rightsquigarrow \prod_\nu A$, in den konstanten Funktor $\nu \rightsquigarrow \prod_I A$ definieren. Da ξ_ν ein Schnitt für die kanonische Projektion $p_\nu : \prod_I A \to \prod_\nu A$ ist, so folgt, dass ξ_ν der Kern des Paares $(id, \xi_\nu p_\nu) : \prod_I A \rightrightarrows \prod_I A$ ist. Insbesondere ist ξ_ν ein regulärer Monomorphismus. Nach 7.12 ist daher der von ξ_ν induzierte Morphismus $\xi : \varinjlim_\nu \prod_\nu A \to \prod_I A$ ein regulärer Monomorphismus. Andererseits ist ξ auch der Limes der Kompositionen

$p_\nu \xi : \varinjlim_{\nu} \prod_{\nu} A \to \prod_{I} A \to \prod_{\nu} A$. Diese sind offensichtlich Epimorphismen und somit auch ξ , weil $\underline{A}^{o}$ lokal präsentierbar ist (6.6a). Folglich ist ξ ein Isomorphismus. Da A α-präsentierbar ist und $\underline{D}$ α-kofiltrierend, so faktorisiert die Diagonalabbildung $A \to \prod_{I} A$ durch einen der Monomorphismen $\xi_\nu : \prod_{\nu} A \to \prod_{I} A$. Auf Grund der Definition von ξ_ν folgt hieraus, dass $f : A \to A$ mit id_A zusammenfällt.

Aus dem untenstehenden Lemma folgt nun, dass $\underline{A}$ zu einer prägeordneten Klasse isomorph ist. Folglich ist für jeden Funktor $H : \underline{D} \to \underline{A}$ der kanonische Morphismus $\coprod_{D} H(D) \to \varinjlim_{D} H(D)$ invertierbar. Da es in $\underline{A}$ eine dichte Generatorenmenge gibt (7.4), so bilden die Aequivalenzenklassen von Objekten in $\underline{A}$ eine Menge, weil man mit den Generatoren nur eine Menge nichtäquivalenter Koprodukte konstruieren kann.

<u>Lemma</u>. <u>Sei $\underline{X}$ eine Kategorie mit Koprodukten. Falls es eine Kardinalzahl β gibt derart, dass $|[X,X]| < \beta$ für jedes Objekt $X \in \underline{X}$, dann ist $\underline{X}$ isomorph zu einer partiell prägeordneten Klasse</u>.

<u>Beweis</u>. Sei I eine Menge mit $|I| \geq \beta, 2$. Sei $\delta : \coprod_{I} X \to X$ der Morphismus mit den Komponenten id_X und sei $\varphi_i : X \to \coprod_{I} X$ die kanonische Inklusion der i-ten Komponente, $i \in I$. Es gilt dann $\delta\varphi_i = id_X$ und δ ist daher ein Epimorphismus. Aus $|[\coprod_{I} X, \coprod_{I} X]| < \beta$ folgt die Existenz von Elementen $i,j \in I$ derart, dass $i \neq j$ und $\varphi_i \delta = \varphi_j \delta$. Folglich gilt $\varphi_i = \varphi_j$. Sei I' die Menge, die man aus I erhält, indem man i und j identifiziert. Die Projektion $I \to I'$ induziert dann für jedes $Y \in \underline{Y}$ Bijektionen $[\coprod_{I'} X, Y] \xrightarrow{\cong} [\coprod_{I} X, Y]$ und $\prod_{I'} [X,Y] \xrightarrow{\cong} \prod_{I} [X,Y]$. Dies ist offensichtlich nur dann möglich, wenn $|[X,Y]| \leq 1$.

7.14 <u>Satz</u>. <u>In einer lokal präsentierbaren Kategorie $\underline{A}$ besitzt jedes Objekt nur eine Menge von Quotienten</u> (dh. <u>$\underline{A}$ ist cowellpowered</u>).

<u>Beweis</u>. Sei $A \in \underline{A}$ und $\alpha \geq \aleph_1$ eine reguläre Kardinalzahl mit $\pi(A) \leq \alpha \geq \pi(\underline{A})$. Nach 7.4 und 7.6 ist die volle Unterkategorie $\underline{A}(\alpha)$ der α-präsentierbaren Objekte klein. Aus jeder Isomorphieklasse von Objekten in $\underline{A}(\alpha)$ wählen wir einen Repräsentanten. Die durch diese Repräsentanten bestimmte volle Unterkategorie bezeichnen wir mit $\underline{X}$.

Folglich bilden auch die Objekte von $A\backslash\underline{X}$ eine Menge. Wir erinnern daran, dass die Objekte von $A\backslash\underline{X}$ Paare $(X, A \xrightarrow{\xi} X)$ sind mit $X \in \underline{X}$, $\xi \in \underline{A}$. Wir zeigen im folgenden, dass es zu jedem Epimorphismus $p : A \to B$ eine Unterkategorie $\underline{K}_p$ von $A\backslash\underline{X}$ gibt derart, dass (B,p) - als Objekt von $A\backslash\underline{A}$ aufgefasst - gerade der Kolimes der Inklusion $\underline{K}_p \to A\backslash\underline{A}$ ist. Da es in $A\backslash\underline{X}$ nur eine Menge von Unterkategorien gibt, so bilden die Quotienten von A eine Menge.

Sei $p : A \to B$ ein Epimorphismus. Die Objekte der Kategorie $\underline{D}$ seien 3-Tupel $T = (X_T, \xi_T, \eta_T)$ derart, dass $X_T \in \underline{X}$ und dass $p : A \to B$ die Zusammensetzung $A \xrightarrow{\xi_T} X_T \xrightarrow{\eta_T} B$ ist. Ein Morphismus $T \to T'$ ist gegeben durch einen Morphismus $\gamma : X_T \to X_{T'}$ mit den Eigenschaften $\xi_{T'} = \gamma \cdot \xi_T$ und $\eta_T = \eta_{T'} \cdot \gamma$. Da $\underline{X}$ in $\underline{A}$ unter α-Kolimites abgeschlossen ist (6.2) und die Inklusion $\underline{X} \subset \underline{A}$ dicht ist, so kann man leicht zeigen, dass $\underline{D}$ α-kofiltrierend ist und dass $B = \varinjlim_{T} X_T$ und $p = \varinjlim_{T} \xi_T$ (wegen $\pi(A) \leq \alpha$).

Sei $\underline{\bar{D}}$ die volle Unterkategorie von $\underline{D}$ bestehend aus allen $A \xrightarrow{\xi_T} X_T \xrightarrow{\eta_T} B$ mit epimorphem ξ_T. Es ist klar, dass dann η_T durch ξ_T bestimmt ist, d.h. falls $T, T' \in \underline{\bar{D}}$ und $\xi_T = \xi_{T'}$, so folgt $\eta_T = \eta_{T'}$. Der zusammengesetzte Funktor $\underline{\bar{D}} \subset \underline{D} \to A\backslash\underline{X}$, $T \rightsquigarrow (X_T, \xi_T)$ induziert deshalb eine Isomorphie von $\underline{\bar{D}}$ auf eine kleine volle Unterkategorie $\underline{K}_p$ von $A\backslash\underline{X}$. Da $p : A \to B$ der Kolimes von $\underline{D} \to A\backslash\underline{X} \subseteq A\backslash\underline{A}$, $T \rightsquigarrow (X_T, \xi_T)$ ist, so genügt es zu zeigen, dass die Inklusion $\underline{\bar{D}} \subset \underline{D}$ konfinal ist. Da in $A\backslash\underline{X}$ das Koprodukt (= Fasersumme in $\underline{A}$) zweier Objekte $\xi : A \to X$ und $\xi' : A \to X'$ existiert, und da mit ξ und ξ' auch die universellen Morphismen $X \to X \overset{A}{\amalg} X'$, $X' \to X \overset{A}{\amalg} X'$ Epimorphismen sind, so genügt es, für die Konfinalität von $\underline{\bar{D}} \subset \underline{D}$ zu zeigen, dass es zu jedem Objekt $A \xrightarrow{\xi_{T_0}} X_{T_0} \xrightarrow{\eta_{T_0}} B$ eine Zerlegung $X_{T_0} \xrightarrow{\gamma} X' \xrightarrow{\eta} B$ von $\eta_{T_0} : X_{T_0} \to B$ gibt derart, dass $X' \in \underline{X}$ und dass $\gamma \cdot \xi_{T_0} : A \to X'$ ein Epimorphismus ist. {Denn γ gibt Anlass zu einem Morphismus von $T_0 = (X_{T_0}, \xi_{T_0}, \eta_{T_0})$ nach $T = (X_T, \xi_T, \eta_T)$, wobei $X_T = X'$, $\xi_T = \gamma\xi_{T_0}$ und $\eta_T = \eta$.} Es ist klar, dass $\xi_T : A \to X_T$ genau dann ein Epimorphismus ist, wenn die universellen Morphismen $i_T, j_T : X_T \rightrightarrows X_T \overset{A}{\amalg} X_T$ zusammenfallen. Der Epimorphismus $p : A \to B$ und $A \xrightarrow{\xi_{T_0}} X_{T_0} \xrightarrow{\eta_{T_0}} B$ geben Anlass zu einem kommutativen Diagramm

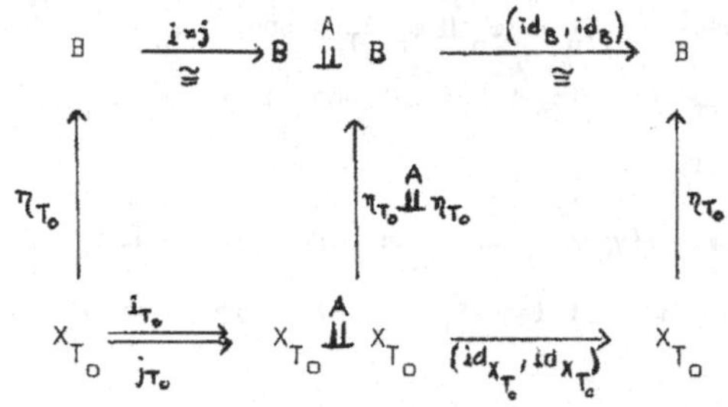

Aus $B = \varinjlim_{T} X_T$ folgt $B \overset{A}{\amalg} B = \varinjlim_{T} X_T \overset{A}{\amalg} X_T$. Da X_{T_o} α-präsentierbar ist und $\underline{D}$ α-kofiltrierend, so folgt aus $(\eta_{T_o} \overset{A}{\amalg} \eta_{T_o})\cdot i_{T_o} = (\eta_{T_o} \overset{A}{\amalg} \eta_{T_o})\cdot j_{T_o}$ die Existenz eines Morphismus $\gamma_o : T_o \to T_1$ (dh. einer Zerlegung $\eta_{T_o} = \eta_{T_1}\cdot\gamma_o$) derart, dass bereits $(\gamma_o \overset{A}{\amalg} \gamma_o)\cdot i_{T_o} = (\gamma_o \overset{A}{\amalg} \gamma_o)\cdot j_{T_o}$. Aus dem gleichen Grund gibt es einen Morphismus $\gamma_1 : T_1 \to T_2$ (dh. eine Zerlegung $\eta_{T_1} = \eta_{T_2}\cdot\gamma_1$) derart, dass $(\gamma_1 \overset{A}{\amalg} \gamma_1)\cdot i_{T_1} =$ $= (\gamma_1 \overset{A}{\amalg} \gamma_1)\cdot j_{T_1}$. Auf diese Weise erhält man eine abzählbare Zerlegung (und ein kommutatives Diagramm)

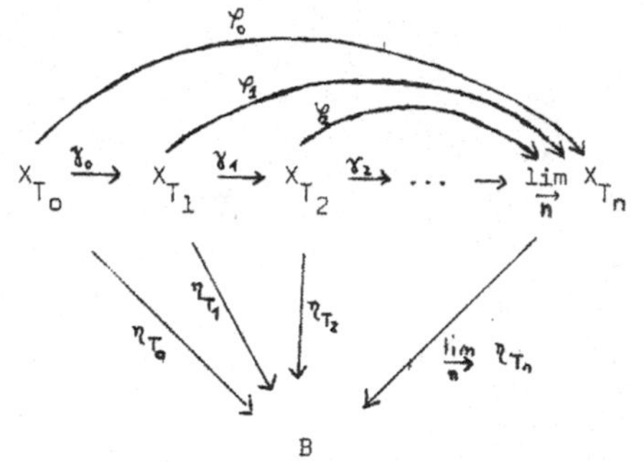

mit der Eigenschaft $(\gamma_n \overset{A}{\amalg} \gamma_n)\cdot i_{T_n} = (\gamma_n \overset{A}{\amalg} \gamma_n)\cdot j_{T_n}$. Dabei bezeichnen die $\varphi_n : X_{T_n} \to \varinjlim_{n} T_n$ die kanonischen Morphismen in den den Kolimes. Wir setzen nun

$T = (X_T = \varinjlim_{n} X_{T_n}, \xi_T = \varphi_o \xi_{T_o}, \eta_T = \varinjlim_{n} \eta_{T_n})$. Es ist zu zeigen, dass die kanonischen Morphismen $i_T, j_T : X_T \rightrightarrows X_T \overset{A}{\amalg} X_T$ zusammenfallen. Nun ist offensichtlich $X_T \overset{A}{\amalg} X_T$ der

Kolimes der $X_{T_n} \hat{\amalg}^{A} X_{T_n}$ und die Morphismen $\varphi_n \hat{\amalg}^{A} \varphi_n : X_{T_n} \hat{\amalg}^{A} X_{T_n} \to X_T \hat{\amalg}^{A} X_T$ sind kouniversell. Folglich gelten wegen $i_T\varphi_n = (\varphi_n \hat{\amalg}^{A} \varphi_n)i_{T_n}$ und $j_T\varphi_n = (\varphi_n \hat{\amalg}^{A} \varphi_n)j_{T_n}$ auch die Gleichungen $i_T = \varinjlim_n i_T\varphi_n = \varinjlim_n(\varphi_n \hat{\amalg}^{A} \varphi_n)i_{T_n}$ und $j_T = \varinjlim_n j_T\varphi_n = \varinjlim_n(\varphi_n \hat{\amalg}^{A} \varphi_n)j_{T_n}$ .Gemäss Konstruktion der T_n gilt

$$(\varphi_n \hat{\amalg}^{A} \varphi_n)i_{T_n} = (\varphi_{n+1} \hat{\amalg}^{A} \varphi_{n+1})(\gamma_n \hat{\amalg}^{A} \gamma_n)i_{T_n} = (\varphi_{n+1} \hat{\amalg}^{A} \varphi_{n+1})(\gamma_n \hat{\amalg}^{A} \gamma_n)j_{T_n} = (\varphi_n \hat{\amalg}^{A} \varphi_n)j_{T_n} .$$

Hieraus folgt $i_T = j_T$ und somit ist $\xi_T : A \to X_T$ ein Epimorphismus.

§ 8 Kategorien Σ-stetiger Funktoren

In diesem Abschnitt zeigen wir, dass die Σ-stetigen Funktoren auf einer kleinen Kategorie $\underline{U}$ mit Werten in einer lokal präsentierbaren Kategorie wieder eine lokal präsentierbare Kategorie bilden.

8.1 Definition. Sei $\underline{U}$ eine kleine Kategorie und Σ eine Klasse von Morphismen $\sigma : d\sigma \to w\sigma$ in $[\underline{U}^o, \underline{Me}]$. (Dabei bedeuten die Symbole d und w Definitionsbereich und Wertebereich). Ein Funktor $F : \underline{U}^o \to \underline{Me}$ heisst Σ-stetig, wenn für jedes $\sigma \in \Sigma$ die induzierte Abbildung $[\sigma, F] : [w\sigma, F] \to [d\sigma, F]$ eine Bijektion ist. Die volle Unterkategorie der Σ-stetigen Funktoren wird mit $St_\Sigma[\underline{U}^o, \underline{Me}]$ bezeichnet.

Sei $\underline{B}$ eine beliebige Kategorie. Ein Funktor $F : \underline{U}^o \to \underline{B}$ heisst Σ-stetig, wenn für jedes $B \in \underline{B}$ der Funktor $[B, F-] : \underline{U}^o \to \underline{Me}$ Σ-stetig ist. Falls $\underline{B}$ vollständig ist, so existiert bekanntlich der symbolische Hom-Funktor $\underline{[-,-]} : [\underline{U}^o, \underline{Me}]^o \times [\underline{U}^o, \underline{B}] \to \underline{B}$ von Freyd [19], und ein Funktor $F : \underline{U}^o \to \underline{B}$ ist genau dann dann Σ-stetig, wenn für jedes $\sigma \in \Sigma$ der induzierte Morphismus $\underline{[\sigma, F]} : \underline{[w\sigma, F]} \to \underline{[d\sigma, F]}$ invertierbar ist. Dies folgt aus den kanonischen Isomorphismen

$$[B, \underline{[H, F]}] \xrightarrow{\cong} [H, [B, F-]]$$

welche das Objekt $\underline{[H, F]}$ bis auf Isomorphie eindeutig bestimmen, $B \in \underline{B}$.

8.2 Beispiele: a) Sei $H_i : \underline{D}_i \to \underline{U}$, $i \in I \in \underline{\underline{U}}$, eine Familie von "kleinen" Diagrammen mit natürlichen Transformationen $\Phi_i : H_i \to \text{konst}_{U_i}$, $i \in I$, wobei $U_i \in \underline{U}$. Sei Σ die Klasse der induzierten Morphismen $\varinjlim_{D \in \underline{D}_i} [-, H_i D] \to [-, U_i]$ in $[\underline{U}^o, \underline{Me}]$. Sei $\underline{B}$ eine Kategorie mit $\underline{D}_i$-Limites, $i \in I$.

Die Σ-stetigen Funktoren sind dann diejenigen Funktoren $F : \underline{U}^o \to \underline{B}$, für welche die von den Φ_i induzierten Abbildungen $FU_i \to \varprojlim FH_i$ bijektiv sind.

b) Sei $\underline{Ord}$ die Kategorie der geordneten Mengen mit ordnungserhaltenden Abbildungen als Morphismen. Sei $\underline{U}$ die volle Unterkategorie von $\underline{Ord}$, bestehend aus den geordneten Mengen $[0] = \{0\}$, $[1] = \{0 \leq 1\}$ und $[2] = \{0 \leq 1 \leq 2\}$. Seien $\partial_0, \partial_1 : [0] \rightrightarrows [1]$ und $\partial'_0, \partial'_2 : [1] \rightrightarrows [2]$ die durch $\partial_0(0) = 1$, $\partial_1(0) = 0$, $\partial'_0(0) = 1$, $\partial'_0(1) = 2$, $\partial'_2(0) = 0$

$\partial_2'(1) = 1$ definierten Abbildungen. In $\underline{U}$ betrachten wir folgende Diagramme

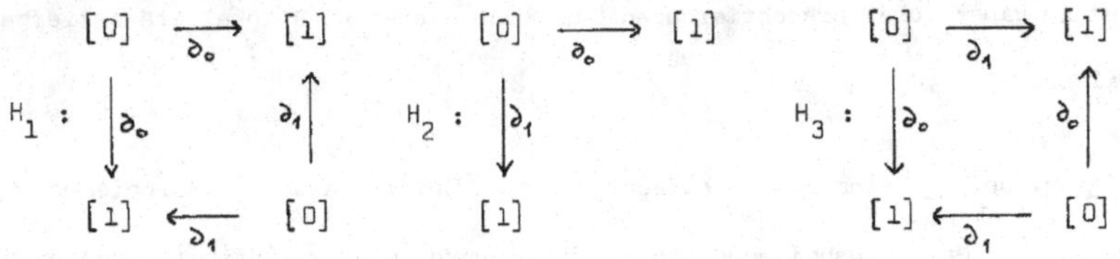

und die natürlichen Transformationen $\Phi_1 : H_1 \to \text{konst}_{[1]}$, $\Phi_2 : H_2 \to \text{konst}_{[2]}$ und $\Phi_3 : H_3 \to \text{konst}_{[0]}$, wobei

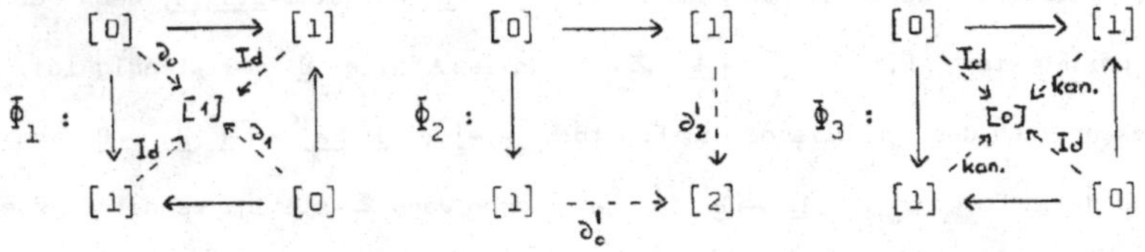

Wie in a) geben Φ_1, Φ_2, Φ_3 Anlass zu einer Menge Σ von Morphismen in $[\underline{U}^o, \underline{Me}]$. Es ist nun leicht zu sehen, dass der Funktor $\underline{Ord} \to [\underline{U}^o, \underline{Me}]$, $X \rightsquigarrow [-, X]$ eine Aequivalenz von $\underline{Ord}$ auf die volle Unterkategorie der Σ-stetigen Funktoren induziert.

c) $\underline{U}$ bezeichne jetzt die volle Unterkategorie von $\underline{Ord}$, bestehend aus den geordneten Mengen $[0]$, $[1]$, $[2]$ und $[3] = \{0 \leq 1 \leq 2 \leq 3\}$. Seien $\partial_3'' : [2] \to [3]$ und $\partial_0'' : [2] \to [3]$ die Abbildungen $x \rightsquigarrow x$ und $x \rightsquigarrow x+1$. Dieses Mal betrachten wir folgende Diagramme:

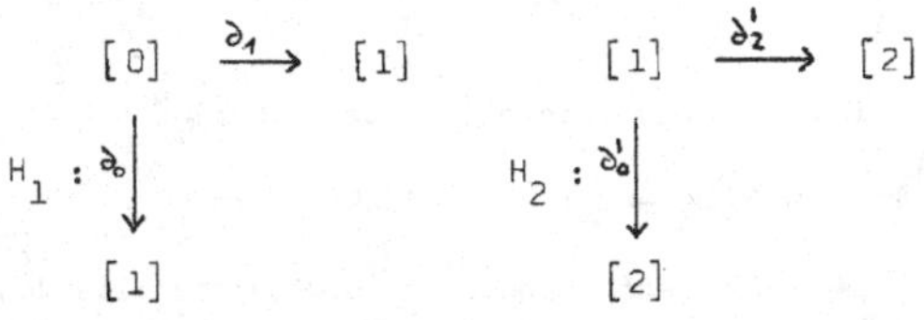

zusammen mit den natürlichen Transformationen $\Phi_1 : H_1 \to \text{konst}_{[2]}$ und $\Phi_2 : H_2 \to \text{konst}_{[3]}$, wobei

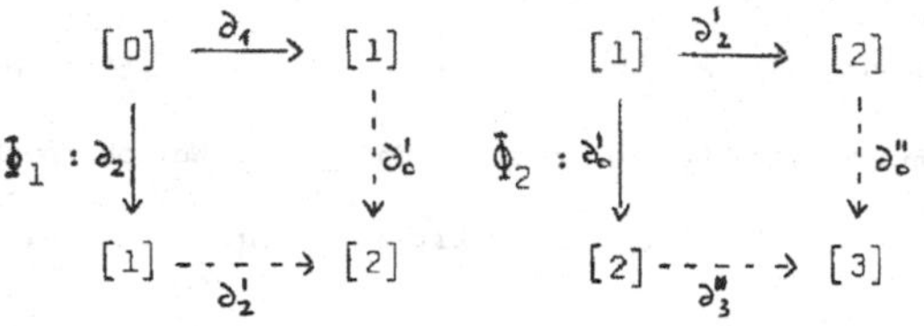

Sei Σ die durch Φ_1 und Φ_2 bestimmte Menge von Morphismen in $[\underline{U}^o,\underline{Me}]$, vgl. a). Identifiziert man $\underline{U}$ mit der evidenten Unterkategorie von $\underline{Kat}$, dann ist leicht zu sehen, dass der Funktor $\underline{Kat} \to [\underline{U}^o,\underline{Me}]$, $X \rightsquigarrow [-,X]$ eine Aequivalenz von $\underline{Kat}$ auf die volle Unterkategorie der Σ-stetigen Funktoren induziert. Ist $\underline{B}$ eine Kategorie mit Faserprodukten, dann ist $St_\Sigma[\underline{U}^o,\underline{B}]$ die Kategorie der Kategorienobjekte in $\underline{B}$.

d) Wie in a), aber die Φ_i seien kouniversell, dh. es gilt $\varinjlim H_i \cong U_i$ vermöge Φ_i . Die Σ-stetigen Funktoren sind dann gerade die H_i-stetigen Funktoren, $i \in I$. Ist z.B. $\underline{U}$ eine algebraische Theorie im Sinne von Lawvere [37] und sind die H_i alle Funktoren von endlichen diskreten Kategorien nach $\underline{U}$, dann ist $St_\Sigma[\underline{U}^o,\underline{B}]$ die Kategorie der $\underline{U}$-Algebren in $\underline{B}$. Dabei ist $\underline{B}$ eine beliebige Kategorie mit endlichen Produkten.

e) Für jedes $U \in \underline{U}$ sei eine Familie von Unterfunktoren von $[-,U] : \underline{U}^o \to \underline{Me}$ gegeben. Dann wählt man Σ als die Inklusionen dieser Unterfunktoren. Ist z.B. $\underline{U}$ mit einer Grothendieck Topologie τ versehen, so kann man die den "cribles" zugeordneten Unterfunktoren wählen (vgl. Verdier [58] I S.11). Die Σ-stetigen Funktoren sind dann die Garben bezüglich τ .

8.3 Sei K eine Klasse von Objekten in einer kovollständigen Kategorie $\underline{A}$. Die Klasse T der Morphismen τ in $\underline{A}$ mit der Eigenschaft, dass die Abbildung $[\tau,F]$ für jedes $F \in K$ bijektiv ist, besitzt offensichtlich die folgenden Eigenschaften:

a) T enthält alle Isomorphismen.

b) Falls in einem kommutativen Diagramm

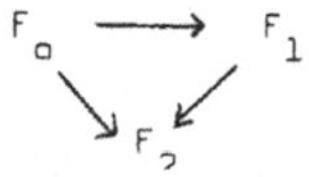

zwei der Morphismen zu T gehören, dann auch der dritte.

c) T ist unter Kolimites abgeschlossen, d.h. falls $\varphi : H \to H'$ eine natürliche Transformation zwischen Funktoren mit kleinem Definitionsbereich $\underline{D}$ und Wertebereich $\underline{A}$ ist derart, dass $\varphi(D) \in T$ für jedes $D \in \underline{D}$, dann gehört auch $\varinjlim \varphi$ zu T.

Eine Klasse von Morphismen in $\underline{A}$, welche die Bedingungen a)-c) erfüllt, heisst *abgeschlossen*. Ist Σ eine beliebige Klasse von Morphismen in $\underline{A}$, so bezeichnen wir mit $\overline{\Sigma}$ die kleinste Klasse in $\underline{A}$, welche Σ enthält und die Bedingungen a)-c) erfüllt. Wir nennen $\overline{\Sigma}$ den *Abschluss* von Σ. Es ist klar, dass $\overline{\Sigma}$ der Durchschnitt aller Klassen von Morphismen in $\underline{A}$ ist, welche Σ enthalten und den Bedingungen a)-c) genügen.

8.4 *Lemma*. *Eine abgeschlossene Klasse* T *von Morphismen in einer kovollständigen Kategorie* $\underline{A}$ *besitzt die folgenden Eigenschaften:*

d) *Falls in einem kokartesischen Diagramm*

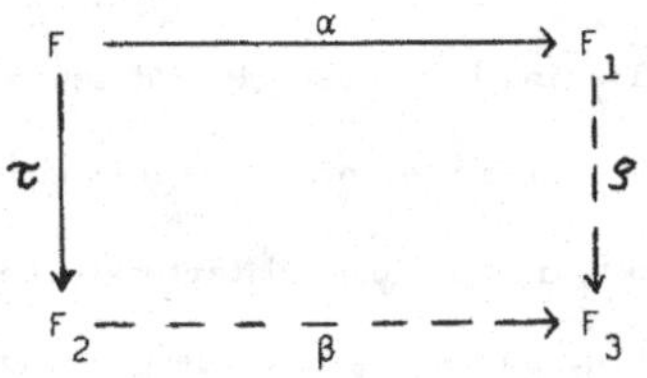

τ *zu* T *gehört, dann auch* ϱ.

e) *Sei* $F \xrightarrow{\tau} F_1 \overset{\alpha}{\underset{\beta}{\rightrightarrows}} F_2$ *ein Diagramm mit der Eigenschaft* $\alpha\tau = \beta\tau$. *Falls* τ *zu* T *gehört, dann auch der kanonische Morphismus* $\varrho : F_2 \to \mathrm{Kok}(\alpha,\beta)$.

f) *Falls eine Zusammensetzung* $F \xrightarrow{\alpha} F_1 \xrightarrow{\varrho} F_2$ *zu* T *gehört, dann gilt* $\alpha, \varrho \in T$, *vorausgesetzt* α *ist der Kokern eines Morphismenpaares* $p_1, p_2 : R \rightrightarrows F$ (vgl. 1.4).

Umgekehrt ist eine beliebige Klasse T *mit den Eigenschaften* a), b), d) *abgeschlossen, falls für jede Familie* (τ_i) *aus* T *auch* $\coprod_i \tau_i$ *zu* T *gehört.*

Beweis. d) Im Diagramm

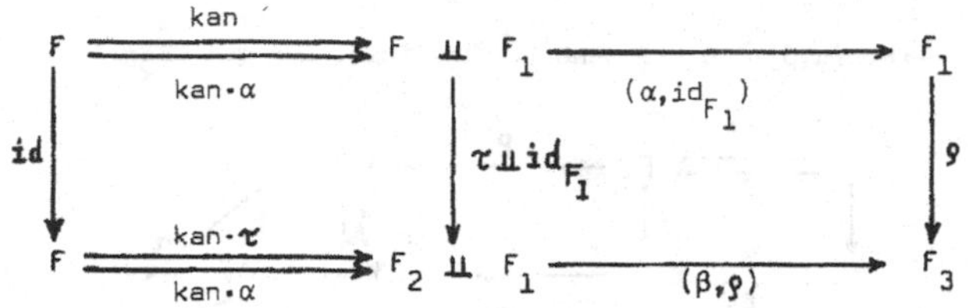

sind die Zeilen rechtsexakt. Da id_F und τ zu T gehören, so gilt wegen 8.3 c) dasselbe für $\tau \amalg id_{F_1}$ und ϱ (kan = kanonisch).

e) Nach 8.4 d) gehören die kanonischen Morphismen $i,j : F_1 \rightrightarrows F_1 \overset{F}{\amalg} F_1$ zu T . Da i ein Schnitt der "Kodiagonale" $(id_{F_1}, id_{F_1}) : F_1 \overset{F}{\amalg} F_1 \to F_1$ ist, so gehört wegen 8.3 a,b) auch (id_{F_1}, id_{F_1}) zu T . Es ist leicht zu sehen, dass das Diagramm

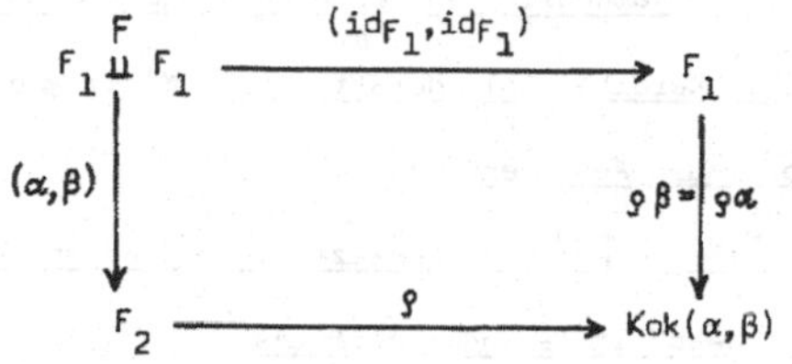

kokartesisch ist. Aus 8.4 d) folgt daher $\varrho \in T$.

f) Wegen 8.3 b) genügt es zu zeigen, dass $\varrho \in T$. Nach Voraussetzung gibt es eine rechtsexakte Folge $R \underset{p_2}{\overset{p_1}{\rightrightarrows}} F \xrightarrow{\alpha} F_1$. Da im Diagramm

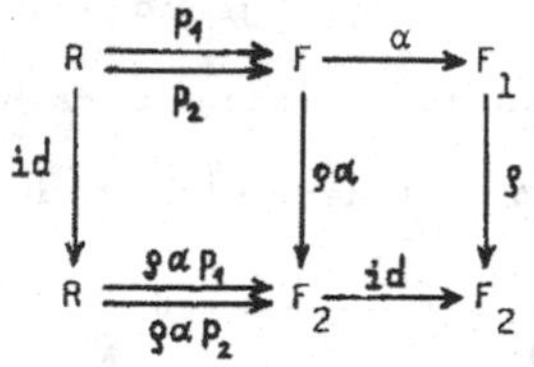

die Zeilen rechtsexakt sind, so folgt aus a) und c), dass $\varrho \in T$.

Für die letzte Behauptung genügt es zu zeigen, dass in einem Diagramm

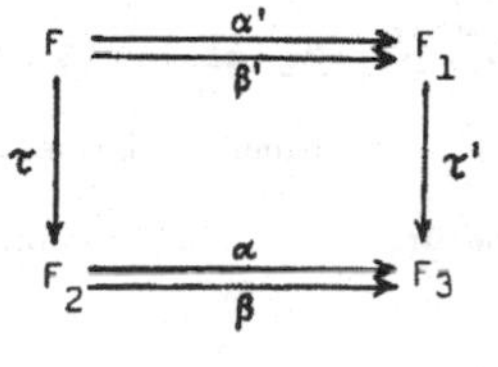

mit den Eigenschaften $\alpha\tau = \tau'\alpha', \beta\tau = \tau'\beta'$ und $\tau, \tau' \in T$ der induzierte Morphismus $\tau'' : \mathrm{Kok}(\alpha', \beta') \to \mathrm{Kok}(\alpha, \beta)$ zu T gehört. Dies folgt aus dem Diagramm

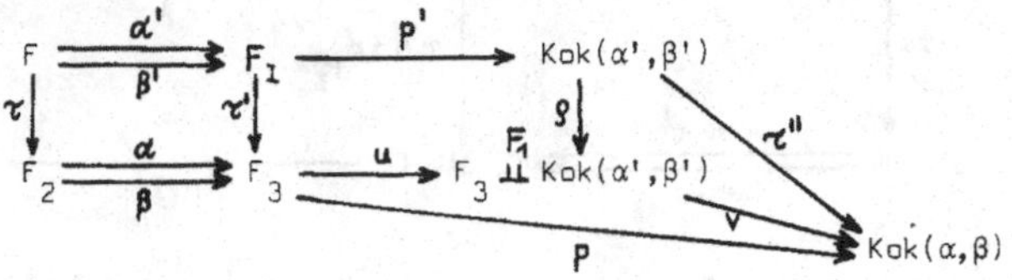

mit den evidenten Morphismen und Kommutativitätseigenschaften. Es gilt $\varrho \in T$ und $v \in T$, das erstere, weil $\tau' \in T$ und das Diagramm (τ', u, p', ϱ) kokartesisch ist, das letztere wegen e), weil v der Kokern von $u\alpha, u\beta$ ist und $u\alpha\tau = u\beta\tau$. (Der Beweis von e) benützt nur a), b) und d)). Folglich $\tau'' = v\varrho \in T$.

8.5 <u>Satz</u>. <u>Sei</u> $\underline{U}$ <u>eine kleine Kategorie und</u> Σ <u>eine Menge von Morphismen in</u> $[\underline{U}^{\mathrm{o}}, \underline{\mathrm{Me}}]$. <u>Sei</u> α <u>die kleinste reguläre Kardinalzahl derart, dass</u> $\pi(d\sigma) \leq \alpha \geq \pi(w\sigma)$ <u>für jedes</u> $\sigma \in \Sigma$. <u>Dann gelten die folgenden Aussagen</u>:

a) <u>Die Inklusion</u> $I : \mathrm{St}_{\Sigma}[\underline{U}^{\mathrm{o}}, \underline{\mathrm{Me}}] \to [\underline{U}^{\mathrm{o}}, \underline{\mathrm{Me}}]$ <u>besitzt einen Koadjungierten</u>.

b) <u>Die Inklusion</u> I <u>erhält</u> α-<u>kofiltrierende Kolimites</u>.

c) $\mathrm{St}_{\Sigma}[\underline{U}^{\mathrm{o}}, \underline{\mathrm{Me}}]$ <u>ist lokal</u> α-<u>präsentierbar</u>.

d) <u>Ein Morphismus</u> $\tau \in [\underline{U}^{\mathrm{o}}, \underline{\mathrm{Me}}]$ <u>gehört genau dann zum Abschluss</u> $\bar{\Sigma}$ <u>von</u> Σ, <u>wenn für jeden</u> Σ-<u>stetigen Funktor</u> F <u>die Abbildung</u> $[\tau, F]$ <u>bijektiv ist</u>.

<u>Beweis</u>. b) Es genügt zu zeigen, dass in $[\underline{U}^{\mathrm{o}}, \underline{\mathrm{Me}}]$ ein α-kofiltrierender Kolimes von Σ-stetigen Funktoren F_ν wieder Σ-stetig ist. Dies ergibt sich wegen $\pi(w\sigma) \leq \alpha$ und $\pi(d\sigma) \leq \alpha$ aus dem folgenden von σ induzierten kommutativen Diagramm

$$\begin{array}{ccc} [w\sigma, \varinjlim F_\nu] & \longrightarrow & [d\sigma, \varinjlim F_\nu] \\ \uparrow \cong & & \uparrow \cong \\ \varinjlim\, [w\sigma, F_\nu] & \xrightarrow{\cong} & \varinjlim\, [d\sigma, F_\nu] \end{array}$$

c) folgt aus a), b) und 7.2 (i).

a) Es genügt, zu jedem Funktor $G : \underline{U}^{\mathrm{o}} \to \underline{\mathrm{Me}}$ einen Σ-stetigen Funktor $\tilde{G}$ und eine natürliche Transformation $\varphi(G) : G \to \tilde{G}$ mit folgender universellen Eigenschaft anzugeben: Für jedes $F \in \mathrm{St}_{\Sigma}[\underline{U}^{\mathrm{o}}, \underline{\mathrm{Me}}]$ und jede natürliche Transformation $G \to F$ kann das Diagramm

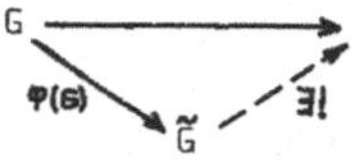

wie angedeutet auf genau eine Art kommutativ gemacht werden.

Die Konstruktion von $G \to \tilde{G}$ wird in mehreren Schritten ausgeführt. Um diese etwas durchsichtiger zu machen, betrachten wir zunächst eine feste natürliche Transformation $\varphi : G \to F$, wobei F Σ-stetig ist.

Wegen der Σ-Stetigkeit von F gibt jedes Paar $\sigma : d\sigma \to w\sigma$ und $\xi : d\sigma \to G$ Anlass zu kommutativen Diagrammen

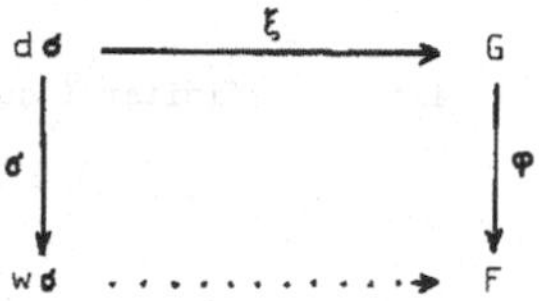

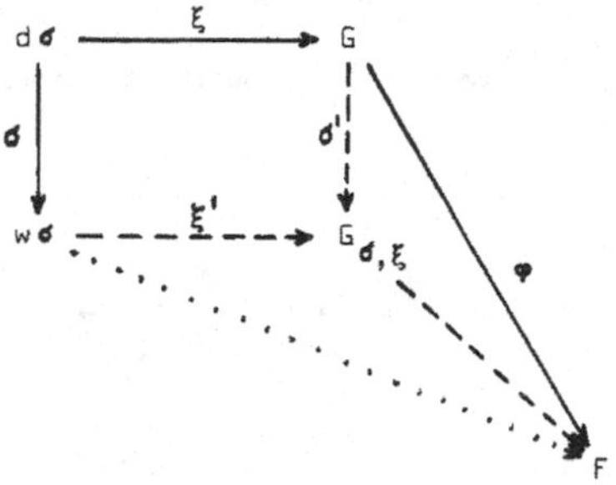

wobei $G_{\sigma,\xi}$ der pushout von σ und ξ ist, und die gestrichelten bzw. dotierten Morphismen die kanonisch induzierten sind.

Sei $\bar{G}_1$ der Kolimes des Diagrammes

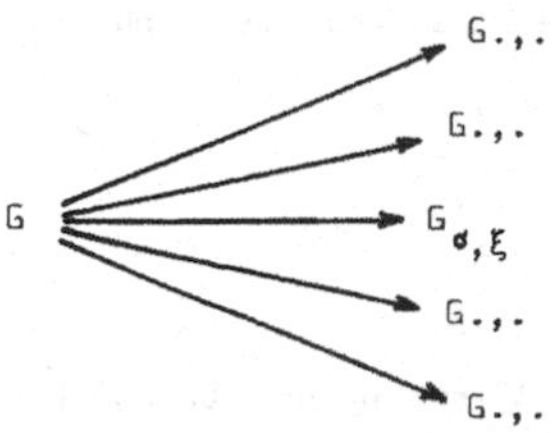

Dabei durchläuft (σ,ξ) alle Paare mit $d\sigma = d\xi$ und $w\xi = G$, $\sigma \in \Sigma$. Wegen der universellen Eigenschaft von $\bar{G}_1$ faktorisiert $G \to F$ durch die universelle Abbildung $u : G \to \bar{G}_1$.

Im folgenden bezeichnen wir für ein solches Paar (σ,ξ) mit $(w\sigma)_\xi \rightrightarrows G$ die Menge aller Morphismen $\mu : w\sigma \to G$ mit der Eigenschaft $\mu\sigma = \xi$. Sei G_1 der Kolimes des Diagramms

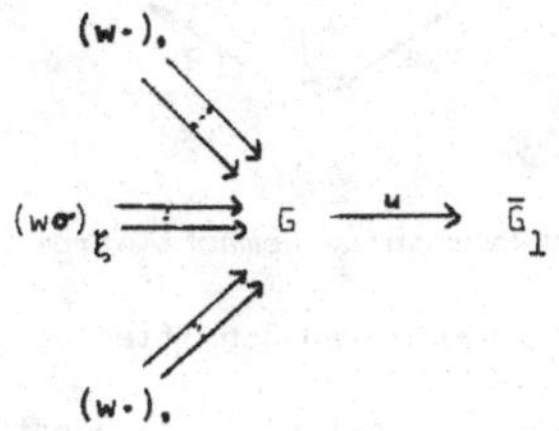

wobei die Indizes von $(w\sigma)_\xi$ wie vorhin alle Paare (σ,ξ) mit $d\sigma = d\xi$ und $w\xi = G$ durchlaufen. Wegen der universellen Eigenschaft von G_1 faktorisiert $\varphi : G \to F$ durch die universelle Abbildung $G \to G_1$.

Dieser Prozess wird für G_1 wiederholt und man erhält mit Hilfe transfiniter Induktion eine Folge

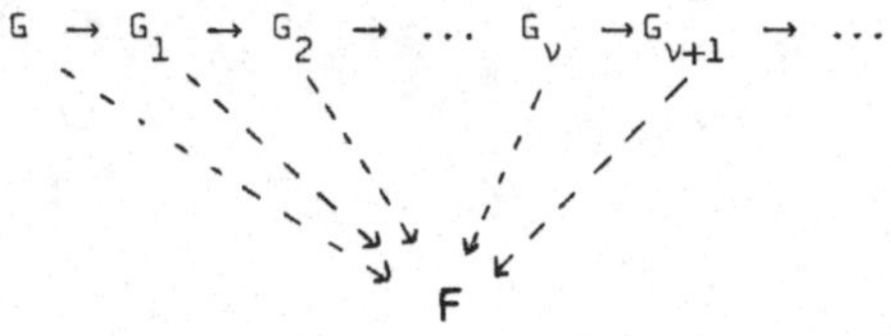

welche alle Ordnungszahlen ν mit $|\nu| < \alpha$ durchläuft (Für eine Limeszahl λ setze man $G_\lambda = \varinjlim_{\nu<\lambda} G_\nu$). Diese Betrachtungen legen es nahe, die gesuchte natürliche Transformation $\varphi(G) : G \to \tilde{G}$ als den universellen Morphismus

$$G \to \varinjlim_{|\nu|<\alpha} G_\nu$$

zu definieren.

Es ist zu zeigen, dass $\varinjlim G_\nu$ Σ-stetig ist. Da das Indexsystem α-kofiltrierend **ist und** $\pi(d\sigma) \leq \alpha$, so faktorisiert jeder Morphismus $\bar{\xi} : d\sigma \to \varinjlim G_\nu$ durch eine universelle Abbildung $G_\nu \to \varinjlim G_\nu$. Sei $\xi : d\sigma \to G_\nu$ eine Faktorisierung. Nach Konstruktion von $G_{\nu+1}$ gibt es daher ein kommutatives Diagramm

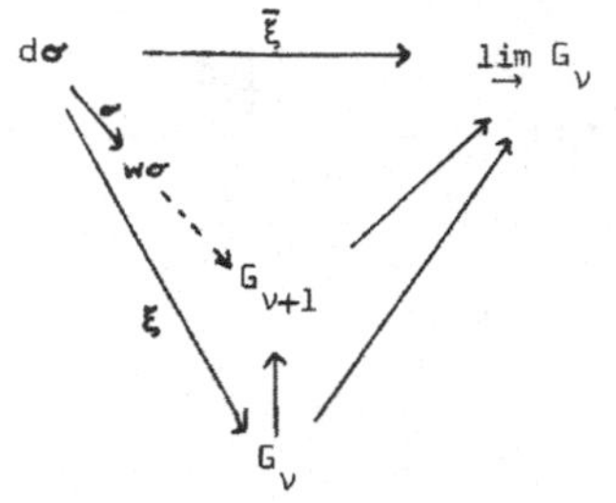

Hieraus folgt, dass die kanonische Abbildung $[w\sigma, \varinjlim G_\nu] \to [d\sigma, \varinjlim G_\nu]$ für jedes $\sigma \in \Sigma$ surjektiv ist. Um die Injektivität zu beweisen, betrachten wir Morphismen $\mu, \mu' : w\sigma \rightrightarrows \varinjlim G_\nu$ mit der Eigenschaft $\mu\sigma = \mu'\sigma$. Da das Indexsystem α-kofiltrierend ist und $\alpha \gg \pi(w\sigma)$, so faktorisieren μ und μ' durch eine universelle Abbildung $G_\nu \to \varinjlim G_\nu$. Da $\alpha \gg \pi(d\sigma)$, so gibt es ein $\lambda > \nu$ derart, dass das induzierte Diagramm

$$d\sigma \xrightarrow{\sigma} w\sigma \rightrightarrows G_\nu \to G_\lambda$$

kommutativ ist, wobei die Abbildungen $w\sigma \rightrightarrows G_\nu$ Faktorisierungen von μ und μ' sind. Nach Konstruktion von $G_{\lambda+1}$ ist daher bereits

$$w\sigma \rightrightarrows G_\nu \to G_\lambda \to G_{\lambda+1}$$

kommutativ und folglich gilt $\mu = \mu'$. Dies beweist, dass $\varinjlim G_\nu$ Σ-stetig ist. Die universelle Eigenschaft von $G \to \varinjlim G_\nu$ ist leicht nachzuweisen, weil auf Grund der obigen Kolimiteskonstruktionen ein Morphismus $G \to F$ (F Σ-stetig) zunächst durch $G \to G_{\sigma,\xi}$ faktorisiert und hernach durch $G \to \bar{G}_1$ und $G \to G_1$ usw.

d) Sei $\tau : G' \to G''$ eine natürliche Transformation derart, dass der induzierte Morphismus $\tilde{\tau} : \tilde{G}' \to \tilde{G}''$ invertierbar ist. Da $[\tau, F] \cong [\tilde{\tau}, F]$ für jeden Funktor $F \in St_{\Sigma}[\underline{U}^o, \underline{Me}]$, so genügt es zu zeigen, dass $\tau \in \bar{\Sigma}$. Wegen 8.3 b) und $\tilde{\tau}\,\varphi(G') = \varphi(G'')\tau$ genügt es zu zeigen, dass für jeden Funktor $G \in [\underline{U}^o, \underline{Me}]$ der Morphismus $\varphi(G) : G \to \tilde{G}$ zu $\bar{\Sigma}$ gehört. Für jedes der vorhin in a) betrachteten Paare (σ, ξ) sei $d(\sigma, \xi) = d\sigma$ und $w(\sigma, \xi) = w\sigma$. Es ist leicht zu sehen, dass das Diagramm (für $u : G \to \bar{G}_1$ vgl. a))

$$\begin{array}{ccc}
\coprod_{(\sigma,\xi)} d(\sigma,\xi) & \xrightarrow{\coprod_{(\sigma,\xi)} \sigma} & \coprod_{(\sigma,\xi)} w(\sigma,\xi) \\
\Big\downarrow q & & \Big\downarrow p \\
G & \xrightarrow{\quad u \quad} & \bar{G}_1
\end{array}$$

kokartesisch ist, wobei die (σ,ξ)-Komponente von q der Morphismus $\xi : d\sigma \to G$ ist und die (σ,ξ)-Komponente von p die Zusammensetzung von $\xi' : w\sigma \to G_{\sigma,\xi}$ (vgl. a)) mit dem universellen Morphismus $G_{\sigma,\xi} \to \bar{G}_1$. Da $\coprod_{(\sigma,\xi)} \sigma \in T$, so folgt aus 8.4 d), dass $u \in T$. Wir betrachten jetzt die Gesamtheit aller 3-Tupel (σ,μ,μ') mit $\sigma \in \Sigma$ und Paaren $\mu,\mu' \in [w\sigma,G]$ derart, dass $\mu\sigma = \mu'\sigma$. Sei $d(\sigma,\mu,\mu') = d\sigma$ und $w(\sigma,\mu,\mu') = w\sigma$. Es ist leicht zu sehen, dass G_1 der Kokern des Paares

$$\coprod_{(\sigma,\mu,\mu')} w(\sigma,\mu,\mu') \underset{\beta}{\overset{\alpha}{\rightrightarrows}} \bar{G}_1$$

ist, wobei die (σ,μ,μ')-Komponente von α bzw. β der Morphismus $u\cdot\mu$ bzw. $u\cdot\mu'$ ist (für $u : G \to \bar{G}_1$ vgl. a)). Setzt man $\tau = \coprod_{(\sigma,\mu,\mu')} \sigma$ so folgt wegen $\alpha\tau = \beta\tau$ aus 8.4 e), dass der kanonische Morphismus $\bar{G}_1 \to G_1$ zu T gehört. Folglich gilt dies auch für die Zusammensetzung $G \xrightarrow{u} \bar{G}_1 \to G_1$ und mit Hilfe von transfiniter Induktion kann man nun leicht zeigen, dass $\varphi(G) : G \to \tilde{G}$ zu T gehört.

8.6 <u>Bemerkungen</u>. a) Die Konstruktion der Koreflexion $[\underline{U}^o,\underline{Me}] \to St_\Sigma[\underline{U}^o,\underline{Me}]$ in 8.5 kann leicht auf wesentlich allgemeinere Situationen übertragen werden. Nebst der Kovollständigkeit von $[\underline{U}^o,\underline{Me}]$ wurde nur benützt, dass für jedes $\sigma \in \Sigma$ die Funktoren $[d\sigma,-] : [\underline{U}^o,\underline{Me}] \to \underline{Me}$ und $[w\sigma,-] : [\underline{U}^o,\underline{Me}] \to \underline{Me}$ "genügend grosse" <u>wohlgeordnete</u>

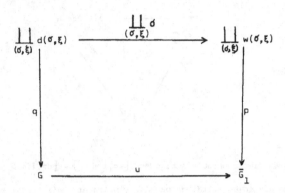

Kolimites erhalten.

b) Ist Σ eine Klasse von Morphismen in einer Kategorie $\underline{A}$, so bezeichnen wir mit $\underline{A}_\Sigma$ die volle Unterkategorie derjenigen Objekte $X \in \underline{A}$, für welche jede Abbildung $[\sigma,X] : [w\sigma,X] \to [d\sigma,X]$, $\sigma \in \Sigma$, bijektiv ist. Analog 8.5 gilt dann:

Sei Σ eine Menge von Morphismen in einer kovollständigen Kategorie $\underline{A}$ derart, dass für jedes $\sigma \in \Sigma$ die Objekte $d\sigma$ und $w\sigma$ α-präsentierbar sind (für eine genügend grosse reguläre Kardinalzahl α). Dann besitzt die Inklusion $\underline{A}_\Sigma \to \underline{A}$ einen Koadjungierten und sie erhält und reflektiert α-kofiltrierende Kolimites. Ein Morphismus τ von $\underline{A}$ gehört genau dann zum Abschluss $\overline{\Sigma}$ von Σ, wenn $[\tau,A]$ für jedes $A \in \underline{A}_\Sigma$ bijektiv ist. Falls $\underline{A}$ lokal α-präsentierbar ist, dann auch $\underline{A}_\Sigma$.

c) Für die Aussage 8.5 c) gilt folgende Umkehrung. Jede lokal β-präsentierbare Kategorie $\underline{B}$ ist äquivalent zu einer Kategorie $St_\Sigma[\underline{V}^o,\underline{Me}]$, wobei $\underline{V}$ eine kleine Kategorie ist und Σ eine Menge von Morphismen in $[\underline{V}^o,\underline{Me}]$ derart, dass $\pi(d\sigma) \leq \beta \geq \pi(w\sigma)$ für jedes $\sigma \in \Sigma$.

Beweis. Wir können voraussetzen, dass jede Isomorphieklasse von Objekten in $\underline{B}$ nur ein Element enthält. Dann bilden die β-präsentierbaren Objekte eine Menge, und $\underline{B}$ ist nach 7.9 äquivalent zu $St_\beta[\underline{B}(\beta)^o,\underline{Me}]$. Demnach setzen wir $\underline{V} = \underline{B}(\beta)$. Die Behauptung folgt dann aus 8.2 a) und d).

8.7 Korollar. Sei $\underline{B}$ eine lokal β-präsentierbare Kategorie und sei $\underline{U}$ eine kleine Kategorie. Sei Σ eine Menge von Morphismen in $[\underline{U}^o,\underline{Me}]$ und sei $\gamma = \sup_{\sigma\in\Sigma}(\beta,\pi(d\sigma),\pi(w\sigma))$. Dann besitzt die Inklusion $St_\Sigma[\underline{U}^o,\underline{B}] \to [\underline{U}^o,\underline{B}]$ einen Koadjungierten und sie erhält γ-kofiltrierende Kolimites, insbesondere ist $St_\Sigma[\underline{U}^o,\underline{B}]$ lokal γ-präsentierbar.*)

Beweis. Sei M eine echte Generatorenmenge von β-präsentierbaren Objekten in $\underline{B}$. Für jedes $B \in \underline{B}$, $\sigma \in \Sigma$ und $F \in [\underline{U}^o,\underline{B}]$ gibt es ein kommutatives Diagramm

*) Für die in 9.1 (unten) definierten lokal β-erzeugbaren Kategorien $\underline{B}$ und $\gamma = \sup_{\sigma\in\Sigma}(\beta,\varepsilon(d\sigma),\varepsilon(w\sigma))$ gilt entsprechend, dass die Inklusion $St_\Sigma[\underline{U}^o,\underline{B}] \to [\underline{U}^o,\underline{Me}]$ einen Koadjungierten besitzt und monomorphe γ-kofiltrierende Kolimites erhält; insbesondere ist $St_\Sigma[\underline{U}^o,\underline{B}]$ wieder lokal γ-erzeugbar. Der Beweis ist derselbe wie für 8.7.

$$\begin{array}{ccccc}
[B \otimes w\sigma, F] & \cong & [w\sigma,[B,F-]] & \cong & [B,\underline{[}w\sigma,F\underline{]}] \\
\Big\downarrow {\scriptstyle [B\otimes\sigma,F]} & & \Big\downarrow {\scriptstyle [\sigma,[B,F-]]} & & \Big\downarrow {\scriptstyle [B,\underline{[}\sigma,F\underline{]}]} \\
[B \otimes d\sigma, F] & \cong & [d\sigma,[B,F-]] & \cong & [B,\underline{[}d\sigma,F\underline{]}]
\end{array}$$

(vgl. 8.1). Folglich ist F genau dann Σ-stetig, wenn für jedes $\sigma \in \Sigma$ und $V \in M$ die Abbildung $[V \otimes\sigma, F]$ bijektiv ist. Ferner folgt aus $[V \otimes \sigma, F] \cong [\sigma,[V,F-]]$, dass $V \otimes d\sigma$ und $V \otimes w\sigma$ γ-präsentierbar sind in $[\underline{U}^{\circ},\underline{B}]$. Man kann deshalb 8.6 b) auf die Menge $\{V \otimes\sigma \mid V \in M, \sigma \in \Sigma\}$ von Morphismen in $[\underline{U}^{\circ},\underline{B}]$ anwenden. Die Inklusion $St_{\Sigma}[\underline{U}^{\circ},\underline{B}] \to [\underline{U}^{\circ},\underline{B}]$ besitzt dann einen Koadjungierten und sie erhält γ-kofiltrierende Kolimites. Da $[\underline{U}^{\circ},\underline{B}]$ lokal β-präsentierbar ist (7.2 h)), so folgt aus 7.2 i), dass $St_{\Sigma}[\underline{U}^{\circ},\underline{B}]$ lokal γ-präsentierbar ist.

8.8 <u>Satz. Seien $\underline{U}$ und $\underline{V}$ kleine Kategorien und Σ und T Morphismenmengen in $[\underline{U}^{\circ},\underline{Me}]$ und $[\underline{V}^{\circ},\underline{Me}]$ derart, dass $id_{[-,U]} \in \Sigma$ und $id_{[-,V]} \in T$ für jedes $U \in \underline{U}$, $V \in \underline{V}$. Dann induziert der Funktor $[(\underline{U}\times\underline{V})^{\circ},\underline{Me}] \xrightarrow{\cong} [\underline{U}^{\circ},[\underline{V}^{\circ},\underline{Me}]]$ eine Isomorphie von der vollen Unterkategorie der $\Sigma\times T$-stetigen Funktoren $(\underline{U}\times\underline{V})^{\circ} \to \underline{Me}$ auf die Σ-stetigen Funktoren $\underline{U}^{\circ} \to St_T[\underline{V}^{\circ},\underline{Me}]$. Dabei bezeichnet $\sigma\times\tau \in \Sigma\times T$ die natürliche Transformation</u> $(U,V) \rightsquigarrow \sigma(U)\times\tau(V)$.

Man bemerke, dass man zu einer beliebigen Klasse Σ von Morphismen in $[\underline{U}^{\circ},\underline{Me}]$ die Identitäten $id_{[-,U]}$ hinzunehmen kann, ohne dabei $St_{\Sigma}[\underline{U}^{\circ},\underline{B}]$ zu verändern.

<u>Beweis</u>. Wir zeigen zuerst, dass ein Funktor $F(-,-) : (\underline{U}\times\underline{V})^{\circ} \to \underline{Me}$ genau dann einem Σ-stetigen Funktor $\underline{U}^{\circ} \to St_T[\underline{V}^{\circ},\underline{Me}]$ entspricht, wenn $F(U,-) : \underline{V}^{\circ} \to \underline{Me}$ für jedes $U \in \underline{U}$ T-stetig ist und $F(-,V) : \underline{U}^{\circ} \to \underline{Me}$ für jedes $V \in \underline{V}$ Σ-stetig. Sei $[\underline{V}^{\circ},\underline{Me}] \to St_T[\underline{V}^{\circ},\underline{Me}]$, $H \rightsquigarrow \tilde{H}$ der Koadjungierte der Inklusion. Da die Bilder der darstellbaren Funktoren in $St_T[\underline{V}^{\circ},\underline{Me}]$ eine echte (sogar dichte) Generatorenmenge bilden, so ist ein Funktor $G : \underline{U}^{\circ} \to St_T[\underline{V}^{\circ},\underline{Me}]$ genau dann Σ-stetig (vgl. Beweis von 8.7), wenn für jedes $V \in \underline{V}$ der

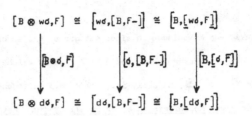

Funktor $\underline{U}^o \to \underline{Me}$, $U \rightsquigarrow [\widetilde{[-,V]},GU]$ Σ-stetig ist. Dieser ist wegen $[\widetilde{[-,V]},GU] \cong [[-,V],GU] \cong GU(V)$ isomorph zu $\underline{U}^o \to \underline{Me}$, $U \rightsquigarrow GU(V)$.

Sind nun $F(U,-)$ und $F(-,V)$ für jedes $U \in \underline{U}$, $V \in \underline{V}$ T-stetig und Σ-stetig, dann ist $\underline{U} \to St_T[\underline{V}^o,\underline{Me}]$, $U \rightsquigarrow F(U,-)$ Σ-stetig, weil für jedes $V \in \underline{V}$ die Funktoren $\underline{U}^o \to \underline{Me}$, $U \rightsquigarrow [\widetilde{[-,V]},F(U,-)]$ und $\underline{U}^o \to \underline{Me}$, $U \rightsquigarrow F(U,V)$ isomorph sind und der letztere Σ-stetig ist.

Umgekehrt folgt leicht aus dieser Betrachtung, dass für einen Σ-stetigen Funktor $F(-,-) : \underline{U}^o \to St_T[\underline{V}^o,\underline{Me}]$ die Funktoren $F(-,V) : \underline{U}^o \to \underline{Me}$ und $F(U,-) : \underline{V}^o \to \underline{Me}$ Σ-stetig und T-stetig sind, wobei $U \in \underline{U}$, $V \in \underline{V}$.

Bekanntlich gibt es für jedes Paar $V \in \underline{V}$, $\sigma \in \Sigma$ und jeden Funktor $F(-,-) : (\underline{U}\times\underline{V})^o \to \underline{Me}$ Isomorphismen $[\sigma\times[-,V],F(-,-)] \cong [\sigma,F(-,-)^{[-,V]}] \cong [\sigma,F(-,V)]$. Hieraus ist leicht zu sehen, dass $F(-,V)$ genau dann Σ-stetig ist, wenn $F(-,-) : (\underline{U}\times\underline{V})^o \to \underline{Me}$ bezüglich $\{\sigma\times id_{[-,V]} \mid \sigma \in \Sigma\}$ stetig ist. Analog folgt, dass $F(U,-)$ genau dann T-stetig ist, wenn $F(-,-) : (\underline{U}\times\underline{V})^o \to \underline{Me}$ bezüglich $\{id_{[-,U]}\times\tau \mid \tau \in T\}$ stetig ist. Zusammenfassend erhält man, dass $F(-,-) : (\underline{U}\times\underline{V})^o \to \underline{Me}$ genau dann einen Σ-stetigen Funktor $\underline{U} \to St_T[\underline{V}^o,\underline{Me}]$ induziert, wenn $F(-,-)$ P-stetig ist, wobei

$P = \{\sigma\times id_{[-,V]} \mid \sigma \in \Sigma, V \in \underline{V}\} \cup \{id_{[-,U]}\times\tau \mid \tau \in T, U \in \underline{U}\}$.

Es ist noch zu zeigen, dass $\bar{P} = \overline{\Sigma\times T}$. Offensichtlich gilt $P \subset \Sigma\times T$. Für jedes Paar $\tau \in T$, $\sigma \in \Sigma$ folgt wegen $d\tau = \varinjlim_{\iota} [-,V_\iota]$ und $\sigma\times d\tau = \varinjlim_{\iota} \sigma\times[-,V_\iota]$ aus 8.3 c), dass $(\sigma\times id_{d\tau}) \in \bar{P}$. Ebenso folgt $(id_{w\sigma}\times\tau) \in \bar{P}$. Folglich ist nach 8.3 b) auch $\sigma\times\tau = (id_{w\sigma}\times\tau)\cdot(\sigma\times id_{d\tau})$ in $\bar{P}$ enthalten. Dies beweist $\bar{P} \subset \overline{\Sigma\times T} \subset \bar{\bar{P}} = \bar{P}$ und folglich $\bar{P} = \overline{\Sigma\times T}$.

8.9 <u>Satz. Sei $\underline{U}$ eine kleine Kategorie und Σ eine Menge von Morphismen in $[\underline{U}^o,\underline{Me}]$. Die Koreflexion $[\underline{U}^o,\underline{Me}] \to St_\Sigma[\underline{U}^o,\underline{Me}]$ von 8.5 kommutiert genau dann mit endlichen Produkten, wenn für jedes $U \in \underline{U}$ und jedes $\sigma \in \Sigma$ der Morphismus $\sigma\times[-,U]$ zum Abschluss $\bar{\Sigma}$ von Σ gehört.</u>

<u>Beweis</u>. Nach 8.5 d) gehört ein Morphismus $\tau \in [\underline{U}^o,\underline{Me}]$ genau dann zum Abschluss $\bar{\Sigma}$, wenn $\tilde{\tau} \in St_\Sigma[\underline{U}^o,\underline{Me}]$ ein Isomorphismus ist. Falls $[\underline{U}^o,\underline{Me}] \to St_\Sigma[\underline{U}^o,\underline{Me}]$, $F \rightsquigarrow \tilde{F}$ mit

endlichen Produkten kommutiert, so folgt daher aus $\widetilde{\tau\times\tau'} = \tilde{\tau}\times\tilde{\tau}'$, dass $\tilde{\Sigma}$ unter endlichen Produkten abgeschlossen ist.

Da $St_{\Sigma}[\underline{U}^o,\underline{Me}]$ in $[\underline{U}^o,\underline{Me}]$ unter Produkten abgeschlossen ist, so kommutiert $F \rightsquigarrow \tilde{F}$ genau dann mit endlichen Produkten, wenn für jedes Paar $G,H \in [\underline{U}^o,\underline{Me}]$ der Morphismus $\varphi(G)\times\varphi(H) : G\times H \to \tilde{G}\times\tilde{H}$ zu $\tilde{\Sigma}$ gehört. Für die Umkehrung genügt es deshalb zu zeigen, dass auf Grund der gemachten Voraussetzung $\tilde{\Sigma}$ unter endlichen Produkten abgeschlossen ist (beachte $\varphi(G) \in \tilde{\Sigma}$). Bekanntlich ist $[\underline{U}^o,\underline{Me}]$ eine kartesisch abgeschlossene Kategorie, dh. für jedes $G \in [\underline{U}^o,\underline{Me}]$ besitzt der Funktor $G\times : [\underline{U}^o,\underline{Me}] \to [\underline{U}^o,\underline{Me}]$, $H \rightsquigarrow G\times H$ einen Rechtsadjungierten, nämlich $(-)^G : [\underline{U}^o,\underline{Me}] \to [\underline{U}^o,\underline{Me}]$, $H \rightsquigarrow H^G$, wobei $H^G(U) = [G\times[-,U],H]$. Da für jedes $\sigma \in \Sigma$ und jedes $U \in \underline{U}$ der Morphismus $\sigma\times[-,U]$ in $\tilde{\Sigma}$ liegt, so folgt aus

$$[\sigma\times[-,U],F] \cong [\sigma,F^{[-,U]}]$$

dass mit F auch $F^{[-,U]}$ Σ-stetig ist. Da es für jeden Funktor $G \in [\underline{U}^o,\underline{Me}]$ eine Kolimesdarstellung $G = \varinjlim_{\nu} [-,U_\nu]$ gibt, so folgt aus

$$F^G = F^{\varinjlim_{\nu}[-,U_\nu]} \xrightarrow{\cong} \varprojlim_{\nu} F^{[-,U_\nu]}$$

dass mit F auch F^G Σ-stetig ist. Folglich gehört wegen

$$[\tau\times G,F] \cong [\tau,F^G]$$

mit τ auch $\tau\times G$ zu $\tilde{\Sigma}$. Ebenso beweist man $H\times\tau' \in \tilde{\Sigma}$, falls $\tau' \in \tilde{\Sigma}$. Da $\tau\times\tau' = (\tau\times w\tau')\cdot(d\tau\times\tau')$, so folgt aus 8.3 b), dass mit τ und τ' auch $\tau\times\tau'$ in $\tilde{\Sigma}$ enthalten ist.

Nachtrag. In einem Gespräch mit M. Kelly erfuhren die Autoren kürzlich die Hauptresultate einer noch unveröffentlichten Arbeit von P. Freyd und M. Kelly. Diese hängen eng mit 8.5-8.7 zusammen und legen die Frage nahe, ob 8.6 b) und 8.7 auch für gewisse Morphismenklassen Σ gelten. (Für eine beliebige Klasse Σ ist dies offensichtlich nicht der Fall). Die Beweise von 8.5-8.8 liefern die folgenden Verallgemeinerungen:

8.10 Satz. Sei $\underline{A}$ eine kovollständige Kategorie, in welcher jedes Objekt nur eine Menge von echten Quotienten besitzt. Sei $\Sigma = \Sigma_1 \cup \Sigma_2$ eine Klasse von Morphismen in $\underline{A}$ derart, dass 1) $d\sigma$ und $w\sigma$ für jedes $\sigma \in \Sigma$ präsentierbar sind, 2) Σ_1 eine Klasse von echten Epimorphismen ist, 3) Σ_2 eine Menge von Morphismen ist.

<u>Dann besitzt die Inklusion $\underline{A}_\Sigma \to \underline{A}$ einen Koadjungierten und ein Morphismus $\tau \in \underline{A}$ gehört genau dann zum Abschluss $\bar{\bar{\Sigma}}$ von Σ, wenn $[\tau, A]$ für jedes $A \in \underline{A}$ bijektiv ist. Falls $\Sigma_2 = \emptyset$, dann ist $\underline{A}_\Sigma$ in $\underline{A}$ unter Unterobjekten abgeschlossen und die Inklusion $\underline{A}_\Sigma \to \underline{A}$ erhält echte Epimorphismen sowie reguläre Epimorphismen</u> (für das letztere benötigt man Faserprodukte in $\underline{A}$).

(M. Kelly - P. Freyd bewiesen die Existenz einer Koreflexion $\underline{A} \to \underline{A}_\Sigma$ indem sie die "solution set condition" verifizierten. Sie setzten dabei zusätzlich voraus, dass $\underline{A}$ vollständig ist, verlangten aber nur, dass $d\sigma$ und $w\sigma$ für jedes $\sigma \in \Sigma$ erzeugbar ist).

<u>Beweis</u>. Die Existenz der Koreflexion $\underline{A} \to \underline{A}_\Sigma$ kann man leicht auf den Fall $\Sigma_2 = \emptyset$ zurückführen. Nach 8.6 b) existiert nämlich eine Koreflexion $L : \underline{A} \to \underline{A}_{\Sigma_2}$ und diese führt Σ_1 in eine Klasse echter Epimorphismen in $\underline{A}_{\Sigma_2}$ über, deren Definitions- und Wertebereiche wieder präsentierbar sind. Da offensichtlich $(\underline{A}_{\Sigma_2})_{L\Sigma_1} = \underline{A}_{\Sigma_1 \cup \Sigma_2}$ gilt, so ist damit das Problem auf den erwähnten Spezialfall zurückgeführt.

Sei also $\Sigma_2 = \emptyset$. Die Konstruktion der Koreflexion $\underline{A} \to \underline{A}_\Sigma$ ist dieselbe wie im Beweis von 8.5 a). Man beachte, dass die dort auftretenden Morphismen

$$G \xrightarrow{\sigma'} G_{\sigma,\xi} \longrightarrow \bar{G}_1 \to G_1 \to \dots \to G_\nu \to \dots$$

alles echte Epimorphismen sind und dass folglich der Kolimes $\varinjlim_\nu G_\nu$ über alle Ordinalzahlen existiert, weil $G \in \underline{A}$ nur eine Menge von echten Quotienten besitzt. Folglich kann man $\tilde{G} = \varinjlim_\nu G_\nu$ definieren. Da die wohlgeordnete Klasse aller Ordinalzahlen für jede reguläre Kardinalzahl α α-kofiltrierend ist, so kann man die universelle Eigenschaft von $\tilde{G}$ wie in 8.5 a) beweisen.

Es ist noch zu zeigen, dass ein Morphismus $\tau \in \underline{A}$ zum Abschluss $\bar{\bar{\Sigma}}$ gehört, wenn $[\tau, A]$ für jedes $A \in \underline{A}$ eine Bijektion ist. (Die Umkehrung ist trivial). Wie im Beweis von 8.5 d) genügt es hierfür zu zeigen, dass für jedes $G \in \underline{A}$ der universelle Morphismus $G \to \tilde{G}$ zu $\bar{\bar{\Sigma}}$ gehört. Wegen 8.4 d) gehören zunächst die Morphismen $\sigma' : G \to G_{\sigma,\xi}$ zu $\bar{\bar{\Sigma}}$. Konstruiert man den Kolimes $\bar{G}_1 = \varinjlim G_{\sigma,\xi}$ wie im Beweis von 9.6(i) $\Longrightarrow$(ii), so folgt mit Hilfe von 8.4 d) und 8.3 c), dass der kanonische Morphismus $u : G \to \bar{G}_1$ zu $\bar{\bar{\Sigma}}$ gehört. Da Σ aus echten Epimorphismen besteht, so ist der Morphismus $\bar{G}_1 \to G_1$ im obigen Diagramm die Identität. Mit Hilfe von transfiniter Induktion und 8.3 c) kann man nun leicht zeigen, dass $(G \to \tilde{G}) = \varinjlim_\nu (G \to G_\nu)$ zu $\bar{\bar{\Sigma}}$ gehört.

Die übrigen Aussagen folgen unmittelbar aus 1.1 - 1.4.

8.11 *Korollar. Sei* $\underline{A}$ *eine kovollständige Kategorie, in welcher die echten Quotienten und die Unterobjekte jedes Objektes eine Menge bilden. Sei* Σ *eine Klasse von Morphismen in* $\underline{A}$ *derart, dass die Isomorphieklassen der Klasse* $\{w\sigma \mid \sigma \in \Sigma\}$ *eine Menge bilden und die Objekte* $w\sigma$ *und* $d\sigma$ *für jedes* $\sigma \in \Sigma$ *präsentierbar sind. Ferner sei jeder reguläre Quotient eines präsentierbaren Objektes wieder präsentierbar. Dann besitzt die Inklusion* $\underline{A}_{\Sigma} \to \underline{A}$ *einen Koadjungierten und ein Morphismus* $\tau \in \underline{A}$ *gehört genau dann zum Abschluss* $\bar{\Sigma}$, *wenn* $[\tau, A]$ *für jedes* $A \in \underline{A}$ *bijektiv ist.*

Beweis. Man kann annehmen, dass $\{w\sigma \mid \sigma \in \Sigma\}$ selbst eine Menge ist. Nach 1.3 kann man jedes $\sigma \in \Sigma$ in einem echten Epimorphismus $d\sigma \to \mathrm{im}(\sigma)$ und einen Monomorphismus $\mathrm{im}(\sigma) \to w\sigma$ zerlegen. Dann ist $\Sigma_1 = \{d\sigma \to \mathrm{im}(\sigma) \mid \sigma \in \Sigma\}$ eine Klasse echter Epimorphismen und $\Sigma_2 = \{\mathrm{im}(\sigma) \to w\sigma \mid \sigma \in \Sigma\}$ eine Menge von Morphismen. Da jedes Objekt in $\underline{A}$ nur eine Menge echter Quotienten besitzt, so kann man $\sigma : d\sigma \to w\sigma$ nach 1.6 b) in reguläre Epimorphismen $d\sigma \to A_1 \to A_2 \to \ldots \to A_\nu \to \ldots$ zerlegen und es gilt $\varinjlim_{\nu} A_\nu = \mathrm{im}(\sigma)$. Da A_1 der Kolimes der Kokerne aller Morphismenpaare $X \underset{g}{\overset{f}{\rightrightarrows}} d\sigma$ mit $\sigma f = \sigma g$ ist, so ist A_1 auf Grund der Voraussetzung und wegen 6.2 wieder präsentierbar. Ferner folgt aus 8.4 f) bzw. 8.3 c), dass die kanonischen Morphismen $d\sigma \to \mathrm{Koker}(f,g)$ bzw. $d\sigma \to A_1 = \varinjlim \mathrm{Koker}(f,g)$ zum Abschluss $\bar{\Sigma}$ von Σ gehören. Nach 6.2 ist $\mathrm{im}(\sigma) = \varinjlim_{\nu} A_\nu$ präsentierbar und nach 8.3b),c) gehören $d\sigma \to \mathrm{im}(\sigma)$ und $\mathrm{im}(\sigma) \to w\sigma$ zu $\bar{\Sigma}$. Dies zeigt, dass $\Sigma_1 \cup \Sigma_2 \subset \bar{\Sigma}$. Wegen 8.3b) gilt $\Sigma \subset \overline{\Sigma_1 \cup \Sigma_2}$. Folglich haben Σ und $\Sigma_1 \cup \Sigma_2$ den gleichen Abschluss und es gilt daher $\underline{A}_{\Sigma} = \underline{A}_{\Sigma_1 \cup \Sigma_2}$. Damit ist die Behauptung auf 8.10 zurückgeführt.

8.12 *Korollar. Sei* $\underline{A}$ *eine lokal präsentierbare Kategorie und sei* $T = \Sigma \cup P$ *eine Klasse von Morphismen in* $\underline{A}$ *derart, dass* 1) Σ *den Bedingungen von 8.10 oder 8.11 genügt* 2) *es in* $\underline{A}$ *eine dichte Generatorenmenge* M *mit der Eigenschaft gibt, dass in jedem kartesischen Diagramm,* $U \in M$,

$$\begin{array}{ccc} P & \longrightarrow & A \\ {\scriptstyle g'}\downarrow & & \downarrow{\scriptstyle g} \\ U & \longrightarrow & B \end{array}$$

mit g *auch* g' *zu* P *gehört.*

Dann besitzt die Inklusion $\underline{A}_T \to \underline{A}$ einen Koadjungierten und ein Morphismus $\tau \in \underline{A}$ gehört genau dann zum Abschluss $\overline{T}$, wenn $[\tau, A]$ für jedes $A \in \underline{A}$ bijektiv ist.

Man beachte, dass die Koreflexion $\underline{A} \to \underline{A}_T$ im allgemeinen endliche Limites nicht erhält, selbst wenn $\Sigma = \emptyset$ und $\underline{A}$ eine Garbenkategorie ist (12.5). Dies liegt daran, dass P nicht aus Monomorphismen zu bestehen braucht (vgl. 12.4).

Beweis. Sei $\underline{U}$ die volle von M aufgespannte Unterkategorie in $\underline{A}$ und sei $L : [\underline{U}^o, \underline{Me}] \to \underline{A}$ ein Koadjungierter der vollen Einbettung $J : \underline{A} \to [\underline{U}^o, \underline{Me}]$, $A \rightsquigarrow [-, A]$. Für $\alpha \geq \pi(U, \underline{A})$, $U \in M$, erhält diese α-kofiltrierende Kolimites. Sei

$$\Phi' = \left\{ F \to JLF \;\middle|\; F \in [\underline{U}^o, \underline{Me}] \;,\; \pi(F) \leq \alpha \right\}$$

die Klasse der Adjunktionsmorphismen aller α-präsentierbaren Funktoren in $[\underline{U}^o, \underline{Me}]$. Sei Φ eine Untermenge von Φ', die man aus Φ' erhält, indem man aus jeder Isomorphieklasse von α-präsentierbaren Funktoren einen Repräsentanten wählt. Da $J : \underline{A} \to [\underline{U}^o, \underline{Me}]$ α-kofiltrierende Kolimites erhält, so ist für jedes $G \in [\underline{U}^o, \underline{Me}]$ der Adjunktionsmorphismus $G \to JLG$ ein α-kofiltrierender Kolimes von Morphismen aus Φ. Folglich induziert $J : \underline{A} \to [\underline{U}^o, \underline{Me}]$ eine Aequivalenz von $\underline{A}$ auf $St_{\Phi}[\underline{U}^o, \underline{Me}] = [\underline{U}^o, \underline{Me}]_{\Phi}$.
Es ist klar, dass J eine Aequivalenz von $\underline{A}_T$ auf $[\underline{U}^o, \underline{Me}]_{\Phi \cup JT}$ induziert. Man kann deshalb die Inklusion $\underline{A}_T \to \underline{A}$ mit der Inklusion $[\underline{U}^o, \underline{Me}]_{\Phi \cup JT} \to [\underline{U}^o, \underline{Me}]_{\Phi}$ identifizieren. Aus der Voraussetzung über P folgt, dass JP in $[\underline{U}^o, \underline{Me}]$ unter darstellbarem Basiswechsel stabil ist (12.1). Aus dem ersten Teil des Beweises von 12.2 ist leicht ersichtlich, dass die Unterklasse P_o der Morphismen $\varphi \in JP$ mit $w\varphi = [-, U]$ (für ein $U \in \underline{U}$) den gleichen Abschluss besitzt wie JP. Man kann deshalb JP durch P_o ersetzen ohne $[\underline{U}^o, \underline{Me}]_{J\Sigma \cup JP \cup \Phi}$ zu verändern. Ist nun Σ wie in 8.11 dann ist dies auch für $J\Sigma \cup P_o \cup \Phi$ der Fall und die Behauptung folgt aus 8.11. Ist andererseits $\Sigma = \Sigma_1 \cup \Sigma_2$ wie in 8.10, dann "zerlegt" man zunächst P_o in $P_1 = \left\{ d\varphi \to im(\varphi) \;\middle|\; \varphi \in P_o \right\}$ und $P_2 = \left\{ im(\varphi) \subseteq w\varphi \;\middle|\; \varphi \in P_o \right\}$ (vgl. Beweis von 8.11). Ist $\sigma_1 : A \to B$ in Σ_1, dann gehören wegen 8.4 f), 8.3 c) die in der Zerlegung von σ_1 konstruierten regulären Epimorphismen $A \to A_1$, $A_1 \to A_2$, ... $A_\nu \to A_{\nu+1}$, ... zu $\overline{\Sigma}_1$ (vgl. 1.5). Bezeichnet Σ_1' die Klasse der regulären Epimorphismen, die man auf diese Weise aus Σ_1 erhält, dann gilt also $\Sigma_1' \subset \overline{\Sigma}_1$. Umgekehrt kann man leicht mit

Hilfe transfiniter Induktion und 8.3 b),c) zeigen, dass $\Sigma_1 \subset \bar{\bar{\Sigma}}'_1$. Es gilt daher $\underline{A}_{\Sigma_1} = \underline{A}_{\Sigma'_1}$. "Zerlegt" man $J\Sigma'_1$ in $Q_1 = \{ d\tau \to \mathrm{im}(\tau) \mid \tau \in J\Sigma'_1 \}$ und $Q_2 = \{ \mathrm{im}(\tau) \hookrightarrow w\tau \mid \tau \in J\Sigma'_1 \}$, dann folgt aus 8.5 d), dass $Q_2 \subset \bar{\bar{\Phi}}$, weil die Koreflexion $[\underline{U}^o,\underline{Me}] \to St_{\bar{\Phi}}[\underline{U}^o,\underline{Me}]$ die Morphismen von Q_2 in Isomorphismen überführt. Dies zeigt, dass ein $\bar{\Phi}$-stetiger Funktor $\underline{U}^o \to \underline{Me}$ auch Q_2-stetig ist. Die Behauptung folgt nun aus 8.10 für die Klasse $(Q_1 \cup P_1) \cup (\bar{\Phi} \cup P_2 \cup J\Sigma_2)$. (In beiden Fällen erhält man die Koreflexion $[\underline{U}^o,\underline{Me}]_{\bar{\Phi}} \to [\underline{U}^o,\underline{Me}]_{\bar{\Phi}\cup T}$ durch Zusammensetzung mit der Inklusion $[\underline{U}^o,\underline{Me}]_{\bar{\Phi}} \to [\underline{U}^o,\underline{Me}]$.)

8.13 Korollar. Sei $\underline{B}$ eine lokal präsentierbare Kategorie und $\underline{U}$ eine kleine Kategorie. Ferner sei $T = \Sigma \cup P$ eine Klasse von Morphismen in $[\underline{U}^o,\underline{Me}]$ wie in 8.12. Dann besitzt die Inklusion $I : St_T[\underline{U}^o,\underline{B}] \to [\underline{U}^o,\underline{B}]$ einen Koadjungierten.

Beweis. Da Kolimites in $[\underline{U}^o,\underline{Me}]$ universell sind (12.13e)), so kann man ohne Einschränkung der Allgemeinheit annehmen, dass P unter darstellbarem Basiswechsel stabil ist (12.1). Sei $\underline{V}$ eine kleine dichte volle Unterkategorie von $\underline{B}$ und $\bar{\Phi}$ eine Menge von Morphismen in $[\underline{V}^o,\underline{Me}]$ derart, dass $\underline{B} \xrightarrow{\cong} St_{\bar{\Phi}}[\underline{V}^o,\underline{Me}]$ (vgl. Beweis von 8.12). Wir können daher $\underline{B}$ mit $St_{\bar{\Phi}}[\underline{V}^o,\underline{Me}]$ identifizieren. Ferner können wir annehmen, dass Σ, $\bar{\Phi}$ und P die Identitäten der Hom-Funktoren enthalten. Im Beweis von 8.8 wurde gezeigt, dass der kanonische Isomorphismus $\Omega : [(\underline{U}\times\underline{V})^o,\underline{Me}] \to [\underline{U}^o,[\underline{V}^o,\underline{Me}]]$ ein kommutatives Diagramm

$$
\begin{array}{ccc}
[(\underline{U}\times\underline{V})^o,\underline{Me}] & \xrightarrow[\cong]{\Omega} & [\underline{U}^o,[\underline{V}^o,\underline{Me}]] \\
 & & \uparrow I_1 \\
\cup\uparrow & & [\underline{U}^o, St_{\bar{\Phi}}[\underline{V}^o,\underline{Me}]] \\
 & & \cup\uparrow I \\
St_{\Psi}[(\underline{U}\times\underline{V})^o,\underline{Me}] & \xrightarrow[\cong]{\Omega} & St_T[\underline{U}^o, St_{\bar{\Phi}}[\underline{V}^o,\underline{Me}]]
\end{array}
$$

induziert, wobei $\Psi = \{ \tau \times id_{[-,V]} \mid \tau \in T,\ V \in \underline{V} \} \cup \{ id_{[-,U]} \times \varrho \mid \varrho \in \bar{\Phi},\ U \in \underline{U} \}$. (Es wurde in 8.8 nicht benützt, dass T eine Menge ist.) Da

$$\{ \tau \times id_{[-,V]} \mid \tau \in T\ ,\ V \in \underline{V} \} = \{ \tau \times id_{[-,V]} \mid \tau \in \Sigma,\ V \in \underline{V} \} \cup \{ \tau \times id_{[-,V]} \mid \tau \in P, V \in \underline{V} \}$$

und da mit P auch $\{ \tau \times id_{[-,V]} \mid \tau \in P\ ,\ V \in \underline{V} \}$ unter dastellbarem Basiswechsel stabil ist, so folgt aus 8.12, dass die Inklusion $St_\Psi[(\underline{U}\times\underline{V})^o,\underline{Me}] \to [(\underline{U}\times\underline{V})^o,\underline{Me}]$ einen Koadjungierten L besitzt. Die Zusammensetzung $\Omega L \Omega^{-1} I_1 : [\underline{U}^o, St_\Phi[\underline{V}^o,\underline{Me}]] \to St_T[\underline{U}^o, St_\Phi[\underline{V}^o,\underline{Me}]]$ ist daher koadjungiert zur Inklusion $I : St_T[\underline{U}^o, St_\Phi[\underline{V}^o,\underline{Me}]] \longrightarrow [\underline{U}^o, St_\Phi[\underline{V}^o,\underline{Me}]]$.

8.14 Korollar. (Freyd-Kelly, Kennison) Sei $\underline{U}$ eine kleine Kategorie und $\underline{B}$ eine lokal präsentierbare Kategorie. Ferner seien $(H_i : \underline{D}_i \to \underline{U})_{i\in I}$ eine Klasse von Funktoren mit kleinen Definitionsbereichen und $(\Phi_i : H_i \to \text{konst}_{U_i})_{i\in I}$ eine Klasse von natürlichen Transformationen, $U_i \in \underline{U}$. Dann ist die volle Unterkategorie $St_{H_i}[\underline{U}^o,\underline{B}]$ der Funktoren $F : \underline{U}^o \to \underline{B}$ mit der Eigenschaft $\varprojlim F\Phi_i : FU_i \xrightarrow{\cong} \varprojlim FH_i$, $i\in I$, koreflexiv in $[\underline{U}^o,\underline{B}]$.

Dies folgt aus 8.13 für $P = \emptyset$ und $\Sigma = \{\varinjlim[-,\Phi_i] : \varinjlim[-,H_i] \to [-,U_i] \mid i\in I\}$, weil $St_\Sigma[\underline{U}^o,\underline{B}] = St_{H_i}[\underline{U}^o,\underline{B}]$, (vgl. 8.2a)).

8.15 Bemerkung. Die in 8.12 und 8.13 auftretenden Kategorien $\underline{A}_\Sigma$ und $St_T[\underline{U}^o,\underline{B}]$ sind - wie aus 8.6 b) und dem Beweis von 8.10 hervorgeht - volle koreflexive Unterkategorien von lokal präsentierbaren Kategorien, welche unter Unterobjekten und Produkten abgeschlossen sind.*) Solche Unterkategorien sind im allgemeinen nicht mehr lokal präsentierbar, wie das unten angeführte Beispiel zeigt. (Ein anderes Beispiel dieser Art wurde von J. Isbell angegeben.)

Ist $\underline{X}$ eine volle koreflexive Unterkategorie einer lokal α-erzeugbaren Kategorie $\underline{A}$ (9.1), welche unter Unterobjekten und Produkten abgeschlossen ist, dann genügt $\underline{X}$ dem Grothendieck'schen Axiom α-AB5) (vgl. 9.2), d.h. für jeden α-Kofilter (X_γ) von Unterobjekten eines Objektes $X \in \underline{X}$ und jedes Unterobjekt Q von X gilt

$$\bigcup_\gamma (X_\gamma \cap Q) = (\bigcup_\gamma X_\gamma) \cap Q .$$

Ferner gilt $(\bigcup_\gamma \cdot\cdot) = \varinjlim_\gamma (\cdot\cdot)$ und $\cap = \varprojlim$. Im Gegensatz zum abelschen Fall folgt hieraus jedoch nicht, dass $\underline{X}$ lokal α-erzeugbar ist. Z.B. sei $\underline{A}$ die lokal $\aleph_0$-erzeugbare Kategorie der kommutativen Ringe mit 1 und sei Σ die Klasse der Morphismen $K \to 0$, wobei K alle Körper durchläuft. Dann besteht $\underline{A}_\Sigma = \underline{X}$ aus dem Nullring 0 und denjenigen Ringen, welche keinen Körper als Unterring enthalten. Die Kategorie $\underline{X}$ ist

*) Ferner gehen reguläre und echte Quotienten wieder in solche über, aber diese Unterkategorien sind im allgemeinen nicht unter echten oder regulären Quotienten abgeschlossen.

nicht lokal $\aleph_0$-erzeugbar. Der Körper $\mathbb{Q} \in \underline{A}$ der rationalen Zahlen ist der monomorphe $\aleph_0$-kofiltrierende Kolimes seiner zu $\underline{X}$ gehörenden Unterringe. Folglich ist der Kolimes dieses Kofilters in $\underline{X}$ der Nullring. Hingegen ist $\underline{X}$ lokal $\aleph_1$-erzeugbar. Hierzu genügt es zu zeigen, dass für jeden monomorphen $\aleph_1$-Kofilter (X_γ) in $\underline{X}$ die kanonischen Morphismen $X_\gamma \to \varinjlim_\gamma X_\gamma$ monomorph sind. Wäre dies nicht der Fall, so würde der Kolimes von (X_γ) in $\underline{A}$ einen Körper enthalten, und folglich auch den Primkörper $\mathbb{Q}$. Da (X_γ) ein $\aleph_1$-Kofilter und $\mathbb{Q}$ abzählbar ist, so müsste $\mathbb{Q}$ bereits in einem der X_γ enthalten sein ... .

Wir geben nun noch ein Beispiel einer vollen koreflexiven Unterkategorie der Kategorie $\underline{SGr}$ der Semigruppen, welche unter Unterobjekten abgeschlossen aber nicht lokal präsentierbar ist. (Semigruppe = Menge mit einer binären assoziativen Operation). Falls das gewählte Universum $\underline{\underline{U}}$ keine messbaren Kardinalzahlen enthält, dann gibt es in $\underline{SGr}$ eine Klasse $(S_k)_{k\in K}$ von Objekten mit der Eigenschaft $[S_k,S_{k'}] = \emptyset$ falls $k \neq k'$ bzw. $[S_k,S_{k'}] = \{id_{S_k}\}$ falls $k = k'$ *). Für $\Sigma = \{S_k \to 1 \mid k\in K\}$ besteht $\underline{SGr}_\Sigma$ aus allen Semigruppen X mit der Eigenschaft, dass für jedes $k \in K$ jeder Morphismus $S_k \to X$ konstant ist. Nach 8.10 ist $\underline{SGr}_\Sigma$ eine koreflexive Unterkategorie von $\underline{SGr}$, welche offensichtlich unter Unterobjekten abgeschlossen ist und dem Axiom $\aleph_0$-AB5) genügt. Da K eine Klasse ist, so gibt es für jede reguläre Kardinalzahl $\alpha > \aleph_0$ ein S_{k_α} mit $|S_{k_\alpha}| \geq \alpha$, $k_\alpha \in K$. Folglich ist S_{k_α} der α-kofiltrierende Kolimes seiner α-erzeugbaren Unterobjekte Y_i. Aus dem obigen folgt, dass für jedes Y_i und jedes $k \in K$ die Menge $[S_k, Y_i]$ leer ist, weil $S_{k_\alpha} \neq Y_i \not\cong 1$. Dies zeigt, dass jedes Y_i zu $\underline{SGr}_\Sigma$ gehört, obwohl $S_{k_\alpha} \notin \underline{SGr}_\Sigma$. Offensichtlich wird S_{k_α} von der Koreflexion $\underline{SGr} \to \underline{SGr}_\Sigma$ auf 1 abgebildet (vgl. Beweis von 8.5 a)). Folglich gilt $\varinjlim_i Y_i = 1$ in $\underline{SGr}_\Sigma$. Nach 6.7 c) ist $\underline{SGr}_\Sigma$ daher nicht lokal α-präsentierbar.

---

*) Dies folgt aus dem folgenden Resultat von Hedrlin : Jede Kategorie $\underline{X}$ kann volltreu in die Kategorie $\underline{SGr}$ eingebettet werden, falls sie einen treuen Funktor $\underline{X} \to \underline{Me}$ zulässt und das gewählte Universum $\underline{\underline{U}}$ keine messbaren Kardinalzahlen enthält. (Man wähle für $\underline{X}$ die diskrete Kategorie der zu $\underline{\underline{U}}$ gehörenden Mengen.)

§ 9 Lokal α-erzeugbare Kategorien

9.1 Definition. Sei α eine reguläre Kardinalzahl. Eine Kategorie $\underline{A}$ heisst lokal α-erzeugbar, wenn sie kovollständig ist und es in $\underline{A}$ eine echte Generatorenmenge M von α-erzeugbaren Objekten gibt derart, dass jedes α-Koprodukt von Objekten aus M nur eine Menge von echten Quotienten besitzt (1.3). Analog 7.1 werden lokal erzeugbare und lokal koerzeugbare Kategorien definiert.

Der Erzeugungsrang $\mathcal{E}(\underline{A})$ von $\underline{A}$ ist die kleinste reguläre Kardinalzahl γ, für welche es eine echte Generatorenmenge von γ-erzeugbaren Objekten mit der obigen Eigenschaft gibt. Zum Beispiel ist jede lokal α-präsentierbare Kategorie lokal α-erzeugbar (7.1, 6.6 c)) und es gilt $\pi(\underline{A}) \geq \mathcal{E}(\underline{A})$ (vgl. aber 9.4 c)).

Lemma. Sei $\underline{A}$ eine lokal α-erzeugbare Kategorie und M eine echte Generatorenmenge mit den Eigenschaften von 9.1. Dann ist jedes Objekt $A \in \underline{A}$ echter Quotient eines Koproduktes von Objekten aus M.

Beweis. Sei $A \in \underline{A}$ ein Objekt und J die Menge der Paare (U_j, f_j) mit $U_j \in M$ und $f_j \in [U_j, A]$ und $\eta : \coprod_{j\in J} U_j \to A$ der Morphismus mit Komponenten f_j. Für jede Teilmenge I von J mit $|I| < \alpha$ sei $\eta_I : \coprod_{i\in I} U_i \to A$ der von η induzierte Morphismus. Da $\coprod_{i\in I} U_i$ nur eine Menge von echten Quotienten besitzt und $\underline{A}$ kovollständig ist, so lässt sich $\eta_I : \coprod_{i\in I} U_i \to A$ in einen echten Epimorphismus $\coprod_{i\in I} U_i \to A_I$ und einen Monomorphismus $A_I \to A$ zerlegen. Die kanonische Abbildung $\varphi : \varinjlim_{I} A_I \to A$ ist monomorph (6.7 b)). Da $[U,\varphi]$ für jedes $U \in M$ trivialerweise auch surjektiv ist, so ist φ nach 1.9 ein Isomorphismus. Demnach ist η ein Kolimes von echten Epimorphismen, also ein echter Epimorphismus.

Lemma. In einer lokal α-erzeugbaren Kategorie $\underline{A}$ besitzt jedes Objekt nur eine Menge von echten Quotienten.

Beweis. Sei M wie in der Definition 9.1. Da jedes Objekt echter Quotient eines Koproduktes $\coprod_{j\in J} U_j$ mit $U_j \in M$ ist, so genügt es zu zeigen, dass $\coprod_{j\in J} U_j$ nur eine Menge von echten Quotienten besitzt. Sei also $\eta : \coprod_{j\in J} U_j \to A$ ein echter Epimorphismus. Sei $\underline{J}$

die Kategorie, deren Objekte Teilmengen I mit $|I| < \alpha$ sind. Die Morphismen sind durch

die natürlichen Inklusionen gegeben. Für jede Teilmenge I von J sei $\eta_I : \coprod_{i \in I} U_i \to A$

der von η induzierte Morphismus. Da $\coprod_{i \in I} U_i$ nur eine Menge von echten Quotienten be-

sitzt und $\underline{A}$ kovollständig ist, so lässt sich η_I in einen echten Epimorphismus

$\coprod_{i \in I} U_i \to A_I$ und einen Monomorphismus $A_I \to A$ zerlegen. Die kanonische Abbildung

$\varphi : \varinjlim_I A_I \to A$ ist dann monomorph (6.7 b)) und echt epimorph, weil η durch φ faktori-

siert. Also ist A isomorph zum Kolimes der A_I . Andererseits gibt es aber offensicht-

lich nur eine Menge von α-Kofiltern $\underline{J} \to \underline{A}$, $I \rightsquigarrow F(I)$ derart, dass F(I) für jedes I

ein echter Quotient von $\coprod_{i \in I} U_i$ ist.

Aus diesem Lemma folgt insbesondere, dass <u>in einer lokal α-erzeugbaren Kategorie jeder</u>

<u>Morphismus in einen echten Epimorphismus und einen Monomorphismus zerlegt werden kann.</u>

9.2   <u>Satz</u>. <u>In einer lokal α-erzeugbaren Kategorie</u> <u>A</u> <u>kommutieren α-Limites mit monomor-</u>

<u>phen α-kofiltrierenden Kolimites, dh. für jede α-kleine Kategorie</u> <u>X</u> <u>und jede α-kofil-</u>

<u>trierende Kategorie</u> <u>D</u> <u>ist für jeden Funktor</u> $\Psi : \underline{X} \pi \underline{D} \to \underline{A}$ <u>mit monomorphen Transitions-</u>

<u>morphismen</u> $\Psi(X,\delta) : \Psi(X,D) \to \Psi(X,D')$, $\delta \in \underline{D}$, <u>die kanonische Abbildung</u>

$$\varphi : \varinjlim_D \varprojlim_X \Psi(X,D) \to \varprojlim_X \varinjlim_D \Psi(X,D)$$

<u>ein Isomorphismus</u> .

   Dies folgt aus 1.9, weil für jeden Generator $U \in M$ die Abbildung $[U,\varphi]$ sich mit

der vom Funktor $\Phi : \underline{X} \pi \underline{D} \to \underline{Me}$, $(X,D) \rightsquigarrow [U,\Psi(X,D)]$ induzierten Bijektion

$$\varinjlim_D \varprojlim_X \Phi(X,D) \xrightarrow{\cong} \varprojlim_X \varinjlim_D \Phi(X,D)$$

von 5.2 identifiziert.

   Zum Beispiel folgt hieraus das bekannte Axiom AB5) von Grothendieck in einer etwas

allgemeineren Form: Für einen α-Kofilter (A_v) von Unterobjekten eines Objektes $A \in \underline{A}$,

und für ein Unterobjekt $Q \subset A$ gilt die Gleichung (6.7 b))

$$\sup_v (Q \cap A_v) = Q \cap (\sup_v A_v)$$

9.3 <u>Satz</u>. <u>In einer lokal α-erzeugbaren Kategorie $\underline{A}$ mit einer echten Generatorenmenge M bestehend aus α-erzeugbaren Objekten ist ein Objekt $A \in \underline{A}$ genau dann α-erzeugbar, wenn es einen echten Epimorphismus $\coprod_{i\in I} U_i \to A$ gibt derart, dass $U_i \in M$ und $|I| < \alpha$.</u>

<u>Beweis</u>. Wegen 6.7 d) genügt es zu zeigen, dass die Bedingung notwendig ist. Nach dem obigen Lemma gibt es einen echten Epimorphismus $\eta : \coprod_{j\in J} U_j \to A$ mit $U_j \in M$. Aus dem Beweis des zweiten Lemma von 9.1 folgt mit den dort gewählten Bezeichnungen, dass $\varphi : \varinjlim_I A_I \to A$ ein Isomorphismus ist. Da A α-erzeugbar ist, so faktorisiert $\varphi^{-1} : A \to \varinjlim_I A_I$ durch einen der Monomorphismen $A_I \to \varinjlim_I A_I$. Dieser ist daher ein echter Epimorphismus und folglich ein Isomorphismus. Dies zeigt, dass $\eta_I : \coprod_{i\in I} U_i \to A$ ein echter Epimorphismus ist.

9.4 <u>Beispiele</u>. a) In einer Kategorie von universellen Algebren (Birkhoff [11]) ist die freie Algebra mit einem Erzeugenden ein α-erzeugbarer echter Generator für $\alpha = \aleph_0$. Eine Algebra A ist daher genau dann α-erzeugbar, wenn sie ein Erzeugendensystem $(a_i)_{i\in I}$ mit $|I| < \alpha$ besitzt, $a_i \in A$.

b) In einer Funktorkategorie $[\underline{U}^o, \underline{Me}]$, $\underline{U}$ klein, bilden die darstellbaren Funktoren eine echte Generatorenmenge und sie sind α-erzeugbar für jedes α. Ein Funktor F ist deshalb genau dann α-erzeugbar, wenn er ein Erzeugendensystem $(u_i \in FU_i)_{i\in I}$ mit $U_i \in \underline{U}$ und $|I| < \alpha$ besitzt. Für jeden Funktor $F \in [\underline{U}^o, \underline{Me}]$ bezeichnen wir mit $|F|$ die Summe der Kardinalzahlen $|F(V)|$, wobei V Repräsentanten aller Isomorphieklassen von Objekten in $\underline{U}$ durchläuft. Wir bezeichnen mit $\mu(\underline{U})$ die kleinste reguläre Kardinalzahl $> |[-,U]|$ für alle $U \in \underline{U}$. Es gilt $\varepsilon(F) \leq \sup(\aleph_0, |F|^+)$. Aus 9.3 und 7.6 folgt leicht, dass für $|F| \geq \mu(\underline{U})$ die Gleichung $\varepsilon(F) = |F|^+ = \pi(F)$ gilt (vgl. 13.5 b)).

c) Wir geben ein Beispiel einer lokal präsentierbaren Kategorie $\underline{A}$ mit der Eigenschaft $\varepsilon(\underline{A}) < \pi(\underline{A})$. Sei k ein Körper und V ein k-Vektorraum mit abzählbarer Basis $e_0, e_1, \ldots, e_n, \ldots$, $n \in \mathbb{N}$. Auf dem k-Vektorraum $\Lambda = k \pi V$ definieren wir eine k-Algebrastruktur mittels $(x,v)\cdot(y,w) = (xy, xw+yv)$. Sei $\underline{A}$ die volle Unterkategorie von $\underline{Mod}_\Lambda$, bestehend aus den Λ-Moduln M derart, dass für jedes $m \in M$ ein $n \in \mathbb{N}$ mit der Eigenschaft $(0,e_n)m = (0,e_{n+1})m = \ldots = (0,e_{n+i})m = \ldots = 0$ existiert (zB. $M = V$). Die Kategorie $\underline{A}$ ist lokal präsentierbar, und es gilt $\aleph_0 = \varepsilon(\underline{A}) < \pi(\underline{A}) = \aleph_1$.

d) <u>In $\underline{Komp}$ sind für einen Raum K folgende Aussagen äquivalent:</u>

(i) K ist metrisierbar.

(ii) K ist $\aleph_1$-koerzeugbar.

(iii) K ist $\aleph_1$-kopräsentierbar.

Beweis. (i) $\Rightarrow$ (ii) Nach [12] §2, prop. 10 besitzt die Topologie eines kompakten metrisierbaren Raumes K eine abzählbare Basis und nach [12] §2, prop. 12 ist ein metrisierbarer Raum mit abzählbarer Basis homöomorph einem Unterraum des Würfels $I^{\mathbb{N}}$ (I ist das Einheitsintervall und $|\mathbb{N}| = \aleph_0$). Da in Komp jeder Monomorphismus echt ist, so folgt daher aus 6.5 c), 6.2 und 6.7 d), dass K $\aleph_1$-koerzeugbar ist.

(ii) $\Rightarrow$ (i) Ein $\aleph_1$-koerzeugbarer Raum ist nach 6.5 c) und 9.3 ein abgeschlossener Unterraum von $I^{\mathbb{N}}$ und folglich metrisierbar.

(iii) $\Rightarrow$ (ii) trivial.

(ii) $\Rightarrow$ (iii) Ein abgeschlossener Unterraum K von $I^{\mathbb{N}}$ ist der Nullstellenraum einer abzählbaren Folge von stetigen Funktionen $I^{\mathbb{N}} \to I$ und daher nach 6.2 und 6.5 c) ein $\aleph_1$-Limes von $\aleph_1$-kopräsentierbaren Räumen. Folglich ist K nach 6.2 $\aleph_1$-kopräsentierbar.

9.5 Satz. In einer lokal α-erzeugbaren Kategorie $\underline{A}$ bilden die α-erzeugbaren Unterobjekte eines Objektes $A \in \underline{A}$ einen α-Kofilter, dessen Kolimes A ist. Ferner ist die volle Unterkategorie $\tilde{\underline{A}}(\alpha)$ der α-erzeugbaren Objekte in $\underline{A}$ klein und die Inklusion $\tilde{\underline{A}}(\alpha) \to \underline{A}$ dicht.

Beweis. Aus 6.2, 6.7d) folgt leicht, dass die α-erzeugbaren Unterobjekte U_ι eines Objektes $A \in \underline{A}$ einen α-Kofilter bilden. Die kanonische Abbildung $\gamma : \varinjlim U_\iota \to A$ ist daher monomorph (6.7 b)). Sei M eine echte Generatorenmenge in $\underline{A}$ bestehend aus α-erzeugbaren Objekten. Wegen 1.9 genügt es zu zeigen, dass für jedes $U \in M$ die Abbildung $[U,\gamma] : [U,\varinjlim U_\iota] \to [U,A]$ bijektiv ist. Dies ist jedoch evident, weil ein Morphismus $f : U \to A$ in einen echten Epimorphismus $\bar{f} : U \to U'$ und einen Monomorphismus $U' \to A$ zerlegt werden kann (9.1 , 1.3) und U' nach 6.7 d) ebenfalls α-erzeugbar ist. Folglich ist γ ein Isomorphismus.

Das obige Argument zeigt auch, dass die α-erzeugbaren Unterobjekte von A eine konfinale Unterkategorie in $\tilde{\underline{A}}(\alpha)/A$ bilden. Folglich ist $\tilde{\underline{A}}(\alpha) \subseteq \underline{A}$ dicht und aus 9.1 , 9.3 folgt, dass $\widetilde{\underline{A}}(\alpha)$ klein ist.

9.6 Sei α eine reguläre Kardinalzahl. Da jeder echte Quotient eines α-erzeugbaren Objektes wieder α-erzeugbar ist (6.7 d)), so ist leicht zu sehen, dass die volle Unterkategorie $\widetilde{\underline{A}}(\alpha)$ einer lokal α-erzeugbaren Kategorie $\underline{A}$ die folgenden Eigenschaften besitzt:

a) $\widetilde{\underline{A}}(\alpha)$ besitzt α-Kolimites (6.2),

b) Jede wohlgeordnete Kette von echten Quotienten eines Objektes in $\widetilde{\underline{A}}(\alpha)$ besitzt einen Kolimes.

Ferner erhält die Inklusion $\widetilde{\underline{A}}(\alpha) \to \underline{A}$ die Kolimites von a) und b).

Eine Kategorie $\underline{U}$ heisst <u>echt</u> α-<u>kovollständig</u>, wenn $\underline{U}$ Kolimites vom Typ a) und b) besitzt. Ein Funktor $F : \underline{U} \to \underline{B}$ heisst <u>echt</u> α-<u>kostetig</u>, wenn er diese Kolimites erhält. Die Formulierung der dualen Begriffe <u>echt</u> α-<u>vollständig</u> und <u>echt</u> α-<u>stetig</u> überlassen wir dem Leser.

<u>Lemma. Sei $\underline{U}$ eine kleine Kategorie mit α-Kolimites. Aequivalent sind:</u>

(i) <u>$\underline{U}$ ist echt α-kovollständig.</u>

(ii) <u>Jedes Diagramm $(U \xrightarrow{p_i} U_i)_{i\in I}$ von echten Quotienten besitzt einen Kolimes.</u>

(iii) <u>Jeder Morphismus in $\underline{U}$ lässt sich in einen echten Epimorphismus und einen Monomorphismus zerlegen, und die echten Quotienten jedes Objektes $U \in \underline{U}$ bilden eine inf- und supvollständige geordnete Menge.</u>

<u>Beweis</u>. (i)$\Longrightarrow$(ii) Sei i_o das kleinste Element einer Wohlordnung von I . Wir setzen $V_{i_o} = U_{i_o}$ und definieren V_i für jedes $i \in I$ mit Hilfe transfiniter Induktion vermöge $V_i = (\varinjlim_{j<i} V_j)\coprod^{U} U_i$. Man bemerke dabei, dass $(V_j)_{j<i}$ eine wohlgeordnete Kette ist. Dasselbe gilt für $(V_i)_{i\in I}$. Es ist daher leicht zu sehen, dass $\varinjlim_i V_i$ der Kolimes des Diagramms $(U \xrightarrow{p_i} U_i)_{i\in I}$ ist.

(ii) $\Longrightarrow$(iii) und (ii) $\Longrightarrow$(i) sind trivial.

(iii)$\Longrightarrow$(ii) Sei $(U \xrightarrow{p_i} U_i)_{i\in I}$ eine Familie von echten Quotienten eines Objektes $U \in \underline{U}$ und S deren Supremum in der geordneten Menge der echten Quotienten von U . Es genügt zu zeigen, dass S der Kolimes von $(U \xrightarrow{p_i} U_i)_{i \in I}$ ist. Sei $(f_i : U_i \to V)_{i \in I}$ ein System von Morphismen mit der Eigenschaft $f_i p_i = f_j p_j$ für jedes Paar $i,j \in I$. Sei $U \xrightarrow{q} U' \xrightarrow{m} V$ die Zerlegung von $f = f_i p_i$ in einen echten Epimorphismus und einen Monomorphismus. Da $p_i : U \to U_i$ für jedes $i \in I$ ein echter Epimorphismus ist, so faktorisiert $f_i : U_i \to V$ durch $m : U' \to V$. Die Faktorisierung $f_i' : U_i \to U'$ lässt sich aber durch die universelle Abbildung $U_i \to S$ faktorisieren, und somit auch $f_i : U_i \to V$.

<u>Bemerkungen</u>. a) Aus dem obigen Beweis ergibt sich, dass ein echt α-kostetiger Funktor $\underline{U} \to \underline{B}$ auch die in (ii) angegebenen Kolimites erhält.

b) Mit Hilfe eines Konfinalitätsargumentes kann man leicht zeigen, dass jeder α-Kofilter in $\underline{U}$ einen Kolimes besitzt, falls dessen Transitionsmorphismen echte Epimorphismen sind. Diese Kolimites werden von echt α-kostetigen Funktoren erhalten.

9.7 <u>Satz</u>. <u>Sei $\underline{U}$ eine kleine echt α-kovollständige Kategorie, wobei α regulär ist. Ein Funktor $F : \underline{U}^o \to \underline{Me}$ ist genau dann echt α-stetig, wenn er ein α-kofiltrierender Kolimes von darstellbaren Unterfunktoren ist</u>.

<u>Beweis</u>. Sei zunächst $F : \underline{U}^o \to \underline{Me}$ echt α-stetig. Nach 5.4 ist $\underline{U}/F$ α-kofiltrierend. Wegen 3.3 a) genügt es deshalb zu zeigen, dass jede natürliche Transformation $\varphi : [-,U] \to F$ eine Zerlegung $[-,U] \xrightarrow{[-,p]} [-,U'] \xrightarrow{i} F$ zulässt derart, dass i ein Monomorphismus ist. Falls $\varphi : [-,U] \to F$ nicht monomorph ist, so gibt es ein $V_1 \in \underline{U}$ und Morphismen $\xi \neq \eta : V_1 \rightrightarrows U$, welche von $\varphi(V_1) : [V_1,U] \to FV_1$ identifiziert werden. Sei $p_1^o : U \to U_1$ der Kokern von η und ξ. Da F linksexakt ist, so faktorisiert $\varphi : [-,U] \to F$ durch $[-,p_1^o] : [-,U] \to [-,U_1]$. Ist die Faktorisierung $\varphi_1 : [-,U_1] \to F$ nicht monomorph, so kann man dieses Verfahren fortsetzen und erhält eine Folge regulärer, bzw. echter Epimorphismen

$$U \xrightarrow{p_1^o} U_1 \xrightarrow{p_2^1} U_2 \to \dots \to U_w \to U_{w+1} \to \dots U_\sigma \to U_{\sigma+1} \dots \qquad (p_2^o = p_2^1 \cdot p_1^o : U \to U_2)$$

indiziert durch alle Ordnungszahlen ν. Für eine Limeszahl σ ist U_σ als $\varinjlim_{\nu<\sigma} U_\nu$

definiert und $p_\sigma^\nu : U_\nu \to U_\sigma$ als der universelle Morphismus. Da F mit wohlgeordneten Kolimites von echten Epimorphismen kommutiert, so faktorisiert $\varphi_\nu : [-,U_\nu] \to F$ durch $[-,p_\sigma^\nu] : [-,U_\nu] \to [-,U_\sigma]$. Weil $\underline{U}$ klein ist, so muss die obige Folge von einer gewissen Ordnungszahl μ an aus Isomorphismen bestehen. Dann ist aber die Faktorisierung $\varphi_\mu : [-,U_\mu] \to F$ von φ ein Monomorphismus. Ferner ist $p_\mu^o : U \to U_\mu$ ein echter Epimorphismus und es gilt $\varphi = \varphi_\mu \cdot [-,p_\mu^o]$.

Umgekehrt sei $F : \underline{U}^o \to \underline{Me}$ der α-kofiltrierende Kolimes von darstellbaren Unterfunktoren. Nach 5.3 ist F α-stetig. Sei $(U,p_\iota : U \to U_\iota)$ ein wohlgeordnetes System von echten Quotienten eines Objektes $U \in \underline{U}$. Dieses induziert ein kommutatives Diagramm

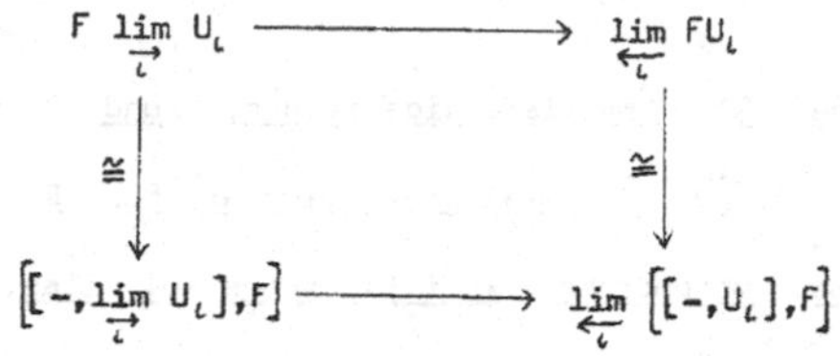

in welchem die vertikalen Morphismen die Yoneda-Isomorphismen sind. Es genügt daher zu zeigen, dass die untere Zeile ein Isomorphismus ist. Sei $(\varphi_\iota) \in \varprojlim_\iota [[-,U_\iota],F]$ ein verträgliches System von natürlichen Transformationen $\varphi_\iota : [-,U_\iota] \to F$. Nach Voraussetzung lässt sich φ_ι zerlegen in $[-,U_\iota] \xrightarrow{\alpha_\iota} [-,V_\iota] \xrightarrow{\beta_\iota} F$ derart, dass β_ι ein Monomorphismus ist; insbesondere gilt dies auch für $\varphi_o : [-,U_o] \to F$, wobei $U_o = U$, $p_o = id_U$. Beginnt man mit einer Zerlegung $\varphi_o = \beta_o\alpha_o$, dann kann man den Funktor $[-,V_\iota]$ so wählen, dass er $[-,V_o]$ "umfasst", dh. es gibt ein kommutatives Diagramm

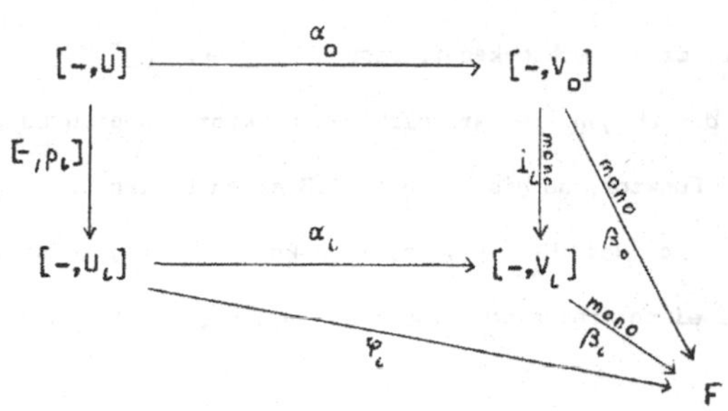

Das Diagramm $(\alpha_o, i_\iota, [-,p_\iota], \alpha_\iota)$ wird natürlich von einem Diagramm in $\underline{U}$ induziert und da p_ι ein echter Epimorphismus ist, so lässt sich $\alpha_o : [-,U] \to [-,V_o]$ eindeutig durch $[-,p_\iota] : [-,U] \to [-,U_\iota]$ faktorisieren. Die Faktorisierungen $[-,q_\iota] : [-,U_\iota] \to [-,V_o]$ (bzw. $q_\iota : U_\iota \to V_o$) bilden ein kompatibles System und sie induzieren einen eindeutig bestimmten Morphismus $[-,\varinjlim_\iota q_\iota] : [-,\varinjlim_\iota U_\iota] \to [-,V_o]$. Dies zeigt, dass $(\varphi_\iota) \in \varprojlim_\iota [[-,U_\iota],F]$ von genau einem Morphismus $[-,\varinjlim_\iota U_\iota] \to F$ induziert wird, nämlich von der Zusammensetzung $[-,\varinjlim_\iota U_\iota] \xrightarrow{[-,\lim q_\iota]} [-,V_o] \xrightarrow{\beta_o} F$.

9.8 Sei $\underline{U}$ klein und echt α-kovollständig, wobei α eine reguläre Kardinalzahl ist. Für jede Kategorie $\underline{B}$ bezeichnen wir mit $\widetilde{St}_\alpha[\underline{U}^o,\underline{B}]$ die volle Unterkategorie von $[\underline{U}^o,\underline{B}]$, deren Objekte die echt α-stetigen Funktoren sind.

<u>Satz. Sei $\underline{U}$ eine kleine echt α-kovollständige Kategorie und $\underline{B}$ eine lokal präsentierbare Kategorie. Dann ist $\widetilde{St}_\alpha[\underline{U}^o,\underline{B}]$ lokal präsentierbar. Für $\underline{B} = \underline{Me}$ erhält die Inklusion $\widetilde{St}_\alpha[\underline{U}^o,\underline{Me}] \to [\underline{U}^o,\underline{Me}]$ monomorphe α-kofiltrierende Kolimites. Insbesondere ist $\widetilde{St}_\alpha[\underline{U}^o,\underline{Me}]$ lokal α-erzeugbar. Die Yoneda Einbettung $Y : \underline{U} \to \widetilde{St}_\alpha[\underline{U}^o,\underline{Me}]$ ist echt α-kostetig und sie induziert eine Aequivalenz von $\underline{U}$ auf die volle Unterkategorie der α-erzeugbaren Objekte in $\widetilde{St}_\alpha[\underline{U}^o,\underline{Me}]$.</u>

<u>Beweis</u>. Mit Hilfe von 8.2 a), d) und 9.6 ist leicht zu sehen, dass es in $[\underline{U}^o,\underline{Me}]$ eine Menge Σ von Morphismen gibt derart, dass ein Funktor $\underline{U}^o \to \underline{B}$ genau dann Σ-stetig ist, wenn er echt α-stetig ist. Nach 8.7 ist daher $\widetilde{St}_\alpha[\underline{U}^o,\underline{B}]$ lokal präsentierbar.
Aus 9.7 folgt unmittelbar, dass die Inklusion $\widetilde{St}_\alpha[\underline{U}^o,\underline{Me}] \to [\underline{U}^o,\underline{Me}]$ monomorphe α-kofiltrierende Kolimites erhält. Die darstellbaren Funktoren in $\widetilde{St}_\alpha[\underline{U}^o,\underline{Me}]$ sind daher α-erzeugbar und nach 3.3 a) bilden sie eine echte Generatorenmenge. Folglich ist $\widetilde{St}_\alpha[\underline{U}^o,\underline{Me}]$ lokal α-erzeugbar. Es ist wohlbekannt, dass $Y : \underline{U} \to \widetilde{St}_\alpha[\underline{U}^o,\underline{Me}]$ echt α-kostetig ist. Ferner sind nach dem obigen die darstellbaren Funktoren α-erzeugbar. Ist $F \in \widetilde{St}_\alpha[\underline{U}^o,\underline{Me}]$ ein α-erzeugbarer Funktor, so gibt es nach 9.3 einen echten Epimorphismus $\coprod_{i \in I} [-,U_i] \to F$ derart, dass $|I| < \alpha$ und $U_i \in \underline{U}$. Da Y α-kostetig ist, so gilt $\coprod_i [-,U_i] \xrightarrow{\cong} [-,\coprod_i U_i]$ und es gibt daher einen echten Epimorphismus $\varphi : [-,U] \to F$, wobei $U = \coprod_i U_i$. Der erste

Teil des Beweises von 9.7 zeigt, dass φ durch einen Monomorphismus $[-,V] \to F$ faktorisiert. Mit φ ist auch die Inklusion $[-,V] \to F$ ein echter Epimorphismus. Folglich gilt $[-,V] \xrightarrow{\sim} F$. Dies zeigt, dass jeder α-erzeugbare Funktor in $\widetilde{St}_\alpha[\underline{U}^o,\underline{Me}]$ darstellbar ist.

9.9 Satz. Sei $\underline{A}$ eine kovollständige Kategorie und $\underline{U}$ eine kleine volle echt α-kovollständige Unterkategorie derart, dass die Inklusion I echt α-kostetig ist. Die Objekte von $\underline{U}$ seien α-erzeugbar in $\underline{A}$. Sei $Y : \underline{U} \to \widetilde{St}_\alpha[\underline{U}^o,\underline{Me}]$ die Yoneda Einbettung. Dann ist die Kan'sche Koerweiterung

$$E_Y(I) : \widetilde{St}_\alpha[\underline{U}^o,\underline{Me}] \to \underline{A}$$

eine volle Einbettung, welche koadjungiert zu $\underline{A} \to \widetilde{St}_\alpha[\underline{U}^o,\underline{Me}]$, $A \rightsquigarrow [I-,A]$ ist.

Der Beweis ist im wesentlichen derselbe wie für 7.8. Weil die Werte des Funktors $\underline{A} \to [\underline{U}^o,\underline{Me}]$, $A \rightsquigarrow [I-,A]$ in der vollen Unterkategorie $\widetilde{St}_\alpha[\underline{U}^o,\underline{Me}]$ liegen, so geht aus 2.7 hervor, dass $E_Y(I)$ koadjungiert zu $R : \underline{A} \to \widetilde{St}_\alpha[\underline{U}^o,\underline{Me}]$, $A \rightsquigarrow [I-,A]$ ist. Sei $F \in \widetilde{St}_\alpha[\underline{U}^o,\underline{Me}]$ und $F = \varinjlim_\nu [-,U_\nu]$ die Darstellung von F als α-kofiltrierender Kolimes seiner darstellbaren Unterfunktoren (9.7). Es gilt dann

$$R\cdot E_Y(I)\Big(\varinjlim_\nu [-,U_\nu]\Big) \cong R \varinjlim_\nu E_Y(I)[-,U_\nu] \cong R \varinjlim_\nu U_\nu \cong \varinjlim_\nu R\, U_\nu \cong \varinjlim_\nu [-,U_\nu] = F$$

Diese Isomorphismen sind natürlich in F und folglich ist die Adjunktion $id \to R\cdot E_Y(I)$ ein Isomorphismus.

9.10 Korollar. Sei $\underline{A}$ eine Kategorie und α eine reguläre Kardinalzahl. Aequivalent sind:

(i) $\underline{A}$ ist lokal α-erzeugbar.

(ii) $\underline{A}$ ist lokal präsentierbar und $\varepsilon(\underline{A}) \leq \alpha$.

(iii) Die volle Unterkategorie $\underline{U} = \widetilde{\underline{A}}(\alpha)$ der α-erzeugbaren Objekte in $\underline{A}$ ist klein und echt α-kovollständig. Ferner ist die Inklusion $I : \underline{U} \to \underline{A}$ echt α-kostetig und der Funktor

$$\underline{A} \to \widetilde{St}_\alpha[\underline{U}^o,\underline{Me}] \ , \ A \rightsquigarrow [I-,A]$$

ist eine Aequivalenz.

(iii) $\Longrightarrow$(ii) folgt aus 9.8, (i) $\Longrightarrow$(iii) aus 9.6, 9.5 und 9.9. (ii) $\Longrightarrow$(i) ist trivial.

9.11 Korollar. Zwei lokal α-erzeugbare Kategorien $\underline{A}$ und $\underline{A}'$ sind genau dann äquivalent, wenn die vollen Unterkategorien $\widetilde{\underline{A}}(\alpha)$ und $\widetilde{\underline{A}}'(\alpha)$ ihrer α-erzeugbaren Objekte äquivalent sind.

Dies folgt aus 9.10 (i) $\Longrightarrow$ (iii).

9.12 Korollar. Die Abbildungen $\underline{A} \rightsquigarrow \widetilde{\underline{A}}(\alpha)$ und $\underline{U} \rightsquigarrow \widetilde{St}_{\alpha}[\underline{U}^{o},\underline{Me}]$ sind zueinander inverse Bijektionen zwischen den Aequivalenzklassen von lokal α-erzeugbaren Kategorien und den Aequivalenzklassen von kleinen echt α-kovollständigen Kategorien. Ferner bildet die erstgenannte Abbildung die Kategorien $\underline{A}$ mit $\varepsilon(\underline{A}) = \alpha$ auf diejenigen kleinen echt α-kovollständigen Kategorien ab, in welchen für $\alpha' < \alpha$ die α'-erzeugbaren Objekte nicht dicht sind (α' regulär).

9.13 Ist $\underline{A}$ eine Kategorie von universellen Algebren (Birkhoff [11] bzw. Lawvere [37]) mit abzählbar vielen endlichen Operationen (z.B. $\underline{A}$ = Gruppen), dann ist die volle Unterkategorie $\underline{U}$ der abzählbaren Algebren echt $\aleph_1$-kovollständig, und es gilt $\underline{U} = \widetilde{\underline{A}}(\aleph_1) = \underline{A}(\aleph_1)$. Ebenso folgt aus 7.9, 9.10, 9.4d) für $\underline{A} = \underline{Komp}^{o}$ und $\underline{U} = \underline{Met}^{o}$ (= metrisierbare kompakte Räume), dass $\underline{U} = \widetilde{\underline{A}}(\aleph_1) = \underline{A}(\aleph_1)$. Es stellt sich daher die Frage, wann für eine lokal präsentierbare Kategorie $\underline{A}$ und eine reguläre Kardinalzahl $\alpha \geq \pi(\underline{A})$ die Gleichung $\underline{A}(\alpha) = \widetilde{\underline{A}}(\alpha)$ gilt. Die Antwort kann mit Hilfe des Begriffes α-noethersch einfach formuliert werden.

9.14 Definition. Sei α eine reguläre Kardinalzahl und I_{α} die wohlgeordnete Menge der Ordinalzahlen mit Kardinalität $< \alpha$. Eine geordnete Menge M heisst α-noethersch, wenn jede α-Kette in M stationär wird, dh. wenn es für jede ordnungserhaltende Abbildung $h : I_{\alpha} \to M$ ein $\beta_o \in I_{\alpha}$ gibt derart, dass $h(\beta) = h(\beta_o)$ für jedes $\beta \geq \beta_o$.

Es ist leicht zu sehen, dass in einer α-noetherschen Menge jede α-kofiltrierende Teilmenge ein grösstes Element besitzt. Man beweist dies mit Hilfe transfiniter

Induktion wie im bekannten Spezialfall $\alpha = \aleph_0$.

Ein Objekt A in einer Kategorie A heisst α-noethersch, wenn die echten Quotienten von A eine α-noethersche Menge bilden.

9.15 Beispiele. a) In einer abelschen Kategorie ist ein Objekt genau dann $\aleph_0$-noethersch, wenn es noethersch im üblichen Sinn ist, vgl. Gabriel [20].

b) In der Kategorie Gr der Gruppen ist eine Gruppe genau dann $\aleph_0$-noethersch, wenn sie die Maximalbedingung für Normalteiler erfüllt. Zum Beispiel sind fast-polyzyklische Gruppen (vgl. R. Baer [3]) sowie alle alternierenden (bzw. einfachen) Gruppen $\aleph_0$-noethersch. Das letztere zeigt, dass eine $\aleph_0$-noethersche Gruppe im allgemeinen nicht endlich erzeugbar ist. Ebenso braucht eine endlich erzeugbare $\aleph_0$-noethersche Gruppe nicht endlich präsentierbar zu sein. Das Kranzprodukt $\mathbb{Z} \wr \mathbb{Z}$ der ganzen Zahlen mit sich selbst wird von zwei Elementen erzeugt und erfüllt die Maximalbedingung für Normalteiler. Es ist jedoch nicht endlich präsentierbar, vgl. Ph. Hall [29], p. 425.
Für $\alpha > \aleph_0$ ist eine Gruppe α-noethersch, wenn sie α-erzeugbar ist. Die Umkehrung ist nicht richtig.

c) In der Kategorie der kommutativen Ringe mit Eins stimmt der Begriff "$\aleph_0$-noethersch" mit noethersch überein. Insbesondere sind also Polynomringe in endlichen vielen Variablen über noetherschen Ringen sowie Körper $\aleph_0$-noethersch, aber ein $\aleph_0$-noetherscher kommutativer Ring im allgemeinen nicht $\aleph_0$-erzeugbar (es gibt "grosse" Körper). Hingegen ist jeder α-erzeugbare kommutative Ring α-noethersch und α-präsentierbar.

d) In der dualen Kategorie $\underline{\text{Komp}}^{\circ}$ der kompakten Räume ist ein Raum genau dann $\aleph_0$-noethersch, wenn er endlich ist; und jeder metrisierbare kompakte Raum ist $\aleph_1$-noethersch.

Beweis. Ein endlicher Raum ist offensichtlich $\aleph_0$-noethersch. Für die Umkehrung genügt es zu zeigen, dass ein $\aleph_0$-noetherscher Raum K diskret ist. Die abgeschlossenen Umgebungen eines Punktes $x \in K$ bilden einen $\aleph_0$-Filter. Nach 9.14 besitzt dieser ein minimales Element F. Wäre $F \neq \{x\}$, so würde es einen Punkt y in F geben, sowie disjunkte offene Umgebungen $U(x) \subset F$ und $U(y)$. Der Abschluss von $U(x)$ enthält y nicht, was einen Widerspruch zur Minimalität von F ergibt. Folglich ist x isoliert.

Wir zeigen nun, dass ein $\aleph_1$-noetherscher Raum K in $\underline{Komp}^o$ die Eigenschaft besitzt, dass jeder abgeschlossene Teilraum $F \subset K$ der Durchschnitt einer abzählbaren Folge von offenen Teilräumen $U_1, U_2 \ldots$ ist. Hierzu betrachten wir den $\aleph_1$-Filter, dessen Elemente Durchschnitte von abzählbar vielen abgeschlossenen Umgebungen von F sind. Dieser Filter besitzt ein minimales Element (9.14), welches offensichtlich genau F ist.
Umgekehrt ist ein Raum mit dieser Eigenschaft $\aleph_1$-noethersch in $\underline{Komp}^o$. Sei nämlich $U_1, U_2 \ldots U_n \ldots$ eine Folge von offenen Umgebungen eines abgeschlossenen Teilraumes F mit $\bigcap_i U_i = F$ und sei (F_ν) eine absteigende $\aleph_1$-Kette von abgeschlossenen Teilräumen mit $\bigcap_\nu F_\nu = F$. Für jedes n gibt es ein $\nu(n)$ mit $F_{\nu(n)} \subset U_n$. Für $\mu > \sup_n \nu(n)$ gilt daher $F_\mu = F$.

Infolgedessen ist jeder metrisierbare kompakte Raum $\aleph_1$-noethersch (Bourbaki [12], § 2 prop.7), die Umkehrung hievon gilt jedoch nicht (Bourbaki [12], § 2, exercice 13 c)).

9.16 Es ist evident, dass ein echter Quotient eines α-noetherschen Objektes wieder α-noethersch ist. Hingegen ist ein α-Koprodukt von α-noetherschen Objekten im allgemeinen nicht mehr α-noethersch. In der Kategorie der Gruppen ist $\mathbb{Z}$ $\aleph_0$-noethersch, aber ein endliches Koprodukt (= freies Produkt) von Kopien von $\mathbb{Z}$ ist nicht $\aleph_0$-noethersch. Wir nennen deshalb eine Kategorie $\underline{U}$ α-__noethersch__, wenn sie echt α-kovollständig ist und jedes Objekt in $\underline{U}$ α-noethersch ist.

9.17 __Satz. Sei__ $\underline{U}$ __eine kleine echt__ α-__kovollständige Kategorie. Aequivalent sind:__

(i) $\underline{U}$ __ist__ α-__noethersch.__

(ii) __Es gilt__ $\widehat{St}_\alpha[\underline{U}^o, \underline{Me}] = St_\alpha[\underline{U}^o, \underline{Me}]$.

(iii) a) __Jeder reguläre Epimorphismus__ $U \to U''$ __ist der Kokern eines Morphismenpaares__ $U' \rightrightarrows U$.

b) __Für jedes__ α-__kofiltrierende System__ $(U \xrightarrow{p_\lambda} U_\lambda)_{\lambda \in L}$ __von regulären Quotienten von__ $U \in \underline{U}$ __und jedes Morphismenpaar__ $f,g : V \rightrightarrows U$ __mit__

$(V \xrightarrow{f} U \to \varinjlim_{\lambda} U_\lambda) = (V \xrightarrow{g} U \to \varinjlim_{\lambda} U_\lambda)$ gibt es ein $\mu \in L$ derart, dass bereits $p_\mu f = p_\mu g$.

c) Die Zerlegungszahl $Z(\varphi,\underline{U})$ jedes Morphismus $\varphi \in \underline{U}$ genügt der Bedingung $|Z(\varphi,\underline{U})| < \alpha$ (vgl. 1.6 b). Es sei daran erinnert, dass $Z(\varphi,\underline{U}) = 0$, falls in $\underline{U}$ jeder echte Epimorphismus regulär ist, 1.7).

Beweis. (ii)$\Longrightarrow$(i) Sei

$$U \to U_1 \to U_2 \to \ldots \to U_\nu \to \ldots$$

eine α-Kette von echten Quotienten von $U \in \underline{U}$ und sei $V = \varinjlim_{\nu} U_\nu$. Weil die Yoneda Einbettung $Y : \underline{U} \to St_\alpha[\underline{U}^o,\underline{Me}]$ echt α-kostetig ist (9.8), so gilt $[-,V] = \varinjlim_{\nu} [-,U_\nu]$ in $St_\alpha[\underline{U}^o,\underline{Me}] = \widetilde{St}_\alpha[\underline{U}^o,\underline{Me}]$. Da $[-,V]$ in $St_\alpha[\underline{U}^o,\underline{Me}]$ α-präsentierbar ist, so faktorisiert die Identität von $[-,V]$ durch einen der universellen Morphismen $[-,U_\nu] \to [-,V]$. Die gleiche Rechnung wie am Ende des Beweises von 6.6 e) zeigt, dass es ein $\mu > \nu$ gibt derart, dass die Zusammensetzung der Faktorisierung $[-,V] \to [-,U_\nu]$ mit dem kanonischen Morphismus $[-,U_\nu] \to [-,U_\mu]$ ein Isomorphismus ist. Folglich ist auch der induzierte Morphismus $V \to U_\mu$ invertierbar und ebenso der kanonische Morphismus $U_\mu \to V$.

(i)$\Longrightarrow$(iii) Sei $p : U \to U''$ ein regulärer Epimorphismus in $\underline{U}$ und $(f_i,g_i : U'_i \rightrightarrows U)_{i\in I}$ ein Diagramm mit Kolimes (U'',p). Die Kolimites U''_J der Teildiagramme $(f_j,g_j : U'_j \rightrightarrows U)_{j\in J}$ mit $|J|<\alpha$ bilden ein α-kofiltrierendes System von echten Quotienten von U. Da die Menge der echten Quotienten von U α-noethersch ist (9.14), so hat dieses System ein grösstes Element

$$U''_{J_o} \xrightarrow{\cong} \varinjlim_{J} U''_J = U'' .$$

Dieses ist der Kokern des Paares

$$(f_j),(g_j) : \coprod_{j\in J_o} U'_j \rightrightarrows U$$

Für die Aussage b) bemerke man, dass der kanonische Morphismus $U \to \varinjlim_{\lambda} U_\lambda$ durch die kanonische Projektion $U \to Kok(f,g)$ faktorisiert. Da für ein genügend grosses $\lambda_o \in L$ der kanonische Morphismus $U_{\lambda_o} \to \varinjlim_{\lambda} U_\lambda$ invertierbar ist, so faktorisiert auch

$p_{\lambda_o} : U \to U_{\lambda_o}$ durch $U \to Kok(f,g)$. Folglich gilt $p_{\lambda_o} f = p_{\lambda_o} g$.
Die Aussage c) ist auf Grund der Definition der Zerlegungszahl trivialerweise erfüllt (vgl. 1.5).

(iii)$\Longrightarrow$(ii) Da die Hom-Funktoren $[-,U]$, $U \in \underline{U}$, in $\underline{A} = St_\alpha[\underline{U}^o,\underline{Me}]$ α-präsentierbar sind und sie eine echte Generatorenmenge bilden, so genügt es zu zeigen, dass jeder echte Quotient eines α-Koproduktes $\coprod_i [-,U_i] \xrightarrow{\cong} [-,\coprod_i U_i]$ in $\underline{A}$ wieder darstellbar und folglich α-präsentierbar ist (5.5). Wegen 9.3 gilt dann nämlich $\underline{U} \xrightarrow{\cong} \widetilde{\underline{A}}(\alpha) = \underline{A}(\alpha)$ und folglich $\underline{A} \xrightarrow{\cong} \widetilde{St}_\alpha[\underline{A}(\alpha)^o,\underline{Me}] \xrightarrow{\cong} St_\alpha[\underline{U}^o,\underline{Me}]$.

Wegen $\coprod_i [-,U_i] \xrightarrow{\cong} [-,\coprod_i U_i]$ können wir uns auf den Fall eines echten Epimorphismus $\varphi : [-,U] \to B$ mit $U = \coprod_i U_i$ beschränken. Nach 1.6 a) kann die erste Zerlegung $[-,U] = A \xrightarrow{\varepsilon_1} A_1 \xrightarrow{\varphi_1} B$ von φ mit Hilfe aller Tripel $\iota = \left([-,V] \overset{[-,f_\iota]}{\underset{[-,g_\iota]}{\rightrightarrows}} [-,U]\right)$ mit der Eigenschaft $\varphi\cdot[-,f_\iota] = \varphi\cdot[-,g_\iota]$ konstruiert werden, und es gilt

$$A_1 = \varinjlim_\iota \left(Kok\left([-,f_\iota],[-,g_\iota]\right)\right) \cong \varinjlim_\iota [-,Kok(f_\iota,g_\iota)]$$

Ferner ist $\varepsilon_1 : [-,U] \to A_1$ der universelle Morphismus $[-,U] \to \varinjlim_\iota [-,Kok(f_\iota,g_\iota)]$.
Auf Grund von a) ist der kanonische Morphismus $p : U \to \varinjlim_\iota Kok(f_\iota,g_\iota)$ der Kokern eines Morphismenpaares $X \rightrightarrows U$ und folglich ist auch $[-,p]$ ein regulärer Epimorphismus in $St_\alpha[\underline{U}^o,\underline{Me}]$. Da $[-,p]$ durch den kanonischen Morphismus
$\gamma : \varinjlim_\iota [-,Kok(f_\iota,g_\iota)] \to [-,\varinjlim_\iota Kok(f_\iota,g_\iota)]$ faktorisiert, so ist der letztere ein echter Epimorphismus. Da die Inklusion $St_\alpha[\underline{U}^o,\underline{Me}] \to [\underline{U}^o,\underline{Me}]$ α-kofiltrierende Kolimites erhält, so folgt leicht aus b), dass γ ein Monomorphismus und folglich ein Isomorphismus ist.
Dies zeigt, dass A_1 darstellbar ist. Da die Yoneda Einbettung $\underline{U} \to St_\alpha[\underline{U}^o,\underline{Me}]$ α-Kolimites erhält, so folgt aus $|Z(\varphi,\underline{U})| < \alpha$, dass wegen $|V| < \alpha$ auch die weiteren Glieder $A_2,A_3,\dots,A_\nu \cong B$ der Zerlegung von φ darstellbar sind.

9.18 <u>Korollar</u>. <u>Sei $\underline{A}$ eine lokal präsentierbare Kategorie und sei α eine reguläre Kardinalzahl $\geq \varepsilon(\underline{A})$. Aequivalent sind:</u>

(i) <u>$\underline{A}$ besitzt eine echte Generatorenmenge M bestehend aus α-erzeugbaren Objekten derart, dass jedes α-Koprodukt von Objekten aus M α-noethersch ist</u>.

(ii) $\underline{\tilde{A}}(\alpha)$ ist α-noethersch.

(iii) Es gilt $\underline{A}(\alpha) = \underline{\tilde{A}}(\alpha)$.

Wenn diese äquivalenten Bedingungen erfüllt sind, so gilt ferner $\alpha \geq \pi(\underline{A})$.

Beweis. (ii) $\Longrightarrow$ (i) ist trivial und (i) $\Longrightarrow$ (ii) folgt aus 9.3. Aus (ii) folgt ferner $\underline{A} \xrightarrow{\cong} \widetilde{St}_\alpha[\underline{\tilde{A}}(\alpha)^0,\underline{Me}] = St_\alpha[\underline{\tilde{A}}(\alpha)^0,\underline{Me}]$ (9.10 und 9.17). Da die Hom-Funktoren α-präsentierbar in der letztgenannten Kategorie sind, so besteht auch $\underline{\tilde{A}}(\alpha)$ aus α-präsentierbaren Objekten in $\underline{A}$. Umgekehrt folgt aus (iii) $St_\alpha[\underline{A}(\alpha)^0,\underline{Me}] \xleftarrow{\cong} \underline{A} \xrightarrow{\cong} \widetilde{St}_\alpha[\underline{\tilde{A}}(\alpha)^0,\underline{Me}]$ (7.9 und 9.10), und folglich (ii) (9.17).

Schliesslich folgt aus $\underline{A}(\alpha) = \underline{\tilde{A}}(\alpha)$ und $\alpha \geq \varepsilon(\underline{A})$, dass $\underline{A}(\alpha)$ dicht ist in $\underline{A}$. Dies zeigt, dass $\alpha \geq \pi(\underline{A})$.

Bemerkung. In 13.3 werden wir beweisen, dass es für jede reguläre Kardinalzahl β eine reguläre Kardinalzahl $\alpha \geq \beta$ gibt derart, dass $\underline{A}(\alpha) = \underline{\tilde{A}}(\alpha)$.

9.19 Eine lokal präsentierbare Kategorie $\underline{A}$ heisst lokal α-noethersch, wenn $\alpha \leq \varepsilon(\underline{A})$ und wenn sie die Bedingung von 9.18 i) erfüllt.*) Aus 13.3 folgt, dass jede lokal präsentierbare Kategorie $\underline{A}$ α-noethersch ist für grosse Kardinalzahlen α . Die kleinste reguläre Kardinalzahl mit dieser Eigenschaft heisst der noethersche Rang $\nu(\underline{A})$ von $\underline{A}$.

Zum Beispiel sind die Kategorien der abelschen Gruppen, der kommutativen Algebren über einem kommutativen noetherschen Ring und der Boole'schen Algebren $\aleph_0$-noethersch, ebenso jede lokal noethersche Kategorie im Sinne von Gabriel [10]. Die Kategorien $\underline{Kat}$, $\underline{Komp}^0$ und $\underline{Gr}$ sind $\aleph_1$-noethersch, ebenso jede Kategorie von universellen Algebren (Birkhoff [11], Lawvere [37]) mit abzählbar vielen endlichen Operationen.

Aus 9.17, 7.9 und 9.10 folgt, dass die Abbildung, welche einer lokal α-noetherschen Kategorie die volle Unterkategorie ihrer α-erzeugbaren Objekte zuordnet, eine Bijektion zwischen Aequivalenzklassen von lokal α-noetherschen Kategorien und Aequivalenzklassen von kleinen α-noetherschen Kategorien induziert. Die Umkehrabbildung ordnet einer kleinen

---

*) Diese Definition ist schwächer als diejenige in [53] , weil hier die Bedingung $\alpha = \varepsilon(\underline{A})$ nicht verlangt wird.

α-noetherschen Kategorie $\underline{U}$ die Kategorie $\widetilde{St}_{\alpha}[\underline{U}^{o},\underline{Me}] = St_{\alpha}[\underline{U}^{o},\underline{Me}]$ zu.

Aus 9.14 folgt leicht, dass ein α-noethersches Objekt auch β-noethersch ist falls $\beta \geq \alpha$. Wir wissen nicht, ob eine lokal α-noethersche Kategorie $\underline{A}$ auch lokal β-noethersch ist. Es gibt jedoch ein $\gamma \geq \beta$ derart, dass $\underline{A}$ wieder lokal γ-noethersch ist (13.3, 9.18).

§10 Tripel in lokal präsentierbaren Kategorien

In diesem Abschnitt stellen wir die Beziehung zwischen Tripeln und lokal präsentierbaren Kategorien her. Hierzu ist eine Verallgemeinerung des Begriffes "Rang" auf Tripel in beliebigen Kategorien notwendig. Das Leitmotiv hierfür ist das folgende Ziel: Ist $\mathbb{T}$ ein Tripel in einer lokal α-präsentierbaren Kategorie $\underline{A}$, so ist die Kategorie $\underline{A}^{\mathbb{T}}$ der $\mathbb{T}$-Algebren genau dann lokal β-präsentierbar, wenn $\mathbb{T}$ einen Rang $\leq \beta$ besitzt und $\beta \geq \alpha$. Aus diesem Satz folgt dann leicht, dass für eine Kategorie $\underline{A}$ die folgenden Bedingungen äquivalent sind:

(i) $\underline{A}$ is lokal präsentierbar.

(ii) Es gibt ein Tripel $\mathbb{T}_1'$ in $\underline{\widetilde{Me}}$ mit Rang und ein idempotentes Tripel $\mathbb{T}_2'$ in $\underline{\widetilde{Me}}^{\mathbb{T}_1'}$ mit Rang derart, dass

$$\underline{A} \cong \left(\underline{\widetilde{Me}}^{\mathbb{T}_1'}\right)^{\mathbb{T}_2'}$$

Dabei bezeichnet $\underline{\widetilde{Me}}$ irgendein Produkt von Kopien von $\underline{Me}$. (Bekanntlich ist eine solche Kategorie $\underline{A}$ äquivalent zu einer koreflexiven vollen Unterkategorie einer Funktorkategorie $[\underline{U}^{o},\underline{Me}]$, $\underline{U}$ klein).

(iii) Es gibt eine Folge von Tripeln $\mathbb{T}_1,\mathbb{T}_2,\ldots,\mathbb{T}_n$ mit Rang in $\underline{\widetilde{Me}}$, $\underline{\widetilde{Me}}^{\mathbb{T}_1},\ldots \left(\cdots\left(\underline{\widetilde{Me}}^{\mathbb{T}_1}\right)^{\cdots}\right)^{\mathbb{T}_{n-1}}$ derart, dass

$$\underline{A} \cong \left(\cdots\left(\underline{\widetilde{Me}}^{\mathbb{T}_1}\right)^{\cdots}\right)^{\mathbb{T}_n}$$

(Man beachte, dass die Anzahl der Faktoren von $\underline{\widetilde{Me}}$ in (ii) und (iii) nicht gleich zu sein braucht).

Für die Terminologie betreffend Tripel verweisen wir auf J. Beck's Einleitung zu Band 80 der Lecture Notes. Ist $\mathbb{T} = (T,\varepsilon,\mu)$ ein Tripel in $\underline{A}$, so bezeichnen wir mit $F : \underline{A} \to \underline{A}^{\mathbb{T}}$ und $U : \underline{A}^{\mathbb{T}} \to \underline{A}$ den freien bzw. unterliegenden Funktor $(T = UF)$.

10.1 F. Linton [39] bzw. J. Beck führten den Begriff des regulären Ranges einer Kategorie $\underline{Me}^{\mathbb{T}}$ bzw. eines Tripels $\mathbb{T} = (T,\varepsilon,\mu)$ ein. Man sagt, der Rang von $\underline{Me}^{\mathbb{T}}$ existiere, wenn es eine reguläre Kardinalzahl α gibt derart, dass jede Operation durch weniger als α Argumente bestimmt ist, oder etwas genauer, jede Operation ist das Produkt von einer Projektion und einer Operation, deren Stellenzahl kleiner als α ist. Man sagt dann, der Rang von $\underline{Me}^{\mathbb{T}}$ sei $\leq \alpha$. Es gibt viele äquivalente Formulierungen; z.B. für jede freie Algebra TM und jedes Element $a \in TM$ gibt es eine Teilmenge $M_0 \subset M$ mit $|M_0| < \alpha$ derart, dass das Element a bereits in $TM_0 \subset TM$ enthalten ist (J. Beck), oder: der Funktor $T : \underline{Me} \to \underline{Me}$ kommutiert mit α-kofiltrierenden Kolimites.

Jede der äquivalenten Formulierungen kann zur Definition des Ranges eines Tripels in einer beliebigen Kategorie verwendet werden. Natürlich sind diese dann im allgemeinen nicht mehr äquivalent. Man kann wohl darüber debattieren, ob der Rang eines Tripels $\mathbb{T}$ in $\underline{A}$ eine Kardinalzahl, eine kleine Unterkategorie in $\underline{A}$ oder $\underline{A}^{\mathbb{T}}$, etc. sein soll. Für uns ist dieses Problem nicht wichtig. Wir zeigen nämlich im folgenden, dass für eine lokal präsentierbare Kategorie $\underline{A}$ die verschiedenen möglichen Formulierungen äquivalent sind, und dass man jeder Kardinalzahl in natürlicher Weise zwei kleine Unterkategorien von $\underline{A}$ und $\underline{A}^{\mathbb{T}}$ zuordnen kann und umgekehrt. Man kann einem Tripel $\mathbb{T}$ mit Rang in natürlicher Weise mehrere Kardinalzahlen zuordnen. Wir beschränken uns wie in § 7 und § 9 auf einen Präsentierungsrang und Erzeugungsrang.

10.2 <u>Definition</u>. <u>Ein Tripel $\mathbb{T} = (T,\varepsilon,\mu)$ in einer kovollständigen Kategorie $\underline{A}$ besitzt einen Rang, falls es eine kleine volle Unterkategorie $\underline{U}$ von präsentierbaren Objekten gibt derart, dass der Funktor $T : \underline{A} \to \underline{A}$ die Kan'sche Koerweiterung seiner Restriktion auf $\underline{U}$ ist</u>.

Sei $I : \underline{U} \subset \underline{A}$ die Inklusion. Falls alle Objekte aus $\underline{U}$ α-präsentierbar sind, so erhält der Funktor $\underline{A} \to [\underline{U}^o, \underline{Me}]$, $A \rightsquigarrow [I-,A]$ α-kofiltrierende Kolimites. Das gleiche gilt wegen 2.8 für die Kan'sche Koerweiterung jedes Funktors $\underline{U} \to \underline{B}$, also speziell für den obigen Funktor T. Demnach gibt es eine kleinste reguläre Kardinalzahl α derart, dass T α-kofiltrierende (bzw. monomorphe α-kofiltrierende) Kolimites erhält. Wir nennen sie den Präsentierungsrang (bzw. Erzeugungsrang) von $\mathbb{T}$ und bezeichnen sie mit $\pi(\mathbb{T})$ (bzw. mit $\varepsilon(\mathbb{T})$).

Offensichtlich gilt $\varepsilon(\mathbb{T}) \leq \pi(\mathbb{T})$. Der von M. Barr [4] eingeführte Begriff eines Ranges stimmt für lokal präsentierbare Kategorien mit dem unsrigen überein, nicht aber derjenige in der neueren Fassung [5], welcher schwächer ist und nicht ausreicht, die entsprechende Fassung von 10.3 zu beweisen.

Wir beschränken uns jetzt auf den Fall, wo $\underline{A}$ lokal präsentierbar ist. Folglich erhält T nach 2.8, 2.9 und 9.5 genau dann monomorphe α-kofiltrierende Kolimites, wenn T die Kan'sche Koerweiterung seiner Restriktion auf $\underline{\tilde{A}}(\alpha)$ ist. Insbesondere besitzt $\mathbb{T}$ genau dann einen Rang, wenn $\pi(\mathbb{T})$ oder $\varepsilon(\mathbb{T})$ definiert ist.

10.3 Satz. Sei $\mathbb{T} = (T,\varepsilon,\mu)$ ein Tripel in einer lokal α-präsentierbaren Kategorie $\underline{A}$ und M eine echte Generatorenmenge, bestehend aus α-präsentierbaren Objekten. Aequivalent sind:

(i) T erhält α-kofiltrierende Kolimites (dh. $\pi(\mathbb{T}) \leq \alpha$) .

(ii) Für jedes $A \in \underline{A}$ induziert der Funktor $\underline{A}(\alpha)/A \to \underline{A}$, $(X,\xi) \rightsquigarrow TX$ einen Isomorphismus $\varinjlim_{(X,\xi)} TX \to TA$.

(iii) U erhält α-kofiltrierende Kolimites.

(iv) Für jedes $V \in M$ ist FV α-präsentierbar in $\underline{A}^{\mathbb{T}}$.

(v) Für jedes $B \in \underline{A}^{\mathbb{T}}$ und jeden Morphismus $f : V \to UB$ mit $V \in M$ gibt es eine α-präsentierbare Algebra $B_0 \in \underline{A}^{\mathbb{T}}$ und einen Morphismus $i : B_0 \to B$ derart, dass f durch Ui faktorisiert. Ferner gibt es zu je zwei solchen Faktorisierungen $V \xrightarrow{g} UB_0 \xrightarrow{Ui} UB$ und $V \xrightarrow{g'} UB_0' \xrightarrow{Ui'} UB$ von f eine dritte $V \xrightarrow{g''} UB_0'' \xrightarrow{Ui''} UB$ und Morphismen $j : B_0 \to B_0''$, $j' : B_0' \to B_0''$ derart, dass $i = i''j$, $i' = i''j'$ und $(Uj)g = (Uj')g'$.

Sind diese äquivalenten Bedingungen erfüllt, so ist $\underline{A}^{\mathbb{T}}$ lokal α-präsentierbar, FM ist eine echte Generatorenmenge von $\underline{A}^{\mathbb{T}}$, und $\{FX | X \in \underline{A}(\alpha)\}$ ist sogar dicht in $\underline{A}^{\mathbb{T}}$. Ist umgekehrt $\underline{A}^{\mathbb{T}}$ lokal präsentierbar, dann hat $\mathbb{T}$ einen Präsentierungsrang (das letztere folgt aus 10.5d).

Den Beweis dieses Satzes geben wir in 10.6.

10.4 Für den Erzeugungsrang eines Tripels gilt entsprechend der folgende

Satz. Sei $\mathbb{T} = (T, \varepsilon, \mu)$ ein Tripel mit monomorphismenerhaltendem T in einer lokal α-erzeugbaren Kategorie $\underline{A}$, und sei M eine echte Generatorenmenge bestehend aus α-erzeugbaren Objekten. Aequivalent sind:

(i) T erhält monomorphe α-kofiltrierende Kolimites (dh. $\varepsilon(\mathbb{T}) \leq \alpha$).

(ii) Für jedes $A \in \underline{A}$ gilt $\varinjlim_{X} TX \xrightarrow{\cong} TA$, wobei X die α-erzeugbaren Unterobjekte von A durchläuft.

(iii) U erhält monomorphe α-kofiltrierende Kolimites.

(iv) Für jedes $V \in M$ ist FV α-erzeugbar in $\underline{A}^{\mathbb{T}}$.

(v) Für jedes $B \in \underline{A}^{\mathbb{T}}$ und jeden Morphismus $f : V \to UB$ mit $V \in M$ gibt es eine α-erzeugbare Unteralgebra $j : B_0 \to B$ derart, dass f durch Uj faktorisiert.

Sind diese äquivalenten Bedingungen erfüllt, so ist $\underline{A}^{\mathbb{T}}$ lokal α-erzeugbar, FM ist eine echte Generatorenmenge von $\underline{A}$, und $\{FX \mid X \in \underline{\widetilde{A}}(\alpha)\}$ ist dicht in $\underline{A}^{\mathbb{T}}$. Ist umgekehrt $\underline{A}^{\mathbb{T}}$ lokal erzeugbar, dann hat $\mathbb{T}$ einen Erzeugungsrang (vgl. 10.5 c)).

Der Beweis dieses Satzes verläuft ähnlich wie 10.6.

10.5 Bemerkungen a) Sei $\mathbb{T}$ ein Tripel in $\underline{A} = \underline{Me}$. Falls $\pi(\mathbb{T}) \leq \alpha$, dann bilden nach 10.3 die freien Algebren FM mit $|M| < \alpha$ eine dichte Unterkategorie in $\underline{Me}^{\mathbb{T}}$. Die Umkehrung hiervon ist jedoch nicht richtig. Es gibt nämlich ein Tripel $\mathbb{T}'$ in $\underline{Me}$ mit der Eigenschaft $\underline{Me}^{o} \cong \underline{Me}^{\mathbb{T}'}$ (= complete atomic boolean algebras, vgl. Linton [39]). Da unter gewissen Voraussetzungen jede unendliche Menge ein dichter Generator in $\underline{Me}^{o}$ ist (vgl. 4.15), so gibt es nach 3.3c) eine Kardinalzahl α derart, dass die freien Algebren mit weniger als α Erzeugenden eine dichte Unterkategorie in $\underline{Me}^{\mathbb{T}'}$ bilden. Trotzdem besitzt $\mathbb{T}'$ keinen Rang, weil $\underline{Me}^{o}$ nicht lokal präsentierbar ist (7.13).

b) Sei $\mathbb{T}$ ein Tripel in einer lokal α-erzeugbaren Kategorie $\underline{A}$ mit der Eigenschaft $\varepsilon(\mathbb{T}) \leq \alpha$. Dann folgt aus 10.4 und 9.5, dass jede $\mathbb{T}$-Algebra der α-kofiltrierende Kolimes ihrer α-erzeugbaren Unteralgebren ist. Umgekehrt kann man jedoch hieraus nicht schliessen, dass $\varepsilon(\mathbb{T}) \leq \alpha$, sondern nur, dass $\mathbb{T}$ einen Rang besitzt. (Nach 6.2 sind nämlich die freien Algebren FV , $V \in M$, β-erzeugbar für ein genügend grosses β und aus 10.4 folgt daher $\varepsilon(\mathbb{T}) \leq \beta$). Es kann sehr wohl vorkommen, dass jede $\mathbb{T}$-Algebra der α-kofiltrierende Kolimes ihrer α-erzeugbaren Unteralgebren ist, obwohl $\varepsilon(\mathbb{T}) > \alpha$ (sogar $\varepsilon(\mathbb{T}) \gg \alpha$!) . Zum Beispiel ist der unterliegende Funktor $U : \underline{Ab.Gr.} \to \underline{Me}$ tripleable [7] , und der Erzeugungsrang des zugehörigen Tripels $\mathbb{T}$ in $\underline{Me}$ ist $\aleph_0$. Andererseits ist jedoch auch $U' : \underline{Ab.Gr.} \to \underline{Me}$, $A \rightsquigarrow \prod_M UA$, tripleable, wobei M eine Menge mit beliebiger Kardinalität $\geq \aleph_0$ ist. Der Erzeugungsrang des zugehörigen Tripels $\mathbb{T}'$ in $\underline{Me}$ ist $|M|^+$ (5.2). Da $\underline{Me}^{\mathbb{T}'} \cong \underline{Ab.Gr.} \cong \underline{Me}^{\mathbb{T}}$, so ist jede $\mathbb{T}'$-Algebra der $\aleph_0$-kofiltrierende Kolimes ihrer $\aleph_0$-erzeugbaren Unteralgebren, obwohl $\varepsilon(\mathbb{T}') > \aleph_0$.

c) Ist $\mathbb{T}$ ein Tripel in einer lokal α-erzeugbaren Kategorie $\underline{A}$, derart, dass $\underline{A}^{\mathbb{T}}$ wieder lokal α-erzeugbar ist, so kann man hieraus wie vorhin in b) schliessen, dass $\mathbb{T}$ einen Rang besitzt, nicht aber, dass $\varepsilon(\mathbb{T}) \leq \alpha$. Das in b) erwähnte Tripel $\mathbb{T}'$ in $\underline{Me}$ liefert ein Gegenbeispiel.

d) Ist $\mathbb{T}$ ein Tripel in einer lokal präsentierbaren Kategorie $\underline{A}$ derart, dass $\underline{A}^{\mathbb{T}}$ eine kleine dichte Unterkategorie $\underline{Y}$ von α-erzeugbaren Objekten besitzt, dann besitzt $\mathbb{T}$ einen Rang. Aus 6.2 folgt nämlich, dass für ein genügend grosses β jede freie Algebra FV , $V \in M$, β-erzeugbar ist. Folglich gilt $\varepsilon(\mathbb{T}) \leq \beta$, (10.4). Das Beispiel in b) zeigt, dass der Fall $\varepsilon(\mathbb{T}) > \alpha$ möglich ist.

10.6 Beweis von 10.3. (i)$\Leftrightarrow$(ii) Nach 2.9 und 14.5 gelten die Aussagen (i) oder (ii) genau dann, wenn T die Kan'sche Koerweiterung seiner Restriktion auf $\underline{A}(\alpha)$ ist.

(i) $\Rightarrow$ (iii) Sei $\nu \rightsquigarrow (A_\nu, \xi_\nu)$ ein α-Kofilter von $\mathbb{T}$-Algebren. Die Strukturmorphismen $\xi_\nu : TA_\nu \to A_\nu$ induzieren eine $\mathbb{T}$-Algebrastruktur $\varinjlim \xi_\nu : T(\varinjlim_\nu A_\nu) \overset{\cong}{\leftarrow} \varinjlim_\nu TA_\nu \to \varinjlim_\nu A_\nu$ auf $\varinjlim_\nu A_\nu$, und es ist klar, dass $(\varinjlim_\nu A_\nu, \varinjlim_\nu \xi_\nu) \cong \varinjlim_\nu (A_\nu, \xi_\nu)$.

(iii) $\Rightarrow$ (i) Dies folgt aus $T = UF$, weil F kostetig ist.

(iii)$\Leftrightarrow$(iv) Jeder α-Kofilter $\nu \rightsquigarrow B_\nu$ mit Kolimes B in $\underline{A}^{\mathbb{T}}$ und jedes $V \in M$ geben Anlass zu einem kommutativen Diagramm

$$\begin{array}{ccc} \varinjlim\,[FV,B_\nu] \xrightarrow{\cong} \varinjlim\,[V,UB_\nu] \xrightarrow{\cong} & & [V,\varinjlim\, UB_\nu] \\ \Big\downarrow u & & \Big\downarrow v \\ [FV,\varinjlim\, B_\nu] & \xrightarrow{\qquad\cong\qquad} & [V,\, U\varinjlim\, B_\nu] \end{array} .$$

Demnach ist u genau dann für jedes V bijektiv, wenn v es ist, d.h. wenn $\varinjlim UB_\nu \to U\varinjlim B_\nu$ ein Isomorphismus ist.

(v) $\Longrightarrow$ (iii) Sei $\nu \rightsquigarrow B_\nu$ ein α-Kofilter mit Kolimes B in $\underline{A}^{\mathbb{T}}$. Wegen 1.9 genügt es zu zeigen, dass die kanonische Abbildung

$$\varinjlim\,[V,UB_\nu] \xrightarrow{\cong} [V,\varinjlim\, UB_\nu] \xrightarrow{v} [V,UB]$$

für jedes $V \in M$ bijektiv ist. Sei also $f \in [V,UB]$, und sei $f = (Ui)g$ eine wie in (v) angegebene Zerlegung von f. Dann faktorisiert i durch einen der kanonischen Morphismen $i_\nu : B_\nu \to B$. Folglich faktorisiert f durch Ui_ν und v ist surjektiv. Sind andererseits $f = (Ui_\nu)h = (Ui_{\nu'})h'$ zwei Zerlegungen von f, so sind h und h' von der Form $h = (U\varrho)g$ und $h' = (U\varrho')g'$, wobei die Definitionsbereiche B_o und B'_o von ϱ und ϱ' α-präsentierbar sind. Nach (v) hat f aber eine Zerlegung $V \xrightarrow{g''} UB''_o \xrightarrow{Ui''} UB$, wobei i'' selbst eine Zusammensetzung $i'' = i_{\nu''}\varrho''$ für ein geeignetes ν'' ist. Ferner kann ν'' so "gross" gewählt werden, dass sich folgendes Diagramm kommutativ ergänzen lässt

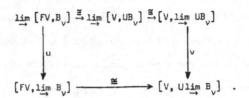

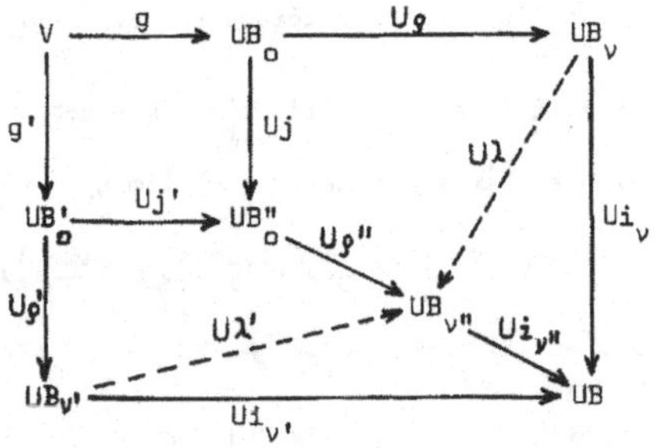

Das zeigt, dass v injektiv ist.

(iii)$\Longrightarrow$(v) Wenn $\underline{A}^{\mathbb{T}}$ lokal α-präsentierbar ist, so ist $\underline{A}^{\mathbb{T}}(\alpha)/B$ α-kofiltrierend, und der α-Kofilter $\underline{A}^{\mathbb{T}}(\alpha)/B \to \underline{A}^{\mathbb{T}}$, $(B_o,i) \rightsquigarrow B_o$ hat B als Kolimes. Danach ist UB der Kolimes des α-Kofilters $(B_o,i) \rightsquigarrow UB_o$. Daraus folgt (v), wenn wir zeigen, dass die noch nicht bewiesenen Aussagen von 10.3 aus (i) - (iv) folgen.

Wegen $[FV,-] \cong [V,U-]$ ist zunächst klar, dass FM <u>eine echte Generatorenmenge</u> ist, weil U Isomorphismen reflektiert. <u>Ferner ist</u> $\{FX | X \in \underline{A}(\alpha)\}$ <u>dicht in</u> $\underline{A}^{\mathbb{T}}$. Sei nämlich $\underline{K}$ (bzw. $\underline{K}'$) die volle (Kleisli)-Unterkategorie von $\underline{A}^{\mathbb{T}}$ bestehend aus allen freien $\mathbb{T}$-Algebren FX, $X \in \underline{A}(\alpha)$ (bzw. FA, $A \in \underline{A}$). Aus 3.3 c) folgt zunächst für $G = FU$, dass die Klasse $\{GB | B \in \underline{A}^{\mathbb{T}}\}$ dicht in $\underline{A}^{\mathbb{T}}$ ist. Da diese in Ob $\underline{K}'$ enthalten ist, so ist folglich auch $\underline{K}' \subset \underline{A}^{\mathbb{T}}$ dicht (3.9). Es genügt daher wegen 3.9 zu zeigen, dass $\underline{K}$ bei allen FA, $A \in \underline{A}$, dicht ist. Nach 7.4 ist $\underline{A}(\alpha)$ in $\underline{A}$ dicht. Da F kostetig ist, genügt es daher zu zeigen, dass für jedes $A \in \underline{A}$ der Funktor

$$\underline{A}(\alpha)/A \to \underline{K}/FA \ , \ (X_\nu, X_\nu \xrightarrow{\xi_\nu} A) \rightsquigarrow (FX_\nu, FX_\nu \xrightarrow{F\xi_\nu} FA)$$

konfinal ist. Dies ergibt sich leicht, weil alle $FX \in \underline{K}$ wegen $[FX,-] \cong [X,U-]$ α-präsentierbar sind und deshalb Bijektionen

$$\varinjlim_\nu [FX,FX_\nu] \xrightarrow{\cong} [FX, \varinjlim_\nu FX_\nu] = [FX,FA]$$

induzieren.

<u>Es bleibt zu zeigen, dass</u> $\underline{A}^{\mathbb{T}}$ <u>kovollständig ist</u>. Dafür könnte man das Vollständigkeitstheorem von Barr [4] [5] oder Schubert [48] anwenden. Wir geben hier einen anderen Beweis, der zeigt, wie sich die "algebraische Struktur" von $\underline{A}$ auf $\underline{A}^{\mathbb{T}}$ überträgt.

Sei Σ eine Menge von Morphismen in $[\underline{A}(\alpha)^o, \underline{Me}]$ derart, dass $St_\alpha[\underline{A}(\alpha)^o, \underline{Me}] = St_\Sigma[\underline{A}(\alpha)^o, \underline{Me}]$, vgl. 8.2 d). Sei $L : [\underline{A}(\alpha)^o, \underline{Me}] \to [\underline{K}^o, \underline{Me}]$ die Kan'sche Koerweiterung bezüglich $F : \underline{A}(\alpha) \to \underline{K}$ und sei $L\Sigma$ das Bild von Σ in $[\underline{K}^o, \underline{Me}]$. Ein Funktor $H : \underline{K}^o \to \underline{Me}$ ist wegen $[L\sigma, H] \cong [\sigma, H \cdot F]$, $\sigma \in \Sigma$, genau dann $L\Sigma$-stetig, wenn $H \cdot F : \underline{A}(\alpha)^o \to \underline{Me}$ Σ-stetig ist. Die Inklusion $I : \underline{A}(\alpha) \to \underline{A}$ induziert eine Aequivalenz $I_* : \underline{A} \to St_\Sigma[\underline{A}(\alpha)^o, \underline{Me}]$, $A \rightsquigarrow [I-,A]$ (7.9). Ebenso gibt die Inklusion $J : \underline{K} \to \underline{A}^{\mathbb{T}}$ wegen

3.4 und $[JF-,B] \cong [I-,UB]$, $B \in \underline{A}^{\mathbb{T}}$, Anlass zu einem volltreuen Funktor $J_* : \underline{A}^{\mathbb{T}} \to St_{L\Sigma}[\underline{K}^o,\underline{Me}]$, $B \rightsquigarrow [J-,B]$. Da $St_{L\Sigma}[\underline{K}^o,\underline{Me}]$ lokal präsentierbar ist (8.5), genügt es zu zeigen, dass J_* eine Aequivalenz ist. Wir beweisen dies mit Hilfe des Diagramms

$$\begin{array}{ccccc} \underline{A} & \xrightarrow{I_*} & St_\Sigma[\underline{A}(\alpha)^o,\underline{Me}] & \subset & [\underline{A}(\alpha)^o,\underline{Me}] \\ F\downarrow\uparrow U & & \uparrow R & & L\downarrow\uparrow R \\ \underline{A}^{\mathbb{T}} & \xrightarrow{J_*} & St_{L\Sigma}[\underline{K}^o,\underline{Me}] & \subset & [\underline{K}^o,\underline{Me}] \end{array}$$

in welchem R die "Restriktion" $H \rightsquigarrow H\circ F$ bezeichnet.
Für $A \in \underline{A}$ und $\nu = (A_\nu, A_\nu \xrightarrow{\xi_\nu} A) \in \underline{A}(\alpha)/\underline{A}$ gilt

$$LI_*A = LI_* \varinjlim_{\nu} A_\nu \cong \varinjlim_{\nu} L[-,A_\nu] \cong \varinjlim_{\nu} [-,FA_\nu] \cong [J-,\varinjlim_{\nu} FA_\nu] = J_*FA$$

(Für $L[-,A_\nu] \cong [-,FA_\nu]$ vgl. 2.2). Folglich bildet L die Unterkategorie $St_\Sigma[\underline{A}(\alpha)^o,\underline{Me}]$ in $St_{L\Sigma}[\underline{K}^o,\underline{Me}]$ ab. Sei $im(\underline{A}^{\mathbb{T}})$ die volle Unterkategorie von $St_{L\Sigma}[\underline{K}^o,\underline{Me}]$ bestehend aus allen Funktoren, welche zu einem Funktor J_*B , $B \in \underline{A}^{\mathbb{T}}$,isomorph sind. Dann ist mit U auch der induzierte Funktor $I_*UJ_*^{-1} : im(\underline{A}^{\mathbb{T}}) \to St_\Sigma[\underline{A}^o(\alpha),\underline{Me}]$ tripleable, dessen Linksadjungierter $J_*FI_*^{-1}$ ist (beachte, dass J^* volltreu ist). Aus $LI_* \cong J_*F$ und $I_*U \cong RJ_*$ folgt, dass $I_*UJ_*^{-1} : im(\underline{A}^{\mathbb{T}}) \to St_\Sigma[\underline{A}^o(\alpha),\underline{Me}]$ isomorph zur Einschränkung von $R : St_{L\Sigma}[\underline{K}^o,\underline{Me}] \to St_\Sigma[\underline{A}(\alpha)^o,\underline{Me}]$ auf $im(\underline{A}^{\mathbb{T}})$ ist. Folglich gilt $im(\underline{A}^{\mathbb{T}}) = St_{L\Sigma}[\underline{K}^o,\underline{Me}]$ genau dann, wenn R tripleable ist.
Das letztere zeigen wir nun mit Hilfe des Kriteriums von J. Beck [8]. Da $F : \underline{A}(\alpha) \to \underline{K}$ surjektiv auf den Objekten ist, so reflektiert R Isomorphismen. Wegen der Kovollständigkeit von $St_{L\Sigma}[\underline{K}^o,\underline{Me}]$ genügt es deshalb zu zeigen, dass R rechtsexakte Folgen

$$H_1 \underset{g}{\overset{f}{\rightrightarrows}} H_o \xrightarrow{p} H$$

wieder in solche überführt, falls es einen Morphismus $h : RH_o \to RH_1$ in $St_\Sigma[\underline{A}(\alpha)^o,\underline{Me}]$ gibt derart, dass $(Rf)h = id_{RH_o}$ und $(Rg)h(Rf) = (Rg)h(Rg)$. Da die Inklusion $St_\Sigma[\underline{A}(\alpha)^o,\underline{Me}] \to [\underline{A}(\alpha)^o,\underline{Me}]$ zusammenziehbare Kokerne erhält, so ist der in $[\underline{A}(\alpha)^o,\underline{Me}]$

definierte Funktor

$$\underline{A}(\alpha)^{o} \to \underline{Me} \ , \ X \rightsquigarrow \mathrm{Koker}(Rf(X), Rg(X))$$

α-stetig. Dieser ist aber die "Restriktion" von Koker$(f,g) \in [\underline{K}^{o},\underline{Me}]$. Folglich liegt Koker(f,g) bereits in der Unterkategorie $St_{L\Sigma}[\underline{K}^{o},\underline{Me}]$, weil diese aus denjenigen Funktoren $\underline{K}^{o} \to \underline{Me}$ besteht, deren Zusammensetzung mit $F : \underline{A}(\alpha) \to \underline{K}$ α-stetige Funktoren $\underline{A}(\alpha)^{o} \to \underline{Me}$ ergeben. Folglich gilt $H \cong$ Koker(f,g) und $RH \cong R$ Koker(f,g) = Koker(Rf,Rg).

10.7 Bemerkung Aus 10.6 erhält man eine Beschreibung derjenigen kontravarianten mengenwertigen Funktoren auf der Kleisli Kategorie, welche den $\mathbf{T}$-Algebren in $\underline{A}$ entsprechen. Sei $\mathbf{T}$ ein Tripel in einer lokal α-präsentierbaren Kategorie $\underline{A}$ mit der Eigenschaft $\pi(\mathbf{T}) \leq \alpha$. Sei Σ eine Menge von Morphismen in $[\underline{A}(\alpha)^{o},\underline{Me}]$ mit der Eigenschaft $St_{\Sigma}[\underline{A}(\alpha)^{o},\underline{Me}] = St_{\alpha}[\underline{A}(\alpha)^{o},\underline{Me}] \overset{\cong}{\leftarrow} \underline{A}$. Sei $J' : \underline{K}' \subset \underline{A}^{\mathbf{T}}$ die Inklusion der vollen Unterkategorie, bestehend aus den freien Algebren FA , $A \in \underline{A}$, und sei $E_F : [\underline{A}(\alpha)^{o},\underline{Me}] \to [\underline{K}'^{o},\underline{Me}]$ die Kan'sche Koerweiterung bezüglich $F : \underline{A}(\alpha) \to \underline{K}'$, $X \rightsquigarrow FX$. Dann induziert der Funktor

$$\underline{A}^{\mathbf{T}} \to [\underline{K}'^{o},\underline{Me}] \ , \ B \rightsquigarrow [J'-,B]$$

eine Aequivalenz von $\underline{A}^{\mathbf{T}}$ auf die volle Unterkategorie derjenigen $E_F\Sigma$-stetigen Funktoren $\underline{K}'^{o} \to \underline{Me}$, deren Zusammensetzung mit $\underline{A} \to \underline{K}'$, $A \rightsquigarrow FA$ α-kofiltrierende Kolimites erhält.

Dies ergibt sich aus dem Beweis der Kovollständigkeit von $\underline{A}^{\mathbf{T}}$ in 10.3 (iii)$\Longrightarrow$(v).

10.8 Korollar. Sei $\mathbf{T}$ ein Tripel mit Rang in einer lokal präsentierbaren Kategorie $\underline{A}$. Dann ist $\underline{A}^{\mathbf{T}}$ lokal präsentierbar, und es gilt

$$\pi(\underline{A}^{\mathbf{T}}) \leq \sup\{\pi(\underline{A}),\pi(\mathbf{T})\} \ , \ \varepsilon(\underline{A}^{\mathbf{T}}) \leq \sup\{\varepsilon(\underline{A}),\varepsilon(\mathbf{T})\}$$

10.9 **Beispiel**. Eilenberg Moore [17], Barr [4]. Sei R eine assoziative Koalgebra in der Kategorie $\underline{A}$ der Λ-Moduln, wobei Λ ein kommutativer Ring mit Eins ist. Mit UR bezeichnen wir den unterliegenden Λ-Modul von R . Die Koeins $UR \to \Lambda$ und die Komultiplikation $UR \to UR \otimes_{\Lambda} UR$ induzieren natürliche Transformationen $id_{\underline{A}} \to [UR,-]$ und

$[UR \otimes_\Lambda UR,-] \to [UR,-]$. Diese ermöglichen es, den Funktor $T : \underline{A} \to \underline{A}$, $A \rightsquigarrow [UR,A]$ zu einem Tripel $\mathbb{T}$ zu ergänzen. Eine $\mathbb{T}$-Algebra heisst bekanntlich ein Kontramodul über R . Nach 10.3 i) ist $\underline{A}^{\mathbb{T}}$ lokal α-präsentierbar, wobei $\alpha = \pi(UR,\underline{A})$.

10.10 Die beiden folgenden Aussagen sind eine Art Umkehrung von 10.8 für den Fall $\underline{A} = \underline{Me}$ bzw. $\underline{A} = \prod_i \underline{Me}_i$, wobei $\underline{Me}_i = \underline{Me}$. Die Beweise sind trivial.

Ist $\underline{A}$ eine lokal präsentierbare Kategorie und $I : \underline{X} \subset \underline{A}$ die Inklusion einer kleinen dichten Unterkategorie, dann sind die Funktoren

$$U_2 : \underline{A} \to [\underline{X}^o,\underline{Me}] , \; A \rightsquigarrow [I-,A]$$

$$U_1 : [\underline{X}^o,\underline{Me}] \to [\mathrm{Ob}\,\underline{X}^o,\underline{Me}] , \; t \rightsquigarrow t|_{\mathrm{Ob}\,\underline{X}^o}$$

tripleable, vgl. J. Beck, Lecture Notes, vol. 80. Zudem ist U_2 volltreu und das von U_2 in $[\underline{X}^o,\underline{Me}]$ induzierte Tripel $\mathbb{T}_2$ ist idempotent und $\varepsilon(\mathbb{T}_2) = \sup_{X \in \underline{X}} \varepsilon(X,\underline{A})$. (Beachte $[\mathrm{Ob}\,\underline{X}^o,\underline{Me}] \cong \prod_{X \in \underline{X}} \underline{Me}_X$, wobei $\underline{Me}_X = \underline{Me}$).

Falls $\underline{A}$ einen dichten Generator X besitzt, dann ist $\underline{A}$ isomorph einer vollen koreflexiven Unterkategorie der Kategorie der Λ-Mengen, wobei $\Lambda = [X,X]$.
Wir bemerken noch, dass $\underline{A}$ einen dichten Generator besitzt, wenn $\underline{A}$ eine reguläre Generatorenmenge M besitzt derart, dass $[U,U'] \neq \emptyset$ für $U,U' \in M$. vgl. 7.5, 3.10.

10.11 Satz. Sei $\underline{X}$ eine kleine Kategorie und sei $\mathbb{T}$ ein Tripel in $[\underline{X}^o,\underline{Me}]$. Falls $T : [\underline{X}^o,\underline{Me}] \to [\underline{X}^o,\underline{Me}]$ kostetig ist, dann ist der Funktor

$$[\underline{X}^o,\underline{Me}]^{\mathbb{T}} \to [\underline{K}_{\underline{X}}^o,\underline{Me}] , \; B \rightsquigarrow [J-,B]$$

eine Aequivalenz. Dabei ist $J : \underline{K}_{\underline{X}} \to [\underline{X}^o,\underline{Me}]^{\mathbb{T}}$ die Inklusion der vollen Unterkategorie der freien Algebren $F[-,X]$, $X \in \underline{X}$.

Beweis. Dies folgt direkt aus 4.3, weil $U : [\underline{X}^o,\underline{Me}]^{\mathbb{T}} \to [\underline{X}^o,\underline{Me}]$ kostetig ist (vgl. 10.6 (i)$\Longleftrightarrow$(iii)) und weil die Funktoren $\{F[-,X] \mid X \in \underline{X}\}$ eine echte Generatorenmenge in $[\underline{X}^o,\underline{Me}]^{\mathbb{T}}$ bilden. Offensichtlich sind alle Funktoren $[\underline{X}^o,\underline{Me}]^{\mathbb{T}} \to \underline{Me}$, $H \rightsquigarrow [F[-,X],H] \cong (UH)(X)$ kostetig und $[\underline{X}^o,\underline{Me}]^{\mathbb{T}}$ ist kovollständig.

§11 Algebraische Kategorien

In diesem Abschnitt untersuchen wir den Spezialfall von §8, wo $\underline{U}$ eine kleine Kategorie mit α-Koprodukten und $St_{\Sigma}[\underline{U}^{o},\underline{Me}]$ die Kategorie der α-produkterhaltenden Funktoren $\underline{U}^{o} \to \underline{Me}$ ist. In Anlehnung an Lawvere [37], Linton [39], Benabou [10] nennen wir eine solche Kategorie <u>algebraisch</u> und bezeichnen sie mit $St_{\amalg}^{\alpha}[\underline{U}^{o},\underline{Me}]$ anstatt mit $St_{\Sigma}[\underline{U}^{o},\underline{Me}]$. Wir zeigen, dass algebraische Kategorien durch die (geringfügig modifizierten) Axiome von Lawvere [37], Linton [39] charakterisiert werden, und dass zwei algebraische Kategorien $St_{\amalg}^{\alpha}[\underline{U}^{o},\underline{Me}]$ und $St_{\amalg}^{\alpha}[\underline{V}^{o},\underline{Me}]$ genau dann äquivalent sind, wenn die vollen Unterkategorien ihrer α-Projektiven äquivalent sind. Ferner ist mit $\underline{A}$ auch $St_{\amalg}^{\alpha}[\underline{U}^{o},\underline{A}]$ algebraisch, bzw. lokal α-präsentierbar.

11.1 Sei $\underline{X}$ eine beliebige Kategorie. Bekanntlich heisst ein Morphismenpaar $f_1,f_2 : R \rightrightarrows X$ eine <u>Aequivalenzrelation</u>, wenn für jedes $Y \in \underline{X}$ die Abbildung

$$\big([Y,f_1],[Y,f_2]\big) : [Y,R] \to [Y,X] \,\pi\, [Y,X]$$

injektiv ist und das Bild eine Aequivalenzrelation auf der Menge $[Y,X]$ ist. Besitzt $\underline{X}$ endliche Limites, so ist (f_1,f_2) bekanntlich genau dann eine Aequivalenzrelation, wenn

a) $(f_1,f_2) : R \to X \,\pi\, X$ ein Monomorphismus ist,

b) die Diagonale $(id_X,id_X) : X \to X \,\pi\, X$ durch $(f_1,f_2) : R \to X \,\pi\, X$ faktorisiert (Reflexivität),

c) die Zusammensetzung $R \xrightarrow{(f_1,f_2)} X \,\pi\, X \xrightarrow{s} X \,\pi\, X$, wobei der Morphismus s "die Faktoren vertauscht", durch $(f_1,f_2) : R \to X \,\pi\, X$ faktorisiert (Symmetrie),

d) der durch das kartesische Diagramm

$$\begin{array}{ccc} P & \xrightarrow{p_2} & R \\ {\scriptstyle p_1}\downarrow & & \downarrow{\scriptstyle f_1} \\ R & \xrightarrow[f_2]{} & X \end{array}$$

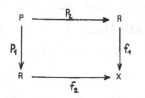

induzierte Morphismus $(f_1p_1, f_2p_2) : P \to X \pi X$ durch $(f_1, f_2) : R \to X \pi X$ faktorisiert (Transitivität).

Daraus schliesst man bekanntlich, dass ein Funktor $F : \underline{X} \to \underline{Y}$ Aequivalenzrelationen erhält, wenn $\underline{X}$ endliche Limites besitzt und F endliche Limites erhält. Ist F zusätzlich volltreu, so ist (f_1, f_2) genau dann eine Aequivalenzrelation, wenn (Ff_1, Ff_2) eine ist.

Ein Morphismenpaar $g_1, g_2 : X' \rightrightarrows X$ heisst ein <u>Aequivalenzpaar</u>, wenn es eine Zerlegung $X' \xrightarrow{p} R \overset{f_1}{\underset{f_2}{\rightrightarrows}} X$ mit $g_1 = f_1p$, $g_2 = f_2p$ zulässt derart, dass p ein echter Epimorphismus und f_1, f_2 eine Aequivalenzrelation ist.

Ist g_1, g_2 bereits eine Aequivalenzrelation, dann ist in jeder Zerlegung p monomorph und folglich ein Isomorphismus.

Falls $X \pi X$ existiert, dann ist die induzierte Zusammensetzung $X' \xrightarrow{p} R \xrightarrow{(f_1, f_2)} X \pi X$ die Zerlegung von $(g_1, g_2) : X' \to X \pi X$ in einen echten Epimorphismus und einen Monomorphismus.

Ein Aequivalenzpaar $g_1, g_2 : X' \rightrightarrows X$ heisst <u>effektiv</u>, wenn in der obigen Zerlegung die Morphismen $f_1, f_2 : R \rightrightarrows X$ das Kernpaar eines Morphismus $X \to Y$ sind.

Sei $\underline{X}$ eine Kategorie mit Kokernen und Kernpaaren und sei $g_1, g_2 : X' \rightrightarrows X$ ein Morphismenpaar und $q : X \to \text{Koker}(g_1, g_2)$ die kanonische Projektion. Es ist leicht zu sehen, <u>dass</u> $g_1, g_2 : X' \rightrightarrows X$ <u>genau dann ein effektives Aequivalenzpaar ist, wenn der kanonische Morphismus</u> $X' \to X \underset{Y}{\pi} X$ <u>ein echter Epimorphismus ist, wobei</u> $Y = \text{Koker}(g_1, g_2)$.

11.2 <u>Definition</u>. Ein Objekt $X \in \underline{X}$ heisst <u>projektiv</u>, wenn der Funktor $[X,-] : \underline{X} \to \underline{Me}$ reguläre Epimorphismen erhält.

11.3 <u>Satz</u>. <u>Seien</u> $\alpha \leq \beta$ <u>reguläre Kardinalzahlen</u>. <u>Sei</u> $\underline{U}$ <u>eine kleine Kategorie mit</u> α-<u>Koprodukten und sei</u> $\underline{B}$ <u>lokal</u> β-<u>präsentierbar</u> (bzw. β-<u>erzeugbar</u>). <u>Dann ist auch</u> $St_{\amalg}^{\alpha}[\underline{U}^o, \underline{B}]$ <u>lokal</u> β-<u>präsentierbar</u> (bzw. β-<u>erzeugbar</u>) <u>und die Inklusion</u> $I : St_{\amalg}^{\alpha}[\underline{U}^o, \underline{B}] \to [\underline{U}^o, \underline{B}]$ <u>erhält</u> β-<u>kofiltrierende Kolimites</u> (bzw. <u>monomorphe</u> β-<u>kofiltrierende Kolimites</u>). <u>Sei</u> $\delta \geq \alpha$. <u>Falls</u> δ-<u>Produkte reguläre Epimorphismen in</u> $\underline{B}$ <u>erhalten, so</u>

gilt dies auch in $St_{\coprod}^{\alpha}[\underline{U}^o,\underline{B}]$. Unter dieser Voraussetzung gilt ferner:

a) Die Inklusion $I : St_{\coprod}^{\alpha}[\underline{U}^o,\underline{B}] \to [\underline{U}^o,\underline{B}]$ erhält und reflektiert reguläre Epimorphismen.

b) Jeder echte Epimorphismus in $St_{\coprod}^{\alpha}[\underline{U}^o,\underline{B}]$ ist regulär, wenn dies in $\underline{B}$ der Fall ist.

c) Besitzt $\underline{B}$ eine echte Generatorenmenge M , bestehend aus projektiven β-präsentierbaren (bzw. projektiven β-erzeugbaren) Objekten, dann trifft dies auch für $St_{\coprod}^{\alpha}[\underline{U}^o,\underline{B}]$ zu.

d) Ist in $\underline{B}$ jede Aequivalenzrelation effektiv, dann ist dies auch in $St_{\coprod}^{\alpha}[\underline{U}^o,\underline{B}]$ der Fall.

11.4 Bemerkungen. a) Wenn $\underline{B} = \underline{Me}$ ist, dann sind die Voraussetzungen von 11.6 und 11.6a)-d) für beliebige α,β,δ erfüllt.

b) Wenn $\underline{B}$ eine Garbenkategorie ist, dann sind die Voraussetzungen von 11.6, 11.6a,b,d) für $\alpha = \delta = \aleph_0$ erfüllt.

c) Falls in $\underline{B}$ für jeden regulären Epimorphismus $B' \to B$ und jeden Morphismus $B'' \to B$ der kanonische Morphismus $B' \prod_B B'' \to B''$ wieder ein regulärer Epimorphismus ist, dann folgt aus a), dass diese Eigenschaft auch in $St_{\coprod}^{\alpha}[\underline{U}^o,\underline{B}]$ gilt. M. Tierney bewies, dass eine additive Kategorie mit Kernen und Kokernen genau dann abelsch ist, wenn sie diese Eigenschaft besitzt und ausserdem jede Aequivalenzrelation effektiv ist. Erfüllt die lokal β-präsentierbare (bzw. β-erzeugbare) Kategorie $\underline{B}$ diese beiden Bedingungen, dann ist folglich die Kategorie der kommutativen Gruppenobjekte von $\underline{B}$ abelsch (weil sie für ein geeignetes $\underline{U}$ zu $St_{\coprod}^{\aleph_0}(\underline{U}^o,\underline{B})$ äquivalent ist).

11.5 Beweis von 11.3. Wenn $\underline{B}$ lokal β-präsentierbar ist, so folgt aus 8.7, dass $St_{\coprod}^{\alpha}[\underline{U}^o,\underline{B}]$ lokal β-präsentierbar ist, und dass die Inklusion I β-kofiltrierende Kolimites erhält.

Wenn $\underline{B}$ lokal β-erzeugbar ist, sei $\nu \leadsto F_\nu$ ein monomorpher β-Kofilter von Funktoren $F_\nu \in St_{\coprod}^{\alpha}[\underline{U}^o,\underline{B}]$ und $(U_j)_{j\in J}$ eine Familie von Objekten aus $\underline{U}$ mit der Eigenschaft $|J| < \alpha$. Nach 5.2 gilt

$$\varinjlim_\nu F_\nu(\coprod_j U_j) \xrightarrow{\cong} \varinjlim_\nu \prod_j F_\nu(U_j) \xrightarrow{\cong} \prod_j \varinjlim_\nu F_\nu(U_j) .$$

Dies zeigt, dass der Funktor $U \rightsquigarrow \varinjlim_{\nu} F_{\nu}(U)$ zu $St^{\alpha}_{\underline{U}}[\underline{U}^{o},\underline{B}]$ gehört, und dass I folglich monomorphe β-kofiltrierende Kolimites erhält.

Ist M eine echte Generatorenmenge von $\underline{B}$, so bilden die Funktoren $V \otimes [-,U] : \underline{U}^{o} \to \underline{B}$, $X \rightsquigarrow \coprod_{[X,U]} V$ mit $U \in \underline{U}$ und $V \in M$ eine echte Generatorenmenge $\bar{M}$ in $[\underline{U}^{o},\underline{B}]$. Dies folgt leicht aus dem Yoneda-Lemma ([ ], introd.)

$$[V \otimes [-,U],G] \cong [V,GU] ,$$

wobei $G \in [\underline{U}^{o},\underline{B}]$ einen beliebigen Funktor bezeichnet. Sind die Objekte $V \in M$ alle β-präsentierbar (bzw. β-erzeugbar) in $\underline{B}$, so sind die Funktoren $V \otimes [-,U]$ β-präsentierbar (bzw. β-erzeugbar) in $[\underline{U}^{o},\underline{B}]$. Ist $L : [\underline{U}^{o},\underline{B}] \to St^{\alpha}_{\underline{U}}[\underline{U}^{o},\underline{B}]$ eine Koreflexion und $F \in St^{\alpha}_{\underline{U}}[\underline{U}^{o},\underline{B}]$, so schliesst man leicht aus

$$[L(V \otimes [-,U]),F] \xrightarrow{\cong} [V \otimes [-,U],IF] \xrightarrow{\cong} [V,IF(U)]$$

dass $L\bar{M} = \{L(V \otimes [-,U]) \mid V \in M, U \in \underline{U}\}$ eine echte Generatorenmenge in $St^{\alpha}_{\underline{U}}[\underline{U}^{o},\underline{B}]$ ist, und dass die $L(V \otimes [-,U])$ β-präsentierbar (bzw. β-erzeugbar) in $St^{\alpha}_{\underline{U}}[\underline{U}^{o},\underline{B}]$ sind, falls das entsprechende für die Objekte V in $\underline{B}$ gilt. Insbesondere ist $St^{\alpha}_{\underline{U}}[\underline{U}^{o},\underline{B}]$ β-erzeugbar, falls $\underline{B}$ es ist.

a) Sei $p : F \to F'$ ein Morphismus in $St^{\alpha}_{\underline{U}}[\underline{U}^{o},\underline{B}]$ und $f_1, f_2 : R \rightrightarrows F$ sein Kernpaar. Sei F'' der Kokern von (If_1, If_2) in $[\underline{U}^{o},\underline{B}]$, d.h. F'' ist der Funktor $\underline{U}^{o} \to \underline{B}$, $U \rightsquigarrow \mathrm{Kok}\,(f_1(U), f_2(U))$ zusammen mit der kanonischen Projektion $q : F \to F''$. Für jede Familie $(U_j)_{j \in J}$ von Objekten aus $\underline{U}$ mit der Eigenschaft $|J| < \alpha$ sind die ersten beiden senkrechten Pfeile des Diagramms

$$\begin{array}{ccccc}
R(\coprod_j U_j) & \rightrightarrows & F(\coprod_j U_j) & \longrightarrow & F''(\coprod_j U_j) \\
\downarrow \cong & & \downarrow \cong & & \downarrow \\
\prod_j R(U_j) & \underset{\prod_j f_2(U_j)}{\overset{\prod_j f_1(U_j)}{\rightrightarrows}} & \prod_j F(U_j) & \xrightarrow{\prod_j q(U_j)} & \prod_j F''(U_j)
\end{array}$$

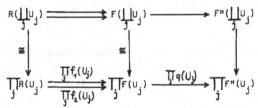

Isomorphismen, die obere Zeile ist rechtsexakt, und $\langle \prod_j f_1(U_j), \prod_j f_2(U_j) \rangle$ ist das Kernpaar von $\prod_j q(U_j)$. Nach Voraussetzung ist $\prod_j q(U_j)$ ein regulärer Epimorphismus. Deshalb ist auch die untere Zeile rechtsexakt und der dritte senkrechte Pfeil ein Isomorphismus. Folglich gehört F'' zu $St_{\amalg}^{\alpha}[\underline{U}^o,\underline{B}]$ und F'' ist auch der Kokern von (f_1,f_2) in $St_{\amalg}^{\alpha}[\underline{U}^o,\underline{B}]$. Dies zeigt, dass die Inklusion I reguläre Epimorphismen erhält und reflektiert. Hieraus folgt auch unmittelbar, dass in $St_{\amalg}^{\alpha}[\underline{U}^o,\underline{B}]$ δ-Produkte reguläre Epimorphismen erhalten.

b) Es ist zu zeigen, dass mit $p,q \in St_{\amalg}^{\alpha}[\underline{U}^o,\underline{B}]$ auch $p\cdot q$ ein regulärer Epimorphismus ist. Nach a) sind $I(p)$ und $I(q)$ reguläre Epimorphismen, und folglich auch $I(p)\cdot I(q) = I(pq)$ sowie pq .

c) Wenn $V \in M$ projektiv in $\underline{B}$ ist, dann ist für jedes $U \in \underline{U}$ der Funktor $V \otimes [-,U]$ auf Grund des Yoneda-Lemmas projektiv in $[\underline{U}^o,\underline{Me}]$. Weil die Inklusion I reguläre Epimorphismen erhält, so ist $L(V \otimes [-,U])$ auch in $St_{\amalg}^{\alpha}[\underline{U}^o,\underline{B}]$ projektiv.

d) Nach 11.1 erhält die Inklusion I Aequivalenzrelationen. Ist $f_1,f_2 : R \rightrightarrows F$ eine Aequivalenzrelation in $St_{\amalg}^{\alpha}[\underline{U}^o,\underline{B}]$, dann ist $I(f_1),I(f_2) : I(R) \rightrightarrows I(F)$ nach Voraussetzung das Kernpaar eines Morphismus $I(F) \to G$ in $[\underline{U}^o,\underline{B}]$, und folglich auch der kanonischen Projektion $I(F) \to \mathrm{Koker}\,(I(f_1),I(f_2))$. Nach a) ist der Funktor $\mathrm{Koker}(I(f_1),I(f_2)) : \underline{U}^o \to \underline{B}$ α-produkterhaltend und somit ist $f_1,f_2 : R \rightrightarrows F$ das Kernpaar von $F \to \mathrm{Koker}\,(I(f_1),I(f_2))$ in $St_{\amalg}^{\alpha}[\underline{U}^o,\underline{B}]$.

11.6 <u>Satz. Sei α eine reguläre Kardinalzahl und sei $\underline{A}$ eine Kategorie mit einer Menge $M \subset \mathrm{Ob}\,\underline{A}$ derart, dass in $\underline{A}$ α-Koprodukte von Objekten aus M existieren. Sei $I : \underline{U} \to \underline{A}$ die Inklusion der vollen kleinen Unterkategorie, bestehend aus allen solchen α-Koprodukten.</u>

<u>Der Funktor</u>

$$\underline{A} \to St_{\amalg}^{\alpha}[\underline{U}^o,\underline{Me}] \ , \ A \leadsto [I-,A]$$

<u>ist genau dann eine Aequivalenz, wenn die folgenden Bedingungen erfüllt sind:</u>

a) <u>$\underline{A}$ besitzt beliebige Koprodukte von Objekten aus M sowie Kokerne von Morphismenpaaren zwischen solchen Koprodukten.</u>

b) M ist eine echte Generatorenmenge in $\underline{A}$.

c) Jedes $V \in M$ ist projektiv und α-präsentierbar in $\underline{A}$.

d) Jede Aequivalenzrelation in $\underline{A}$ ist effektiv.

Beweis. Wegen 11.3 und 11.5 genügt es zu zeigen, dass die Bedingungen a)-d) hinreichend sind.

Nach 1.12 und 7.5 ist $\underline{U}$ dicht in $\underline{A}$, und die Objekte aus $\underline{U}$ sind α-präsentierbar und projektiv in $\underline{A}$. Nach 1.12 ist $\underline{A}$ kovollständig und vollständig. Der Funktor $G : \underline{A} \to St^{\alpha}_{\underline{U}}[\underline{U}^{o},\underline{Me}]$, $A \rightsquigarrow [I-,A]$ ist volltreu (3.5) und nach 2.7 besitzt er einen Koadjungierten L , nämlich die Kan'sche Koerweiterung $E_Y(I) : St^{\alpha}_{\underline{U}}[\underline{U}^{o},\underline{Me}] \to \underline{A}$, wobei $Y : \underline{U} \to St^{\alpha}_{\underline{U}}[\underline{U}^{o},\underline{Me}]$ die Yoneda Einbettung ist. Da die Zusammensetzung $GI : \underline{U} \to \underline{A} \to St^{\alpha}_{\underline{U}}[\underline{U}^{o},\underline{Me}]$ α-Koprodukte erhält (sie ist mit Y identisch) und da jedes $U \in \underline{U}$ in $\underline{A}$ α-präsentierbar ist, so erhält $G : \underline{A} \to St^{\alpha}_{\underline{U}}[\underline{U}^{o},\underline{Me}]$ beliebige Koprodukte von Objekten aus $\underline{U}$. Folglich ist für jedes Koprodukt $\coprod_{\nu}[-,U_{\nu}]$ in $St^{\alpha}_{\underline{U}}[\underline{U}^{o},\underline{Me}]$ der Adjunktionsmorphismus $\coprod_{\nu}[-,U_{\nu}] \to GL(\coprod_{\nu}[-,U_{\nu}])$ ein Isomorphismus. Für jeden Funktor $F \in St^{\alpha}_{\underline{U}}[\underline{U}^{o},\underline{Me}]$ gibt es reguläre Epimorphismen $p : \coprod_{\nu}[-,U_{\nu}] \to F$ und $q : \coprod_{\mu}[-,U_{\mu}] \to R$ in $St^{\alpha}_{\underline{U}}[\underline{U}^{o},\underline{Me}]$, wobei $p_1,p_2 : R \rightrightarrows \coprod_{\nu}[-,U_{\nu}]$ das Kernpaar von p ist. Sei $\varphi_1 = p_1 q$ und $\varphi_2 = p_2 q$. Im Diagramm

$$\begin{array}{ccccc}
\coprod_{\mu}[-,U_{\mu}] & \overset{\varphi_1}{\underset{\varphi_2}{\rightrightarrows}} & \coprod_{\nu}[-,U_{\nu}] & \xrightarrow{p} & F \\
\downarrow \cong & & \downarrow \cong & & \downarrow \\
GL(\coprod_{\mu}[-,U_{\mu}]) & \overset{GL\varphi_1}{\underset{GL\varphi_2}{\rightrightarrows}} & GL(\coprod_{\nu}[-,U_{\nu}]) & \xrightarrow{GLp} & GLF
\end{array}$$

sind wie angedeutet zwei der Adjunktionsmorphismen Isomorphismen und die obere Zeile ist rechtsexakt. Wir zeigen nun, dass die untere Zeile ebenfalls rechtsexakt ist. Hieraus folgt dann, dass auch $F \to GLF$ ein Isomorphismus ist und somit $G : \underline{A} \to St^{\alpha}_{\underline{U}}[\underline{U}^{o},\underline{Me}]$ und $L : St^{\alpha}_{\underline{U}}[\underline{U}^{o},\underline{Me}] \to \underline{A}$ Aequivalenzen sind.

Da die Objekte von $\underline{U}$ projektiv in $\underline{A}$ sind, so erhält $G : \underline{A} \to St^{\alpha}_{\underline{U}}[\underline{U}^{o},\underline{Me}]$, $A \rightsquigarrow [I-,A]$ reguläre Epimorphismen (11.3 a)) und ausserdem ist in $\underline{A}$ jeder echte Epimorphismus regulär (1.12). Sei $F_o = \coprod_{\nu}[-,U_{\nu}]$ und $F_1 = \coprod_{\mu}[-,U_{\mu}]$ und sei $LF_1 \xrightarrow{q'} S \xrightarrow{(p_1',p_2')} LF_o \pi LF_o$

eine Zerlegung von $(L\varphi_1, L\varphi_2) : LF_1 \to LF_o \pi LF_o$ in einen echten (= regulären) Epimorphismus und einen Monomorphismus. Dann ist auch $(Gp_1', Gp_2') \circ Gq'$ eine solche Zerlegung von $(GL\varphi_1, GL\varphi_2) : GLF_1 \to GLF_o \pi GLF_o$ und sie stimmt bis auf Isomorphie mit der Zerlegung $F_1 \xrightarrow{q} R \xrightarrow{(p_1,p_2)} F_o \pi F_o$ von $(\varphi_1, \varphi_2) : F_1 \to F_o \pi F_o$ überein, d.h. die Adjunktionsmorphismen $F_o \xrightarrow{\cong} GLF_o$ und $F_1 \xrightarrow{\cong} GLF_1$ geben Anlass zu einem kommutativen Diagramm

$$\begin{array}{ccccc} F_1 & \xrightarrow{q} & R & \xrightarrow{(p_1,p_2)} & F_o \pi F_o \\ \downarrow\cong & & \downarrow\cong & & \downarrow\cong \\ GLF_1 & \xrightarrow{Gq'} & GS & \xrightarrow{(Gp_1',Gp_2')} & GLF_o \pi GLF_o \end{array}$$

Als volltreuer und stetiger Funktor reflektiert G Aequivalenzrelationen (11.1). Folglich ist mit $R \rightrightarrows F_o$ und $GS \rightrightarrows GLF_o$ auch $S \rightrightarrows LF_o$ eine Aequivalenzrelation. Nach Voraussetzung sind in $\underline{A}$ Aequivalenzrelationen effektiv und somit ist das Paar $S \rightrightarrows LF_o$ das Kernpaar seines Kokerns $LF_o \to LF$ (beachte, dass $LF_1 \rightrightarrows LF_o \to LF$ rechtsexakt und $q' : LF_1 \to S$ ein regulärer Epimorphismus ist). Da G reguläre Epimorphismen erhält, so folgt hieraus die Rechtsexaktheit von $GLF_1 \rightrightarrows GLF_o \to GLF$.

11.7 Bemerkung. Man kann im Satz 11.6 die Bedingung c) ersetzen durch

c') Es gilt $|M| < \alpha$ und jedes $V \in M$ ist projektiv und α-erzeugbar in $\underline{A}$.

Die in 7.5 und 11.6 gegebenen Beweise lassen sich nämlich leicht auf diesen Fall ausdehnen, weil jedes Koprodukt $\coprod_{\nu\in N} U_\nu$, $U_\nu \in M$, der monomorphe α-kofiltrierende Kolimes gewisser Teilkoprodukte $\coprod_{j\in J} U_j$ mit $J \subset N$ und $|J| < \alpha$ ist. Die Teilkoprodukte sind so zu wählen, dass jeder in $\coprod_{\nu\in N} U_\nu$ auftretende Summand auch in $\coprod_{j\in J} U_j$ vorkommt. Der kanonische Morphismus $\coprod_{j\in J} U_j \to \coprod_{\nu\in N} U_\nu$ ist dann monomorph, weil er eine Retraktion besitzt.

Aus $\underline{A} \cong St_{\underline{U}}^{\alpha}[\underline{U}^o, \underline{Me}]$ und 8.5 b), 5.2 folgt dann, dass die Objekte aus $\underline{U}$ ebenfalls α-präsentierbar in $\underline{A}$ sind.

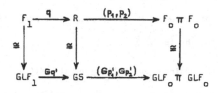

11.8 Korollar. Ist $\underline{A}$ algebraisch, dann auch $St^{\alpha}_{\amalg}[\underline{U}^{o},\underline{A}]$. Ebenso ist jede volle koreflexive Unterkategorie $\underline{B}$ von $\underline{A}$ algebraisch, vorausgesetzt die Inklusion $I : \underline{B} \to \underline{A}$ erhält reguläre Epimorphismen und α-kofiltrierende Kolimites (für irgend ein α). Dies folgt unmittelbar aus 11.3 und 11.6.

11.9 Definition. Der projektive Präsentierungsrang $\pi_p(\underline{A})$ (bzw. Erzeugungsrang $\varepsilon_p(\underline{A})$) einer algebraischen Kategorie $\underline{A}$ ist die kleinste reguläre Kardinalzahl γ derart, dass es in $\underline{A}$ eine echte Generatorenmenge M gibt, welche aus projektiven γ-präsentierbaren (bzw. γ-erzeugbaren) Objekten besteht.

Es gelten natürlich die Beziehungen $\pi_p(\underline{A}) \geq \varepsilon_p(\underline{A})$, $\pi(\underline{A}) \leq \pi_p(\underline{A})$ und $\varepsilon(\underline{A}) \leq \varepsilon_p(\underline{A})$. Falls es in $\underline{A}$ eine echte Generatorenmenge M gibt, welche aus $\varepsilon_p(\underline{A})$-erzeugbaren projektiven Objekten besteht derart, dass $|M| \leq \varepsilon_p(\underline{A})$, dann gilt $\pi_p(\underline{A}) = \varepsilon_p(\underline{A})$, vgl. 11.7. Für die von Lawvere [37], Linton [39] betrachteten algebraischen Kategorien ist dies praktisch immer der Fall, nicht aber für diejenigen von Benabou [10].

11.10 Sei $\underline{A}$ eine algebraische Kategorie mit einer echten Generatorenmenge M bestehend aus α-präsentierbaren Projektiven. Aus 7.6 folgt leicht, dass ein Objekt $U \in \underline{A}$ genau dann projektiv und α-präsentierbar ist, wenn U Retrakt eines α-Koproduktes von Objekten aus M ist. Folglich ist die volle Unterkategorie $\underline{A}_p(\alpha)$ der α-präsentierbaren Projektiven in $\underline{A}$ klein und unter α-Koprodukten und Retrakten abgeschlossen (vgl. 2.14 a)). Aus 11.6 folgt daher $\underline{A} \cong St^{\alpha}_{\amalg}[\underline{A}_p(\alpha)^{o},\underline{Me}]$. Insbesondere sind zwei algebraische Kategorien $\underline{A}$ und $\underline{A}'$ mit $\pi_p(\underline{A}) \leq \alpha \geq \pi_p(\underline{A}')$ genau dann äquivalent, wenn $\underline{A}_p(\alpha)$ und $\underline{A}'_p(\alpha)$ äquivalent sind. Ist umgekehrt $\underline{U}$ eine kleine Kategorie mit α-Koprodukten und Retrakten, dann induziert die Yoneda Einbettung $\underline{U} \to St^{\alpha}_{\amalg}[\underline{U}^{o},\underline{Me}]$ eine Aequivalenz von $\underline{U}$ auf die volle Unterkategorie der α-präsentierbaren Projektiven in $St^{\alpha}_{\amalg}[\underline{U}^{o},\underline{Me}]$.

Die Abbildungen $\underline{A} \rightsquigarrow \underline{A}_p(\alpha)$ und $\underline{U} \rightsquigarrow St^{\alpha}_{\amalg}[\underline{U}^{o},\underline{Me}]$ sind daher zueinander inverse Bijektionen zwischen Aequivalenzklassen von algebraischen Kategorien $\underline{A}$ mit $\pi_p(\underline{A}) \leq \alpha$ und Aequivalenzklassen von kleinen Kategorien mit α-Koprodukten und Retrakten.

Zum Beispiel ist das Einheitsintervall I in der Kategorie $\underline{Komp}^{o}$ ein

$\aleph_1$-präsentierbarer projektiver regulärer Generator (6.5 c), Lemma von Tietze). Ist $\underline{I}$ die volle Unterkategorie von $\underline{\text{Komp}}$, bestehend aus $I, I^2 \ldots, I^n \ldots, I^{\aleph_0}$ so erhält man aus 11.6 die "bekannte" Aequivalenz $\underline{\text{Komp}}^{\circ} \xrightarrow{\cong} St_{\amalg}^{\aleph_1}[\underline{I}, \underline{Me}]$, $K \rightsquigarrow [K,-]$.

11.11 Bemerkungen.

a) Für den Satz 11.3 kann man zum Teil einen direkten Beweis geben, der sich nicht auf Satz 8.7 stützt und von selbständigem Interesse ist.

Sei α eine reguläre Kardinalzahl oder $\alpha = \infty$ und sei $\underline{U}$ eine Kategorie mit α-Koprodukten, welche eine Menge $M \subset \text{Ob}\,\underline{U}$ zulässt derart, dass jedes Objekt in $\underline{U}$ Retrakt eines α-Koproduktes von Objekten aus M ist. (Der Fall $\alpha = \infty$ entspricht den "varietal algebraic categories" von Linton [39]). Sei $\underline{B}$ eine vollständige Kategorie mit Kokernen, in welcher α-Produkte reguläre Epimorphismen erhalten und jedes Objekt nur eine Menge von regulären Unterobjekten besitzt. Dann ist auch $St_{\amalg}^{\alpha}[\underline{U}^{\circ}, \underline{B}]$ eine vollständige Kategorie mit Kokernen und es gelten die Aussagen a), b) und d) von 11.3.

Beweis. Zunächst ist klar, dass $St_{\amalg}^{\alpha}[\underline{U}^{\circ}, \underline{B}]$ vollständig ist, und dass die Inklusion $I : St_{\amalg}^{\alpha}[\underline{U}^{\circ}, \underline{B}] \to [\underline{U}^{\circ}, \underline{B}]$ stetig ist. Wir zeigen nur, dass jedes Morphismenpaar $g_1, g_2 : S \rightrightarrows F$ in $St_{\amalg}^{\alpha}[\underline{U}^{\circ}, \underline{B}]$ einen Kokern besitzt. Jeder Morphismus $p : F \to F'$ in $St_{\amalg}^{\alpha}[\underline{U}^{\circ}, \underline{B}]$ mit der Eigenschaft $pg_1 = pg_2$ gibt Anlass zu einem Kernpaar $f_1^p, f_2^p : R_p \rightrightarrows F$, wobei R_p ein regulärer Unterfunktor von $F \pi F$ ist. Weil $F \pi F$ nur eine Menge solcher Unterfunktoren hat, so ist $\varprojlim_p R_p$ wohldefiniert, und $\varprojlim_p f_1^p, \varprojlim_p f_2^p : \varprojlim_p R_p \rightrightarrows F$ ist das Kernpaar des kanonischen Morphismus $F \to \varprojlim_p \text{Kok}(f_1^p, f_2^p)$, wobei $\text{Kok}(f_1^p, f_2^p)$ den Funktor $\underline{U}^{\circ} \to \underline{B}$, $U \rightsquigarrow \text{Kok}(f_1^p U, f_2^p U)$ bezeichnet (man beachte, dass $U \rightsquigarrow \text{Kok}(f_1^p U, f_2^p U)$ α-produkterhaltend ist, weil in $\underline{B}$ α-Produkte reguläre Epimorphismen erhalten). Sei $f_1 = \varprojlim_p f_1^p$ und $f_2 = \varprojlim_p f_2^p$. Der gesuchte Kokern von (g_1, g_2) in $St_{\amalg}^{\alpha}[\underline{U}^{\circ}, \underline{B}]$ ist der Funktor $\underline{U}^{\circ} \to \underline{B}$, $U \rightsquigarrow \text{Kok}(f_1 U, f_2 U)$, der aus dem gleichen Grund wie vorhin $\text{Kok}(f_1^p, f_2^p)$ bereits zu $St_{\amalg}^{\alpha}[\underline{U}^{\circ}, \underline{B}]$ gehört.

Die Aussagen a), b) und c) von 11.3 beweist man nun wie in 11.5.

Falls in $\underline{B}$ zusätzlich jeder "pullback" eines regulären Epimorphismus wieder ein regulärer Epimorphismus ist, dann gilt dies auf Grund der obigen Ausführungen auch in

$St_{\amalg}^{\alpha}[\underline{U}^o,\underline{B}]$. Ist ausserdem in $\underline{B}$ jede Aequivalenzrelation effektiv, dann folgt wie in 11.4 c), dass die kommutativen Gruppenobjekte von $\underline{B}$ eine abelsche Kategorie bilden.

b) Voraussetzungen wie zu Beginn von a). Der Funktor

$$\Phi: St_{\amalg}^{\alpha}[\underline{U}^o,\underline{B}] \to \prod_M \underline{B} \ , \ F \rightsquigarrow (FV)_{V\in M}$$

reflektiert Isomorphismen. Ausserdem folgt leicht aus 11.5 a) und 11.11 a), dass eine Aequivalenzrelation $f_1,f_2 : R \rightrightarrows F$ in $St_{\amalg}^{\alpha}[\underline{U}^o,\underline{B}]$ effektiv ist, wenn $\Phi f_1,\Phi f_2$ effektiv ist, und es gilt dann $\mathrm{Kok}(\Phi f_1,\Phi f_2) \xrightarrow{\cong} \Phi \mathrm{Kok}(f_1,f_2)$. Offensichtlich ist das Paar $\Phi f_1,\Phi f_2$ effektiv, wenn es zusammenziehbar ist (cf. Duskin [15] 2.0). Der Funktor Φ ist daher nach Duskin [15] 3.0 genau dann tripleable, wenn er einen Koadjungierten besitzt. Ist $\underline{B}$ kovollständig, so besitzt Φ einen Koadjungierten, wenn die Inklusion I einen solchen besitzt. (Man beachte, dass Φ die Zusammensetzung der evidenten Funktoren

$$St_{\amalg}^{\alpha}[\underline{U}^o,\underline{B}] \xrightarrow{I} [\underline{U}^o,\underline{B}] \xrightarrow{\text{Restr.}} [\underline{M}^o,\underline{B}] \xrightarrow{\text{Restr.}} [M,\underline{B}] \xrightarrow{\cong} \prod_M \underline{B}$$

ist, wobei $\underline{M}$ die von M erzeugte volle Unterkategorie von $\underline{U}$ bezeichnet.) Dies ist zum Beispiel der Fall, wenn $\alpha \leq \infty$ und $\underline{B} = \underline{Me}$, Linton [39], oder wenn $\alpha < \infty$ und $\underline{B}$ eine lokal β-präsentierbare Kategorie ist. Der Präsentierungsrang des von Φ in $\prod_M \underline{B}$ induzierten Tripels ist $\leq \sup(\alpha,\beta)$.

Für den Rest von b) setzen wir weiter voraus, dass Φ einen Koadjungierten besitzt und dass in $\underline{B}$ Aequivalenzrelationen effektiv sind. Ferner sei $|M| = 1$ und $M = \{V\}$. (Man könnte stattdessen auch voraussetzen, dass $[V,V'] \neq \emptyset$ für jedes Paar $V,V' \in M$). Sei $\underline{B}$ äquivalent einer Kategorie $\underline{C}^{\mathbb{T}}$, wobei $\mathbb{T}$ ein Tripel in einer Kategorie $\underline{C}$ mit Faserprodukten ist. Mit Hilfe des vorhin erwähnten Kriteriums von Duskin kann man leicht zeigen, dass die Zusammensetzung Ω der "unterliegenden" Funktoren

$$St_{\amalg}^{\alpha}[\underline{U}^o,\underline{B}] \xrightarrow{\Phi} \underline{B} \simeq \underline{C}^{\mathbb{T}} \to \underline{C}$$

wieder tripleable ist. (Man beachte, dass Φ reguläre Epimorphismen erhält und in $St_{\amalg}^{\alpha}[\underline{U}^o,\underline{B}]$ Aequivalenzrelationen effektiv sind).

Hieraus folgt z.B. für $\underline{A} = \underline{Me}$ und $\pi(\mathbb{T}) < \infty$ die Existenz des Tensorproduktes von algebraischen Theorien (Freyd [19]).

Als illustrierende Beispiele für a) und b) nennen wir $\underline{B} = \underline{Garben}$, $\alpha = \aleph_0$ und $\underline{B}$ eine algebraische Kategorie mit $\pi_p(\underline{B}) \leq \alpha \leq \infty$.

c) Die Axiome 11.6 a)-d) für algebraische Kategorien $\underline{A}$ sind etwas schwächer als diejenigen von Lawvere [37], Linton [39]. Statt eines regulären genügt ein echter Generator $U \in \underline{A}$, und $[U,-] : \underline{A} \to \underline{Me}$ braucht reguläre Epimorphismen nur zu erhalten (aber a priori nicht zu reflektieren). Ebenso ist es überflüssig in $\underline{A}$ die Existenz von Faserprodukten zu verlangen.

Vom axiomatischen Standpunkt aus gesehen, besteht der Unterschied zwischen den algebraischen Kategorien von Lawvere [37] und Benabou [10] lediglich darin, dass der erste sich auf einen echten projektiven $\aleph_0$-präsentierbaren Generator beschränkt, während der letztere eine Menge von solchen Generatoren zulässt. Oder, noch anders ausgedrückt: Die Lawvere'schen Kategorien sind tripleable über $\underline{Me}$ mit Rang $\leq \aleph_0$, während diejenigen von Benabou tripleable über einem Produkt $\prod_M \underline{Me}$ mit Rang $\leq \aleph_0$ sind.

d) Seien $U' : \underline{A}' \to \underline{A}$ und $U : \underline{A} \to \underline{Me}$ "tripleable" Funktoren mit Präsentierungsrang $\leq \alpha$. Aus 11.6 folgt leicht, dass die Zusammensetzung genau dann "tripleable" ist, wenn

(i) $\underline{A}'$ Kokerne von Kernpaaren besitzt,

(ii) $U' : \underline{A}' \to \underline{A}$ Kernpaare reflektiert,

(iii) $U' : \underline{A}' \to \underline{A}$ reguläre Epimorphismen erhält. (vgl. auch Schubert [48])

Ist zum Beispiel $U : \underline{A} \to \underline{Me}$ der unterliegende Funktor von Λ-Moduln zu Mengen und $U' : \underline{A}' \to \underline{A}$ der Vergissfunktor von Kontramoduln über einer Koalgebra R zu Λ-Moduln (10.9), dann folgt hieraus, dass die Kontramoduln genau dann tripleable über $\underline{Me}$ sind, wenn der unterliegende Λ-Modul von R projektiv ist. (Man beachte, dass die Zusammensetzung $\underline{A} \xrightarrow{F'} \underline{A}' \xrightarrow{U'} \underline{A}$ der Funktor $[R,-] : \underline{A} \to \underline{A}$ ist, vgl. 10.9). Die Kategorie der Kontramoduln ist jedoch für beliebige R lokal $\pi(R,\underline{A})$-präsentierbar.

e) Es gibt viele Beispiele von lokal präsentierbaren Kategorien, die nicht zu einer

Kategorie $St^{\alpha}_{\underline{\amalg}}[\underline{U}^{o},\underline{Me}]$ von 11.6 äquivalent sind, entweder weil nicht jeder echte Epimorphismus regulär ist (z.B. <u>Kat</u>), oder weil es nicht genügend viele Projektive gibt (z.B. Garben, abelsche Torsionsgruppen), oder auch, weil nicht alle Aequivalenzrelationen effektiv sind (z.B. torsionsfreie abelsche Gruppen).

§ 12 Garben

In diesem Abschnitt untersuchen wir den Spezialfall von § 8 , wo Σ eine Menge von Monomorphismen in einer Kategorie $[\underline{U}^{o},\underline{Me}]$ ist, $\underline{U}$ klein. Wir zeigen, dass $St_{\Sigma}[\underline{U}^{o},\underline{Me}]$ eine Garbenkategorie ist, wenn Σ unter Basiswechsel bezüglich darstellbaren Funktoren stabil ist. Hieraus leiten wir die Grothendieck-Giraud'sche Konstruktion der assoziierten Garbe her und zeigen damit, dass für eine Garbenkategorie oder eine lokal $\aleph_0$-präsentierbare Kategorie $\underline{A}$ der Funktor "assoziierte Garbe" $[\underline{U}^{o},\underline{A}] \to St_{\Sigma}[\underline{U}^{o},\underline{A}]$, $F \rightsquigarrow \tilde{F}$ mit endlichen Limites kommutiert.

12.1 Sei $\underline{U}$ eine kleine Kategorie und T eine Klasse von Morphismen in $[\underline{U}^{o},\underline{Me}]$. Wir erinnern daran, dass T abgeschlossen heisst (vgl. 8.3), wenn

a) T alle Isomorphismen enthält,

b) T mit zwei Morphismen eines kommutativen Diagramms $\cdot \xrightarrow{\alpha} \cdot \xrightarrow{\beta} \cdot$, $\gamma = \beta\alpha$ auch den dritten enthält.

c) T unter Kolimites abgeschlossen ist.

Sei ferner Σ eine Menge von Morphismen in $[\underline{U}^{o},\underline{Me}]$. Dann gehört ein Morphismus τ genau dann zum Abschluss $\bar{\bar{\Sigma}}$ von Σ , wenn die Koreflexion $L : [\underline{U}^{o},\underline{Me}] \to St_{\Sigma}[\underline{U}^{o},\underline{Me}]$ τ in einen Isomorphismus überführt (8.5).

Eine Klasse T von Morphismen in $[\underline{U}^{o},\underline{Me}]$ heisst *stabil unter Basiswechsel* (bzw. *unter darstellbarem Basiswechsel*), wenn in jedem kartesischen Diagramm in $[\underline{U}^{o},\underline{Me}]$

$$\begin{array}{ccc} R & \longrightarrow & d\tau \\ {\scriptstyle \rho}\downarrow & & \downarrow{\scriptstyle \tau} \\ F & \longrightarrow & w\tau \end{array} \qquad \text{bzw.} \qquad \begin{array}{ccc} R & \longrightarrow & d\tau \\ {\scriptstyle \rho}\downarrow & & \downarrow{\scriptstyle \tau} \\ [-,U] & \longrightarrow & w\tau \end{array}$$

mit τ auch ρ zu T gehört.

12.2 *Lemma. Sei T eine abgeschlossene Klasse von Morphismen in $[\underline{U}^{o},\underline{Me}]$ und sei Σ die Unterklasse derjenigen Monomorphismen in T , deren Wertebereich ein Hom-Funktor $[-,U]$ ist,* $U \in \underline{U}$. *Falls T unter darstellbarem Basiswechsel stabil ist, dann ist T unter Basiswechsel stabil und es gilt $\bar{\bar{\Sigma}} = T$. Ferner gibt es eine Menge $\Sigma' \subset \Sigma$ derart,* dass $St_{\Sigma'}[\underline{U}^o,\underline{Me}] = St_{\Sigma}[\underline{U}^o,\underline{Me}]$.

Beweis. Die letztgenannte Aussage ist evident, weil ein Hom-Funktor nur eine Menge von Unterfunktoren besitzt und $\underline{U}$ klein ist.

Sei

$$\begin{array}{ccc} F' & \longrightarrow & d\tau \\ {\scriptstyle \varrho}\downarrow & & \downarrow{\scriptstyle \tau} \\ F & \xrightarrow{\ \varphi\ } & w\tau \end{array}$$

ein kartesisches Diagramm, wobei $\tau \in T$. Nach Voraussetzung gehört für jedes $U \in \underline{U}$ und jeden Morphismus $u : [-,U] \to F$ der kanonische Morphismus $\tau_u : [-,U] \prod_F F' \to [-,U]$ zu T. Da $\varrho = \varinjlim_u \tau_u$, so folgt aus 12.1 c), dass ϱ zu T gehört.

Ist τ ein Monomorphismus, dann ist τ_u in Σ . Für $\varrho = \tau$ folgt hieraus, dass $\tau = \varinjlim_u \tau_u$ zu $\bar{\Sigma}$ gehört.

Sei nun $\tau : F' \to F$ ein beliebiger Morphismus in T und sei $F' \xrightarrow{\alpha} F'' \xrightarrow{\beta} F$ seine Zerlegung in einen regulären Epimorphismus und einen Monomorphismus. Aus 8.4 f) folgt $\alpha, \beta \in T$ und nach dem obigen gehört daher β zu $\bar{\Sigma}$. Es genügt folglich zu zeigen (12.1 b)), dass $\alpha \in \bar{\Sigma}$. Da T unter Basiswechsel stabil ist, so gehören mit $\alpha : F' \to F''$ auch die kanonischen Projektionen $F' \prod_{F''} F' \rightrightarrows F'$ zu T . Wegen 12.1a,b) gilt dies auch für ihren gemeinsamen Schnitt $\gamma : F' \to F' \prod_{F''} F'$. Da $\alpha : F' \to F''$ der Kokern von $F' \prod_{F''} F' \rightrightarrows F'$ ist und der monomorphe Schnitt γ zu $\bar{\Sigma}$ gehört, so folgt aus 8.4 e), dass $\alpha \in \bar{\Sigma}$.

12.3 Satz. Sei T eine Klasse von Morphismen in $[\underline{U}^o,\underline{Me}]$. Aequivalent sind:

(i) T ist abgeschlossen und stabil unter darstellbarem Basiswechsel.

(ii) Es existiert eine $\aleph_0$-stetige Koreflexion $L : [\underline{U}^o,\underline{Me}] \to St_T[\underline{U}^o,\underline{Me}]$ und T besteht aus allen Morphismen τ , die von L in einen Isomorphismus abgebildet werden.

Beweis. (ii) $\Longrightarrow$ (i) trivial.

(i) $\Longrightarrow$ (ii) Sei Σ die Teilklasse von T , bestehend aus denjenigen Monomorphismen τ , deren Wertebereich ein Hom-Funktor $[-,U]$, $U \in \underline{U}$, ist. Aus 12.2 folgt $\bar{\Sigma} = T$ und

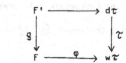

$St_{\Sigma'}[\underline{U}^o,\underline{Me}] = St_{\overline{\Sigma}}[\underline{U}^o,\underline{Me}] = St_T[\underline{U}^o,\underline{Me}]$. Da Σ' eine Menge ist, so folgt die Existenz der Koreflexion $L : [\underline{U}^o,\underline{Me}] \to St_T[\underline{U}^o,\underline{Me}]$, $F \rightsquigarrow \tilde{F}$ aus 8.5. Für die $\aleph_0$-Stetigkeit von L ist noch zu zeigen, dass für jedes kartesische Diagramm

$$\begin{array}{ccc} F_1 \prod\limits_F F_2 & \longrightarrow & F_1 \\ \downarrow & & \downarrow \\ F_2 & \longrightarrow & F \end{array}$$

in $[\underline{U}^o,\underline{Me}]$ der kanonische Morphismus $\tau : F_1 \prod\limits_F F_2 \to \tilde{F}_1 \prod\limits_{\tilde{F}} \tilde{F}_2$ zu T gehört. Dieser ist die Zusammensetzung der evidenten Morphismen

$$F_1 \prod_F F_2 \xrightarrow{\alpha} F_1 \prod_{\tilde{F}} F_2 \xrightarrow{\beta} \tilde{F}_1 \prod_{\tilde{F}} F_2 \xrightarrow{\gamma} \tilde{F}_1 \prod_{\tilde{F}} \tilde{F}_2 .$$

Da T unter Basiswechsel stabil ist (12.2), so gehören mit den kanonischen Morphismen $F_1 \to \tilde{F}_1$ und $F_2 \to \tilde{F}_2$ auch β und γ zu T . Andererseits gehören mit dem kanonischen Morphismus $F \to \tilde{F}$ auch die kanonischen Projektionen $F \prod\limits_{\tilde{F}} F \rightrightarrows F$ zu T , und folglich auch ihr gemeinsamer Schnitt $\sigma : F \to F \prod\limits_{\tilde{F}} F$ (12.1 a), b)). Da das Diagramm

$$\begin{array}{ccc} F_1 \prod\limits_F F_2 & \longrightarrow & F \\ {\scriptstyle\alpha}\downarrow & & \downarrow{\scriptstyle\sigma} \\ F_1 \prod\limits_{\tilde{F}} F_2 & \longrightarrow & F \prod\limits_{\tilde{F}} F \end{array}$$

mit den evidenten horizontalen Morphismen kartesisch ist, so folgt $\alpha \in T$, sowie $\gamma\beta\alpha = \tau \in T$ (12.1 b)).

12.4 Lieber Leser, lass Dich von 12.3 nicht zu falschen Vermutungen verführen. Wenn eine Menge Σ von Morphismen in $[\underline{U}^o,\underline{Me}]$ unter darstellbarem Basiswechsel stabil ist, dann braucht der Abschluss $\overline{\Sigma}$ diese Eigenschaft nicht mehr zu besitzen. Nimm zum Beispiel für $\underline{U}$ eine Kategorie mit einem Objekt U und einem Morphismus. Dann kann man mit Hilfe des Isomorphismus $[\underline{U}^o,\underline{Me}] \xrightarrow{\simeq} \underline{Me}$, $F \rightsquigarrow FU$ den darstellbaren Funktor $[-,U]$ mit einer einpunktigen Menge identifizieren. Nimm für F einen Funktor mit $FU \neq \emptyset , \{1\}$ und für Σ den einzigen Morphismus $F \to [-,U]$. Dann besteht $St_{\overline{\Sigma}}[\underline{U}^o,\underline{Me}]$ nur aus $\emptyset$ und allen einpunktigen Mengen. Offensichtlich ist die Koreflexion $[\underline{U}^o,\underline{Me}] \to St_{\overline{\Sigma}}[\underline{U}^o,\underline{Me}]$ nicht

$\aleph_0$-stetig, was im krassen Widerspruch zu 12.3 stehen würde, wenn $\bar{\Sigma}$ unter Basiswechsel stabil wäre.

Trotz allem gilt der folgende

12.5 Satz. Sei Σ eine Klasse von Monomorphismen in $[\underline{U}^o,\underline{Me}]$, welche unter darstellbarem Basiswechsel stabil ist. Dann ist $\bar{\Sigma}$ unter Basiswechsel stabil und aus 12.3 folgt daher, dass eine $\aleph_0$-stetige Koreflexion $[\underline{U}^o,\underline{Me}] \to St_\Sigma[\underline{U}^o,\underline{Me}]$ existiert.

Eine Kategorie $\underline{A}$ heisst eine Garbenkategorie, wenn sie zu einer Kategorie $St_\Sigma[\underline{U}^o,\underline{Me}]$ äquivalent ist, wobei Σ eine Klasse von Monomorphismen ist, welche unter darstellbarem Basiswechsel stabil ist.

12.6 Für den Beweis von 12.5 benötigen wir einige Vorbereitungen.

Definition. Eine Klasse P von Monomorphismen in $[\underline{U}^o,\underline{Me}]$ heisst eine Topologie im Sinne von Giraud, wenn sie die folgenden Bedingungen erfüllt:

T1) P enthält alle Isomorphismen von $[\underline{U}^o,\underline{Me}]$.

T2) Falls $\beta,\alpha \in P$ und $\beta\alpha$ definiert ist, dann gilt $\beta\alpha \in P$.
Falls β ein Monomorphismus ist und die Zusammensetzung $\beta\alpha$ definiert ist, dann folgt aus $\beta\alpha \in P$ und $\alpha \in P$, dass $\beta \in P$.

T3) Ein Monomorphismus $\tau : F \to G$ in $[\underline{U}^o,\underline{Me}]$ gehört zu P, wenn für jedes $U \in \underline{U}$ und jeden Morphismus $[-,U] \to G$ der kanonische Morphismus zu $F \underset{G}{\pi} [-,U] \to G$ zu P gehört.

T4) P ist unter Basiswechsel stabil.

Ein Beispiel ist die Klasse der Monomorphismen, welche "couvrant" sind im Sinne von Giraud (vgl. Verdier [58] II 3.1). Bezüglich einer Topologie P heisst ein beliebiger Morphismus $\tau : F \to G$ bedeckend, wenn die Inklusion $im(\tau) \hookrightarrow G$ zu P gehört, und bibedeckend, wenn er bedeckend ist und ausserdem der Diagonalmorphismus $\Delta_F : F \to F \underset{G}{\pi} F$ zu P gehört (vgl. Verdier). Es ist leicht zu sehen, dass die Klasse der bedeckenden und die Klasse der bibedeckenden Morphismen unter Basiswechsel stabil sind. Für das letztere benützt man bei vorgegebenem Basiswechsel $\sigma : G' \to G$ das von σ induzierte kartesische Diagramm

$$\begin{array}{ccc} F' \prod\limits_{G'} F' & \longrightarrow & F \prod\limits_{G} F \\ \Big\uparrow{\scriptstyle \Delta_{F'}} & & \Big\uparrow{\scriptstyle \Delta_F} \\ F' & \longrightarrow & F \end{array}$$

<u>Lemma</u>. <u>Ist</u> P <u>eine Topologie, dann besteht der Abschluss</u> $\bar{P}$ <u>aus allen "Doppeldeckern"</u>.

<u>Beweis</u>. Sei T die Klasse der Doppeldecker. Sei $\tau : F \to G$ bibedeckend. Der kanonische Morphismus $p : F \to \mathrm{im}(\tau)$ ist der Kokern der kanonischen Projektionen $F \underset{G}{\times} F \rightrightarrows F$, deren gemeinsamer Schnitt Δ_F nach Definition zu P gehört. Aus 8.4 e) und 8.3 b) folgt daher, dass $p : F \to \mathrm{im}(\tau)$ und die Zusammensetzung $F \xrightarrow{p} \mathrm{im}(\tau) \subseteq G$ zu $\bar{P}$ gehören. Dies beweist $T \subset \bar{P}$. Es genügt daher zu zeigen, dass T abgeschlossen ist. Hierfür sind nach dem zweiten Teil von 8.4 die Bedingungen 12.1 a), b) und 8.4 d) sowie die Abgeschlossenheit von T unter Koprodukten nachzuweisen. Die Bedingung 12.1 a) ist trivial. Aus der Eigenschaft T3) von P folgt leicht, dass P unter Koprodukten abgeschlossen ist. Folglich gilt dies auch für die Klasse der bedeckenden Morphismen. Da in <u>Me</u> Koprodukte mit Faserprodukten kommutieren, so folgt hieraus leicht, dass T unter Koprodukten abgeschlossen ist.

Wir beweisen nun 12.1 b). Zunächst zeigt man mit Hilfe der Eigenschaft T3) von P, dass mit $\beta\alpha$ auch α zu P gehört, vorausgesetzt β ist ein Monomorphismus. Aus T2) folgt dann $\beta \in P$. Damit kann man nun leicht zeigen, dass mit $\sigma\tau$ auch σ bedeckend ist; ebenso ist mit $\tau : F \to G$ und $\sigma : G \to H$ auch $\sigma\tau : F \to H$ bedeckend. Aus dem kartesischen Diagramm

$$\begin{array}{ccccc} F & \xrightarrow{\Delta_F} & F \prod\limits_{G} F & \xrightarrow{\text{Inkl. } i} & F \prod\limits_{H} F \\ & & \Big\downarrow & & \Big\downarrow{\scriptstyle \tau \prod\limits_{H} \tau} \\ & & G & \xrightarrow{\Delta_G} & G \prod\limits_{H} G \end{array}$$

ist mit Hilfe von T4) und T2) ersichtlich, dass die Diagonale $F \to F \prod_H F$ zu P gehört, wenn $\Delta_G \in P$ und $\Delta_F \in P$. Folglich ist mit σ und τ auch $\sigma\tau$ bibedeckend.

Gehört andererseits die Diagonale $F \to F \prod_H F$ zu P, dann gilt dies nach dem obigen auch für die Inklusion $i : F \prod_G F \to F \prod_H F$. Ist ausserdem $\tau : F \to G$ bedeckend, dann auch $\tau \prod_H \tau : F \prod_H F \to G \prod_H G$, weil die Klasse der bedeckenden Morphismen unter Basiswechsel stabil ist. Somit ist $(\tau \prod_H \tau)\cdot i : F \prod_G F \to G \prod_H G$ bedeckend und nach dem obigen $\Delta_G : G \to G \prod_H G$. Dies zeigt, dass mit $\sigma\tau$ und τ auch σ bibedeckend ist.

Aus den beiden kartesischen Diagrammen

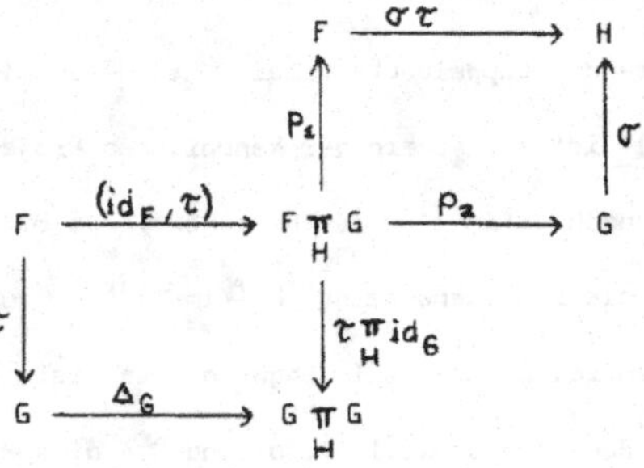

folgt, dass mit $\sigma\tau$ und σ auch p_2 und Δ_G sowie (id_F,τ) bibedeckend sind. Da vorhin gezeigt wurde, dass die Zusammensetzung von bibedeckenden Morphismen wieder bibedeckend ist, so ist folglich auch $\tau = p_2\cdot(id_F,\tau)$ bibedeckend.

Es ist noch die Bedingung 8.4 d) zu verifizieren. Sei $\tau : F \to F'$ ein bibedeckender Morphismus und sei

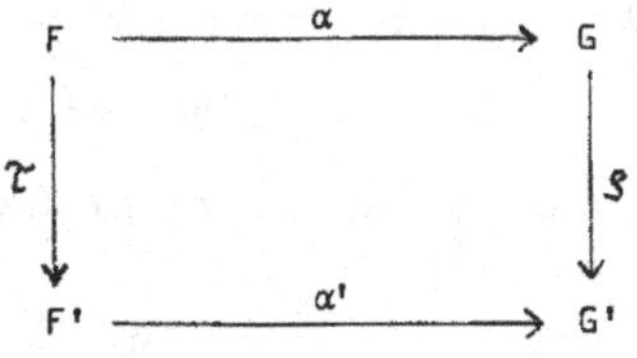

ein kokartesisches Diagramm. Um zu beweisen, dass $\varrho : G \to G'$ bedeckend ist, genügt es wegen T3) zu zeigen, dass für jeden Morphismus $\varphi : [-,U] \to G'$ die Inklusion $\varphi^{-1}(\mathrm{im}(\varrho)) \to [-,U]$ zu P gehört. Nun faktorisiert $\varphi : [-,U] \to G'$ entweder durch

$\varrho : G \to G'$ oder durch $\alpha' : F' \to G'$. Im ersten Fall ist natürlich $\varphi^{-1}(\mathrm{im}(\varrho)) = [-,U]$. Im zweiten Fall wählen wir eine Faktorisierung $\mu : [-,U] \to F'$ von $\varphi : [-,U] \to G'$. Wegen $\mathrm{im}(\alpha'\tau) \subset \mathrm{im}(\varrho)$ gilt $\mathrm{im}(\tau) \subset \alpha'^{-1}(\mathrm{im}(\varrho))$ und folglich auch $\mu^{-1}(\mathrm{im}(\tau)) \subset \varphi^{-1}(\mathrm{im}(\varrho))$, weil $\varphi = \alpha'\mu$. Mit $\mathrm{im}(\tau) \to F'$ gehören folglich auch $\mu^{-1}(\mathrm{im}(\tau)) \to [-,U]$ und $\varphi^{-1}(\mathrm{im}(\varrho)) \to [-,U]$ zu P .

Um zu zeigen, dass der Diagonalmorphismus $\Delta_G : G \to G \underset{G'}{\pi} G$ zu P gehört, betrachten wir den Epimorphismus

$$G \amalg (F \underset{F'}{\pi} F) \to G \underset{G'}{\pi} G$$

mit den Komponenten $\Delta_G : G \to G \underset{G'}{\pi} G$ und $\alpha \underset{\alpha'}{\pi} \alpha$. Wie vorhin verwenden wir die Eigenschaft T3). Ein Morphismus $\varphi : [-,U] \to G \underset{G'}{\pi} G$ faktorisiert entweder durch $F \underset{F'}{\pi} F$ oder durch G . Im ersten Fall wählen wir eine Faktorisierung $\mu : [-,U] \to F \underset{F'}{\pi} F$ von φ . Wegen $\varphi = (\alpha \underset{\alpha'}{\pi} \alpha)\cdot\mu$ enthält die Menge $\varphi^{-1}(\mathrm{im}\,\Delta_G)$ das Urbild $\mu^{-1}(\mathrm{im}\,\Delta_F)$. Mit der Inklusion $\mu^{-1}(\mathrm{im}\,\Delta_F) \to [-,U]$ gehört folglich auch die Inklusion $\varphi^{-1}(\mathrm{im}\,\Delta_G) \to [-,U]$ zu P . Wegen $\varphi^{-1}(\mathrm{im}\,\Delta_G) = [-,U]$ gilt dies natürlich auch im zweiten Fall. Folglich gehört Δ_G zu P .

12.7 <u>Beweis von 12.5.</u> Es ist leicht zu sehen, dass die Unterklasse aller Monomorphismen in $\bar{\Sigma}$ die Eigenschaften T1) - T3) besitzt. Sei Σ' die kleinste Unterklasse von Monomorphismen in $\bar{\Sigma}$, welche Σ enthält und den Bedingungen T1) - T3) genügt. Wir zeigen nun, dass Σ' unter Basiswechsel (= T4) stabil ist. Sei Σ'' die Klasse der Monomorphismen $\tau : F \to G$ mit der Eigenschaft, dass für jeden Morphismus $G' \to G$ der kanonische Morphismus $F \underset{G}{\times} G' \to G'$ zu Σ' gehört. Wegen T3) gilt $\Sigma'' \subset \Sigma'$. Ferner genügt Σ'' ebenfalls den Bedingungen T1) - T3) . Da Σ unter darstellbarem Basiswechsel stabil ist, so folgt aus der Eigenschaft T3) von Σ' , dass $\Sigma \subset \Sigma''$. Da Σ' die kleinste Klasse mit diesen Eigenschaften ist, so folgt $\Sigma' = \Sigma''$ und Σ' ist eine Topologie. Wegen $\bar{\Sigma} \subset \bar{\Sigma}' \subset \bar{\bar{\Sigma}} = \bar{\Sigma}$ folgt aus dem obigen Lemma (12.6), dass $\bar{\Sigma}$ unter Basiswechsel stabil ist. Nach 12.3 existiert daher eine $\aleph_0$-stetige Koreflexion $[\underline{U}^o,\underline{Me}] \to St_{\Sigma}[\underline{U}^o,\underline{Me}]$.

12.8 Wir leiten nun die Grothendieck-Giraud'sche Konstruktion der assoziierten Garbe aus der universellen Eigenschaft der Σ-stetigen Funktoren her. Sei also $\underline{U}$ eine kleine Kategorie und T eine abgeschlossene Klasse von Morphismen in $[\underline{U}^{o},\underline{Me}]$, welche unter Basiswechsel stabil ist. Sei Σ die Menge der zu T gehörigen Inklusionen $R \to [-,U]$, wobei $U \in \underline{U}$. Nach 12.2 gilt dann $\overline{\Sigma} = T$ und $St_{\Sigma}[\underline{U}^{o},\underline{Me}] = St_{T}[\underline{U}^{o},\underline{Me}]$. Ferner gehört ein Morphismus $\tau \in [\underline{U}^{o},\underline{Me}]$ genau dann zu $\overline{\Sigma}$, wenn er von der Koreflexion $L : [\underline{U}^{o},\underline{Me}] \to St_{\Sigma}[\underline{U}^{o},\underline{Me}]$, $F \rightsquigarrow \widetilde{F}$ in einen Isomorphismus übergeführt wird (8.5). Da für jeden Funktor $F : \underline{U}^{o} \to \underline{Me}$ der kanonische Morphismus $F \to \widetilde{F}$ zu $\overline{\Sigma}$ gehört, so ist $St_{\overline{\Sigma}}[\underline{U}^{o},\underline{Me}]$ die Bruchkategorie $\overline{\Sigma}^{-1}[\underline{U}^{o},\underline{Me}]$ und $L : [\underline{U}^{o},\underline{Me}] \to St_{\Sigma}[\underline{U}^{o},\underline{Me}]$ die kanonische Projektion (vgl. Gabriel-Zismann [23] chap. I, 1.3). Für jedes $U \in \underline{U}$ sei $\underline{J}^{2}(U)$ bzw. $\underline{J}(U)$ die volle Unterkategorie von $[\underline{U}^{o},\underline{Me}]/[-,U]$, deren Objekte zu $\overline{\Sigma}$ bzw. Σ gehören. Diese Kategorien sind offensichtlich $\aleph_0$-filtrierend. Nach Gabriel-Zismann [23] chap. I, 2.4 gilt daher für jeden Funktor F

$$\varinjlim_{\tau \in \underline{J}^{2}(U)} [d\tau,F] \cong \mathrm{Hom}_{\overline{\Sigma}^{-1}}[[-,U],F] = [\widetilde{[-,U]},\widetilde{F}] \cong [[-,U],\widetilde{F}] \cong \widetilde{F}U$$

wobei $d\tau$ der Definitionsbereich von τ ist, und $\mathrm{Hom}_{\overline{\Sigma}^{-1}}[A,B]$ die Menge der Morphismen zwischen zwei Objekten $A,B \in \overline{\Sigma}^{-1}[\underline{U}^{o},\underline{Me}]$ bezeichnet. (Man beachte, dass $\underline{J}^{2}(U)$ im allgemeinen nicht klein ist, wohl aber $\underline{J}(U)$). Nimmt man für jedes $U \in \underline{U}$ den Kolimes nur über die Unterkategorie $\underline{J}(U)$ von $\underline{J}^{2}(U)$, dann erhält man mittels 8.4 f) und der kanonischen Zerlegungen $d\tau \to \mathrm{im}\,\tau \to [-,U]$ einen Unterfunktor F_S von $\widetilde{F}$, dessen Wert bei $U \in \underline{U}$ isomorph zu $\varinjlim_{\sigma \in \underline{J}(U)} [d\sigma,F]$ ist. Es ist evident, dass der kanonische Morphismus $\varphi(F) : F \to \widetilde{F}$ durch die Inklusion $i : F_S \to \widetilde{F}$ faktorisiert. Da die Koreflexion $L : [\underline{U}^{o},\underline{Me}] \to St_{\Sigma}[\underline{U}^{o},\underline{Me}]$ Monomorphismen erhält (12.5), so führt sie die Morphismen des Diagrammes

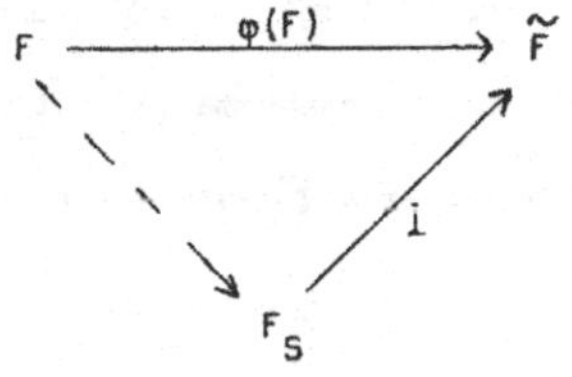

in Isomorphismen über, insbesondere gilt $\tilde{F}_S \xrightarrow{\cong} \tilde{F}$.

Da für jedes $\tau \in \underline{J}^2(U)$ und jeden Morphismus $f : d\tau \to F_S$ das Diagramm

$$\begin{array}{ccc} d\tau & \xrightarrow{f} & F_S \\ {\scriptstyle\tau}\downarrow & & \downarrow{\scriptstyle i}\,\cap \\ [-,U] & & \tilde{F} \end{array}$$

durch einen eindeutig bestimmten Morphismus $[-,U] \to \tilde{F}$ kommutativ gemacht werden kann, so faktorisiert $f : d\tau \to F_S$ durch den Epimorphismus $d\tau \to \mathrm{im}(\tau)$. Es gilt daher

$$\varinjlim_{\sigma \in J(U)} [d\sigma, F_S] \xrightarrow{\cong} \varinjlim_{\tau \in J^2(U)} [d\tau, F_S] \cong \mathrm{Hom}_{\Sigma^{-1}}\big[[-,U], F_S\big] = \big[[\widetilde{-,U}], \tilde{F}_S\big] \cong \big[[-,U], \tilde{F}_S\big] \cong \tilde{F}_S U \cong \tilde{F} U$$

<u>Dies zeigt, dass man</u> $\tilde{F}$ <u>aus</u> F <u>erhalten kann, indem man die obige Konstruktion zweimal ausführt, dh. es gilt</u> $(F_S)_S = \tilde{F}$.

12.9 <u>Satz. Sei</u> $\underline{U}$ <u>eine kleine Kategorie und</u> Σ <u>eine Klasse von Monomorphismen in</u> $[\underline{U}^o, \underline{Me}]$, <u>welche unter darstellbarem Basiswechsel stabil ist. Sei</u> $\underline{B}$ <u>eine Garbenkategorie (12.5) oder eine lokal</u> $\aleph_0$<u>-präsentierbare Kategorie. Dann existiert eine</u> $\aleph_0$<u>-stetige Koreflexion</u>

$$[\underline{U}^o, \underline{B}] \to St_\Sigma[\underline{U}^o, \underline{B}]$$

<u>Ausserdem ist mit</u> $\underline{B}$ <u>auch</u> $St_\Sigma[\underline{U}^o, \underline{B}]$ <u>eine Garbenkategorie.</u>

<u>Beweis</u>. Wir verwenden die Bezeichnungen von 8.8. Sei zunächst $\underline{B} = St_T[\underline{V}^o, \underline{Me}]$ eine Garbenkategorie, wobei T eine Klasse von Monomorphismen in $[\underline{V}^o, \underline{Me}]$ ist, welche unter darstellbarem Basiswechsel stabil ist. Wir können annehmen, dass Σ und T die Identitäten der Hom-Funktoren enthalten. Nach dem Beweis von 8.8 hat man dann "Inklusionen"

$$St_\Sigma[\underline{U}^o, \underline{B}] \xrightarrow{I_1} [\underline{U}^o, \underline{B}] \xrightarrow{I_2} [(\underline{U} \times \underline{V})^o, \underline{Me}],$$

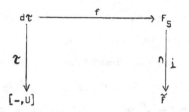

wobei $[(\underline{U}\times\underline{V})^{o},\underline{Me}]$ mit $[\underline{U}^{o},[\underline{V}^{o},\underline{Me}]]$ und $St_{\Sigma}[\underline{U}^{o},\underline{B}]$ mit $St_{\Sigma\times T}[(\underline{U}\times\underline{V})^{o},\underline{Me}]$ identifiziert werden kann. Da $\Sigma\times T$ in $[(\underline{U}\times\underline{V})^{o},\underline{Me}]$ unter darstellbarem Basiswechsel stabil ist, so ist $St_{\Sigma}[\underline{U}^{o},\underline{B}]$ eine Garbenkategorie, und nach 12.5 existiert eine $\aleph_0$-stetige Koreflexion $L : [(\underline{U}\times\underline{V})^{o},\underline{Me}] \to St_{\Sigma\times T}[(\underline{U}\times\underline{V})^{o},\underline{Me}]$. Folglich ist auch
$LI_2 : [\underline{U}^{o},\underline{B}] \to St_{\Sigma}[\underline{U}^{o},\underline{B}]$ $\aleph_0$-stetig.

Wegen 7.9 und 8.2 a) kann man ohne Einschränkung der Allgemeinheit annehmen, dass die betrachtete lokal $\aleph_0$-präsentierbare Kategorie $\underline{B}$ von der Form $\underline{B} = St_{T}[\underline{V}^{o},\underline{Me}]$ ist und dass die Inklusion $St_{T}[\underline{V}^{o},\underline{Me}] \to [\underline{V}^{o},\underline{Me}]$ $\aleph_0$-kofiltrierende Kolimites erhält ($\underline{V}$ klein). Die Inklusionen $St_{\Sigma}[\underline{U}^{o},\underline{B}] \to [\underline{U}^{o},\underline{B}]$ und $I : St_{\Sigma}[\underline{U}^{o},\underline{Me}] \to [\underline{U}^{o},\underline{Me}]$ geben Anlass zu einem kommutativen Diagramm

$$\begin{array}{ccc}
St_{\Sigma}[\underline{U}^{o},\underline{B}] & \longrightarrow & [\underline{U}^{o},\underline{B}] \\
\Big\downarrow J & & \Big\downarrow J' \\
[\underline{V}^{o},St_{\Sigma}[\underline{U}^{o},\underline{Me}]] & \xrightarrow{\ I\circ\ } & [\underline{V}^{o},[\underline{U}^{o},\underline{Me}]]
\end{array}$$

wobei J bzw. J' den volltreuen Funktor $H \rightsquigarrow (V \rightsquigarrow [[-,V],H-])$ bezeichnet (vgl. 8.1). Der Funktor

$$K : [\underline{V}^{o},[\underline{U}^{o},\underline{Me}]] \to [\underline{V}^{o},St_{\Sigma}[\underline{U}^{o},\underline{Me}]] \ , F \rightsquigarrow (V \rightsquigarrow \widetilde{FV})$$

ist offensichtlich linksadjungiert zu $I\circ$. Da K nach 12.5 $\aleph_0$-stetig ist, genügt es zu zeigen, dass K das Bild von J' in das Bild von J überführt. Das Bild von J' besteht aus denjenigen Funktoren $F : \underline{V}^{o} \to [\underline{U}^{o},\underline{Me}]$, welche die Eigenschaft besitzen, dass für jedes $U \in \underline{U}$ der Funktor $\underline{V}^{o} \to \underline{Me}$, $V \rightsquigarrow [[-,U],FV]$ T-stetig ist (beachte $[[-,U],FV] \cong (FV)(U)$, vgl. auch Beweis von 8.8). Ist $G = \varinjlim [-,U_{\nu}]$ ein beliebiger Funktor in $[\underline{U}^{o},\underline{Me}]$, dann ist für einen solchen Funktor $F : \underline{V}^{o} \to [\underline{U}^{o},\underline{Me}]$ auch der Funktor $\underline{V}^{o} \to \underline{Me}$, $V \rightsquigarrow [G,FV]$ T-stetig, weil der letztere der Limes der Funktoren $V \rightsquigarrow [[-,U_{\nu}],FV]$ ist. Da die Inklusion $St_{T}[\underline{V}^{o},\underline{Me}] \to [\underline{V}^{o},\underline{Me}]$ $\aleph_0$-kofiltrierende Kolimites erhält, so ist folglich für einen solchen Funktor $F : \underline{V}^{o} \to [\underline{U}^{o},\underline{Me}]$ auch der Funktor

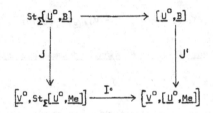

$$\underline{V}^o \to \underline{Me}\ ,\ V \rightsquigarrow \Big(\varinjlim_{\sigma\in\underline{J}(U)} [d\sigma, FV]\Big)$$

für jedes $U \in \underline{U}$ T-stetig (vgl. 12.8). Nach Definition von $(FV)_S$ gilt

$(FV)_S U = \varinjlim_{\sigma\in\underline{J}(U)} [d\sigma, FV]$.

Ebenso folgt, dass $\underline{V}^o \to \underline{Me}\ ,\ V \rightsquigarrow \big(\varinjlim_{\sigma\in\underline{J}(U)} [d\sigma, (FV)_S]\big)$, für jedes $U \in \underline{U}$ T-stetig ist. Wegen $\varinjlim_{\sigma\in\underline{J}(U)} [d\sigma, (FV)_S] \cong (\widetilde{FV})(U)$ zeigt dies, dass der Funktor $\underline{V}^o \to \underline{Me}\ ,\ V \rightsquigarrow (\widetilde{FV})(U)$ für jedes $U \in \underline{U}$ T-stetig ist. Folglich ist der Funktor $\underline{V}^o \to St_\Sigma[\underline{U}^o, \underline{Me}]\ ,\ V \rightsquigarrow \widetilde{FV}$, das Bild des Funktors $\underline{U}^o \to St_T[\underline{V}^o, \underline{Me}]\ ,\ U \rightsquigarrow \widetilde{FV}(U)$, unter

$J : St_\Sigma[\underline{U}^o, St_T[\underline{V}^o, \underline{Me}]] \to [\underline{V}, St_\Sigma[\underline{U}^o, \underline{Me}]]$.

12.10 Lemma. Seien $J : \underline{U} \to \underline{\widetilde{U}}$ und $I : \underline{\widetilde{U}} \to \underline{A}$ dichte Funktoren, wobei $\underline{U}$ und $\underline{\widetilde{U}}$ kleine Kategorien sind und I die Kolimites $\varinjlim J\cdot J_X$ erhält, $X \in \underline{\widetilde{U}}$ (vgl. 3.8). Falls $\Phi_1 : \underline{A} \to [\underline{U}^o, \underline{Me}]\ ,\ A \rightsquigarrow [IJ-, A]$ einen $\aleph_o$-stetigen Koadjungierten besitzt, dann auch $\Phi_2 : \underline{A} \to [\underline{\widetilde{U}}^o, \underline{Me}]\ ,\ A \rightsquigarrow [I-, A]$.

Ist J volltreu, dann gilt auch die Umkehrung hievon.

Beweis. Nach 3.8 ist $I\cdot J : \underline{U} \to \underline{A}$ dicht. Folglich sind die Funktoren Φ_1 und Φ_2 volltreu. Die "Restriktion" $R^J : [\underline{\widetilde{U}}^o, \underline{Me}] \to [\underline{U}^o, \underline{Me}]\ ,\ F \rightsquigarrow F\cdot J$ ist koadjungiert zur Kan'schen Erweiterung $E^J : [\underline{U}^o, \underline{Me}] \to [\underline{\widetilde{U}}^o, \underline{Me}]$, deren Wert auf einem Funktor $[IJ-, A] : \underline{U}^o \to \underline{Me}$ durch $E^J[IJ-, A](X) = \varprojlim [IJJ_X, A] \cong [\varinjlim IJJ_X, A] = [I \varinjlim JJ_X, A] = [IX, A]$ gegeben ist, wobei $A \in \underline{A}\ ,\ X \in \underline{\widetilde{U}}$. Folglich ist das Diagramm

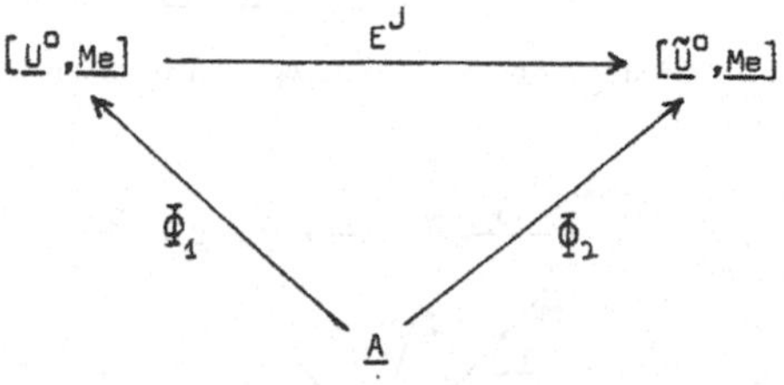

bis auf Isomorphie kommutativ und es gilt entsprechend $L_2 \cong L_1 R^J$ für die Koadjungierten $L_2 : [\underline{\widetilde{U}}^o, \underline{Me}] \to \underline{A}$ und $L_1 : [\underline{U}^o, \underline{Me}] \to \underline{A}$ von Φ_2 und Φ_1 . (Nach 3.6 ($\alpha = \infty$) ist die

Existenz von L_2 (bzw. L_1) äquivalent zur Kovollständigkeit von $\underline{A}$ und folglich existiert L_1 genau dann, wenn L_2 existiert). Mit R^J und L_1 ist folglich auch L_2 $\aleph_0$-stetig.

Ist $J : \underline{U} \to \widetilde{\underline{U}}$ volltreu, dann auch E^J und es gilt $R^J E^J \cong \mathrm{id}$. Wegen $L_1 \cong L_1 R^J E^J \cong L_2 E^J$ folgt aus der $\aleph_0$-Stetigkeit von L_2 und E^J diejenige von L_1 .

12.11 Satz. Sei $\underline{A}$ eine Garbenkategorie (12.5) und M eine echte Generatorenmenge in $\underline{A}$. Sei $\underline{V} \to \underline{A}$ die Inklusion der vollen von M aufgespannten Unterkategorie. Dann ist $\underline{V} \to \underline{A}$ dicht und die volle Einbettung $\underline{A} \to [\underline{V}^o, \underline{Me}]$, $A \rightsquigarrow [-,A]$ besitzt einen $\aleph_0$-stetigen Koadjungierten (vgl. auch 12.14).

Beweis. Nach 12.5 gibt es eine kleine Kategorie $\underline{U}$ und eine volle Einbettung $S : \underline{A} \to [\underline{U}^o, \underline{Me}]$, welche einen $\aleph_0$-stetigen Koadjungierten $L : [\underline{U}^o, \underline{Me}] \to \underline{A}$ besitzt. Hieraus folgt leicht, dass $\underline{A}$ kovollständig und vollständig ist und dass in $\underline{A}$ jeder echte Epimorphismus regulär ist (1.1-1.4). Folglich ist M eine reguläre Generatorenmenge und die Inklusion $\underline{V} \to \underline{A}$ ist dicht (nach 3.7 und 12.13 b)).

Sei $\widetilde{\underline{U}}$ die volle Unterkategorie von $\underline{A}$, deren Objekte die Bilder der Funktoren $[-,U]$, $U \in \underline{U}$, unter L sind, und sei $J : \underline{U} \to \widetilde{\underline{U}}$ der Funktor $U \rightsquigarrow L[-,U]$. Aus dem Beweis von 4.2 (i) $\Longrightarrow$ (ii) geht hervor, dass die Inklusion $I : \widetilde{\underline{U}} \to \underline{A}$ sowie $IJ : \underline{U} \to \underline{A}$ und $J : \underline{U} \to \widetilde{\underline{U}}$ dicht sind. Ferner ist die Einbettung $S : \underline{A} \to [\underline{U}^o, \underline{Me}]$ isomorph zu $A \rightsquigarrow [IJ-,A]$. Sei $\widetilde{\underline{U}} \cup \underline{V}$ die kleinste volle Unterkategorie von $\underline{A}$, welche $\widetilde{\underline{U}}$ und $\underline{V}$ umfasst. Dann ist die Inklusion von $\widetilde{\underline{U}} \cup \underline{V}$ in $\underline{A}$ dicht (3.9). Die Existenz und die $\aleph_0$-Stetigkeit des Koadjungierten der Einbettung $\underline{A} \to [\underline{V}^o, \underline{Me}]$, $A \rightsquigarrow [-,A]$ erhält man nun durch Anwenden von 12.10 auf das folgende Diagramm von dichten Funktoren

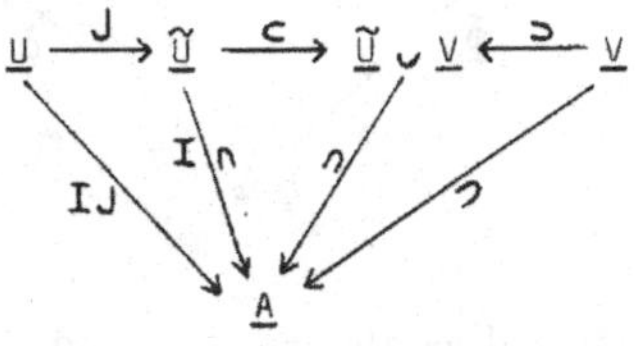

12.12 *Korollar. Sei* $\underline{A}$ *eine Garbenkategorie* (12.5) *und* M *eine echte Generatorenmenge in* $\underline{A}$. *Sei* Σ *eine Klasse von Monomorphismen in* $\underline{A}$ *derart, dass in jedem kartesischen Diagramm*

$$\begin{array}{ccc} R & \longrightarrow & d\sigma \\ {\scriptstyle \varrho}\downarrow & & \downarrow{\scriptstyle \sigma} \\ V & \longrightarrow & w\sigma \end{array}$$

mit σ *auch* ϱ *zu* Σ *gehört, vorausgesetzt* $V \in M$. *Dann ist* $\underline{A}_\Sigma$ *eine Garbenkategorie* (für $\underline{A}_\Sigma$ siehe 8.6 b)) *und die Inklusion* $\underline{A}_\Sigma \to \underline{A}$ *besitzt einen* $\aleph_0$*-stetigen Koadjungierten.*

Beweis. Die von M aufgespannte volle Unterkategorie $\underline{V}$ ist dicht (12.11). Da die volle Einbettung $\underline{A} \to [\underline{V}^o,\underline{Me}]$, $A \rightsquigarrow [-,A]$ einen $\aleph_0$-stetigen Koadjungierten besitzt (12.11), so gibt es nach 12.3 eine Klasse T von Monomorphismen in $[\underline{V}^o,\underline{Me}]$, welche unter darstellbarem Basiswechsel stabil ist derart, dass $\underline{A} \cong St_T[\underline{V}^o,\underline{Me}]$, $A \rightsquigarrow [-,A]$. Auf Grund der Definition von $\underline{A}_\Sigma$ (8.6 b)) ist es evident, dass die Zusammensetzung $\underline{A}_\Sigma \subset \underline{A} \to St_T[\underline{V}^o,\underline{Me}]$ eine Aequivalenz von $\underline{A}_\Sigma$ auf die $(\Sigma \cup T)$-stetigen Funktoren $\underline{V}^o \to \underline{Me}$ induziert. Da mit Σ und T auch $\Sigma \cup T$ unter darstellbarem Basiswechsel stabil ist, so ist $\underline{A}_\Sigma$ eine Garbenkategorie. Nach 12.5 besitzt daher die Einbettung $\underline{A}_\Sigma \to [\underline{V}^o,\underline{Me}]$, $A \rightsquigarrow [-,A]$ einen $\aleph_0$-stetigen Koadjungierten $L : [\underline{V}^o,\underline{Me}] \to \underline{A}_\Sigma$. Folglich ist auch die Zusammensetzung $\underline{A} \to [\underline{V}^o,\underline{Me}] \xrightarrow{L} \underline{A}_\Sigma$ $\aleph_0$-stetig und koadjungiert zur Inklusion.

12.13 Zum Schluss leiten wir die Giraud'sche Kennzeichnung der Garbenkategorien her. Eine Garbenkategorie $\underline{X}$ (vgl. 12.5) hat bekanntlich folgende Eigenschaften:

a) In einem kartesischen Quadrat

$$\begin{array}{ccc} X' & \longrightarrow & X \\ {\scriptstyle \eta'}\downarrow & & \downarrow{\scriptstyle \eta} \\ Y' & \longrightarrow & Y \end{array}$$

ist mit η auch η' ein regulärer Epimorphismus.

b) Für jede Familie $(X_i)_{i\in I}$ und jeden Morphismus $Y \to \coprod_{i\in I} X_i$ ist der induzierte Morphismus $\coprod_{i\in I} (Y \prod_{X} X_i) \to Y$ invertierbar, wobei $X = \coprod_{i\in I} X_i$.

c) Falls der Kodiagonalmorphismus $X \amalg X \to X$ invertierbar ist, so ist $X \in \underline{X}$ ein initiales Objekt.

d) Jede Aequivalenzrelation ist effektiv (11.1).

Zum Beweis dieser Aussagen können wir wegen 12.5 und 12.6 annehmen, dass $\underline{X} = St_P[\underline{U}^o,\underline{Me}]$ wobei P eine Topologie ist. Sei $I : St_P[\underline{U}^o,\underline{Me}] \to [\underline{U}^o,\underline{Me}]$ die Inklusion und $L : [\underline{U}^o,\underline{Me}] \to St_P[\underline{U}^o,\underline{Me}]$ eine Koreflexion. Die Eigenschaften a) und b) werden durch folgende stärkere Aussage impliziert.

e) Für beliebige Kolimites in $\underline{X}$ gilt $\varinjlim_i \left(A(i) \prod_C B\right) \xrightarrow{\cong} \left(\varinjlim_i A(i)\right) \prod_C B$.

In der Funktorkategorie $[\underline{U}^o,\underline{Me}]$ gilt nämlich $\varinjlim_i \left(IA(i) \prod_{IC} IB\right) \xrightarrow{\cong} (\varinjlim_i IA(i)) \prod_{IC} IB$. Da L Faserprodukte erhält, so folgt

$$\varinjlim_i \left(A(i) \prod_C B\right) \cong \varinjlim_i \left(LI\,A(i) \prod_{LIC} LIB\right) \xrightarrow{\cong} L\left((\varinjlim_i IA(i)) \prod_{IC} IB\right) \xrightarrow{\cong} (L\varinjlim_i IA(i)) \prod_{LIC} (LIB) \xrightarrow{\cong} (\varinjlim_i A(i)) \prod_C B$$

Wir nehmen jetzt an, dass $X \amalg X \to X$ in $\underline{X}$ invertierbar ist. Seien $S = IX \amalg IX$ das Koprodukt von IX mit sich selbst in $[\underline{U}^o,\underline{Me}]$ und $i,j : IX \to S$ die Inklusionen in beide Summanden. Aus unserer Voraussetzung folgt, dass $Li : LIX \to LS = X \amalg X$ invertierbar ist, mit anderen Worten, i ist bedeckend (12.6). Der Basiswechsel $j : IX \to S$ führt i in die zweite Projektion $\emptyset = IX \prod_S IX \to IX$ über. Folglich ist $\emptyset \to IX$ bedeckend und es gilt $L\emptyset \xrightarrow{\cong} LIX \cong X$, was c) beweist.

Sei schliesslich $p_1,p_2 : R \rightrightarrows X$ eine Aequivalenzrelation in $\underline{X}$ und sei $Y = Kok(Ip_1,Ip_2)$. Dann ist LY der Kokern von (p_1,p_2) in $\underline{X}$ und es gilt $IR \xrightarrow{\cong} IX \prod_Y IX$ in $[\underline{U}^o,\underline{Me}]$ und

$$X \prod_{LY} X \xrightarrow{\cong} LIX \prod_{LY} LIX \xrightarrow{\cong} L(IX \prod_Y IX) \xrightarrow{\cong} LIR \xrightarrow{\cong} R$$

12.14 <u>Satz</u> (Giraud). <u>Sei $\underline{X}$ eine Kategorie mit Koprodukten, Kokernen von Aequivalenzrelationen, endlichen Limites und einer echten Generatorenmenge</u> M . <u>Die Kategorie $\underline{X}$ ist</u>

genau dann eine Garbenkategorie, wenn sie die Eigenschaften 12.13 a), b), c) und d) hat.

Beweis. Sei $\underline{U}$ die von M aufgespannte volle Unterkategorie von $\underline{X}$ und $J : \underline{U} \to \underline{X}$ die Inklusion. In $[\underline{U}^o, \underline{Me}]$ wird eine Topologie folgendermassen erklärt. Ein Monomorphismus $\mu : E \to F$ gehört genau dann zu P, wenn sich jeder Morphismus $\xi : [-,U] \to F$ in ein kommutatives Diagramm der Form

12.15
$$\begin{array}{ccc} \coprod_{i\in I}[-,U_i] & \xrightarrow{\pi=([-,p_i])} & [-,U] \\ \Big\downarrow{\scriptstyle\eta} & & \Big\downarrow{\scriptstyle\xi} \\ E & \xrightarrow{\mu} & F \end{array}$$

einbetten lässt, wobei $(p_i) : \coprod_{i\in I} U_i \to U$ ein regulärer Epimorphismus in $\underline{X}$ ist. Zum Beispiel gehört für jeden regulären Epimorphismus $\coprod_i U_i \to U$ die induzierte Inklusion $\operatorname{im}\left(\coprod_i [-,U_i]\right) \xrightarrow{\subset} [-,U]$ zu P.

Es lässt sich leicht zeigen, dass P die Bedingungen T1 - T4 von 12.6 erfüllt. Dabei wird lediglich die Eigenschaft a) benützt, und zwar im Beweis der zweiten Aussage von T2), wo die Eigenschaft verwendet wird, dass die Zusammensetzung zweier regulärer Epimorphismen wieder regulär ist (1.7). Es bleibt demnach zu zeigen, dass der Funktor $\underline{X} \to [\underline{U}^o, \underline{Me}]$, $X \rightsquigarrow [J-,X]$ eine Aequivalenz von $\underline{X}$ auf $St_P[\underline{U}^o, \underline{Me}]$ induziert. Der Beweis hierfür ist formal derselbe wie für 11.6.

Wir zeigen zunächst, dass ein Funktor $G \in [\underline{U}^o, \underline{Me}]$ genau dann eine Garbe ist, wenn jeder reguläre Epimorphismus $(p_i) : \coprod_{i\in I} U_i \to U$ in $\underline{X}$ mit U_i, $U \in M$ eine Bijektion von GU auf die Menge der $(\xi_i) \in \prod_{i\in I} GU_i$ mit der Eigenschaft induziert, dass die Gleichung $(Gu)(\xi_i) = (Gv)(\xi_j)$ für jedes kommutative Quadrat

$$\begin{array}{ccc} V & \xrightarrow{u} & U_i \\ \Big\downarrow{\scriptstyle v} & & \Big\downarrow{\scriptstyle p_i} \\ U_j & \xrightarrow{p_j} & U \end{array}$$

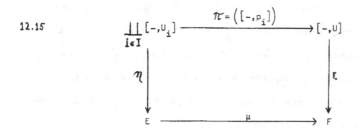

in $\underline{U}$ gilt.

Sei $G \in [\underline{U}^o, \underline{Me}]$ ein Funktor mit dieser Eigenschaft. Sei $B((p_i)_{i\in I})$ das Bild des Morphismus $([-,p_i]) : \coprod_{i\in I} [-,U_i] \to [-,U]$ und $\sigma : B((p_i)_{i\in I}) \to [-,U]$ die Inklusion. Identifiziert man GU mit $[[-,U],G]$ und $\prod_i GU_i$ mit $[\coprod_i [-,U_i],G]$, so besagt unsere Bedingung, dass GU mit der Menge der Morphismen $\coprod_i [-,U_i] \to G$, die durch $B((p_i)_{i\in I})$ faktorisieren, identifiziert wird. Mit andern Worten, $[\sigma,G]$ ist ein Isomorphismus. Daraus folgt, dass $[\mu,G]$ für jeden Morphismus $\mu : E \to F$ aus P injektiv ist. Die Surjektivität von $[\mu,G]$ sieht man folgendermassen ein. In jedem Diagramm 12.15 faktorisiert $\xi\sigma : B((p_i)_{i\in I}) \to F$ eindeutig durch $E \xrightarrow{\mu} F$, weil μ ein Monomorphismus ist. Sei $\xi' : B((p_i)_{i\in I}) \to E$ die Faktorisierung. Für jedes $\varphi : E \to G$ gibt es daher ein $\psi : [-,U] \to G$ mit $\varphi\cdot\xi' = \psi\sigma$. Je zwei Morphismen $u,v : [-,W] \rightrightarrows [-,U]$ mit der Eigenschaft $\xi u = \xi v$ geben Anlass zu einem Diagramm

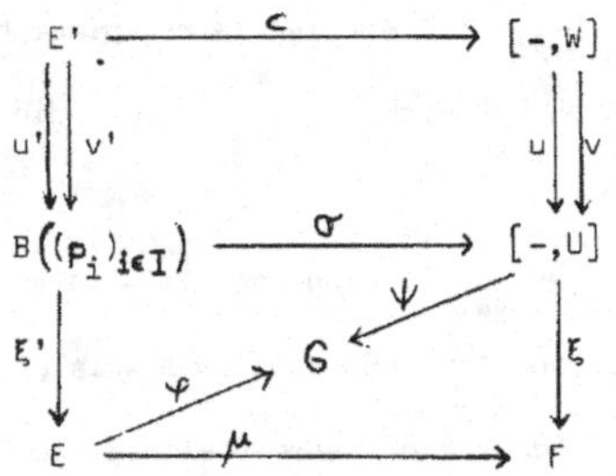

mit $\xi'u' = \xi'v'$, wobei E' der Durchschnitt der Urbilder von $B((p_i)_{i\in I})$ unter u und v ist. Ferner gilt $\psi u|_{E'} = \varphi\xi'u' = \varphi\xi'v' = \psi v|_{E'}$. Da die Inklusion $E' \to [-,W]$ zu P gehört, gilt folglich auch $\psi u = \psi v$. Hieraus folgt, dass ψ durch das Bild von $[-,U]$ in F faktorisiert. Damit kann φ "schrittweise" von E auf F erweitert werden. Folglich ist G eine Garbe.

Umgekehrt sind für eine Garbe G die Abbildungen $[\sigma,G]$ bijektiv, weil die Inklusionen $\sigma : B((p_i)_{i\in I}) \hookrightarrow [-,U]$ zu P gehören.

Aus b) und der gegebenen Beschreibung der Garben folgt leicht, dass $[J-,X]$ für jedes $X \in \underline{X}$ eine Garbe ist. Aus b) und 3.7, 3.5 folgt, dass die Zuordnung $X \rightsquigarrow [J-,X]$ einen volltreuen Funktor $R : \underline{X} \to St_p[\underline{U}^o,\underline{Me}]$ liefert. Aus a) folgt, dass $[J-,p] : [J-,X] \to [J-,X']$ für jeden regulären Epimorphismus $p : X \to X'$ bedeckend und folglich ein regulärer Epimorphismus in $St_p[\underline{U}^o,\underline{Me}]$ ist. Mit anderen Worten R erhält reguläre Epimorphismen. Man bemerke dabei, dass wir bis jetzt die Bedingungen c) und d) nicht benützt haben.

Sei Θ das initiale Objekt in $\underline{X}$. Aus der Definition der Topologie P folgt leicht, dass $\emptyset \to [J-,\Theta]$ bedeckend ist, wobei $\emptyset$ den "leeren" Funktor bezeichnet (man wähle I leer in 12.15). Folglich ist $[J-,\Theta]$ ein initiales Objekt in $St_p[\underline{U}^o,\underline{Me}]$. Sei ferner $(X_i)_{i\in I}$ eine beliebige Familie von Objekten in $\underline{X}$. Aus b) folgt, dass der induzierte Morphismus $v : \coprod_{i\in I}[J-,X_i] \to [J-,\coprod_{i\in I} X_i]$ bedeckend ist, wobei das erste Koprodukt in $[\underline{U}^o,\underline{Me}]$ zu nehmen ist. Es seien $u : U \to X_i$ und $v : U \to X_j$ zwei Morphismen mit $U \in M$ und mit der Eigenschaft, dass $[J-,u]$ und $[J-,v]$ von v egalisiert werden. Für $i = j$ gilt dann $u = v$, weil $X_j \to \coprod_{i\in I} X_i$ nach 12.16 (unten) ein Monomorphismus ist. Für $i \neq j$ gilt $U \xrightarrow{\cong} \Theta$ nach 12.16. In beiden Fällen ist $Ker\big([J-,u],[J-,v]\big) \to [-,U]$ bedekkend. Folglich ist v bibedeckend und R erhält Koprodukte.

Es bleibt zu zeigen, dass jede Garbe G zu einem $[J-,X]$ isomorph ist. Sei

$$\coprod_{\beta}[-,U_\beta] \underset{q_2}{\overset{q_1}{\rightrightarrows}} \coprod_{\alpha}[-,U_\alpha] \xrightarrow{p} G$$

eine Kokerndarstellung von G in $St_p[\underline{U}^o,\underline{Me}]$ mit U_α, $U_\beta \in M$, wobei (q_1,q_2) ein Aequivalenzpaar ist (11.1). Sei $q_1' : \coprod_\beta U_\beta \to \coprod_\alpha U_\alpha$ bzw. q_2' der durch q_1 bzw. q_2 induzierte Morphismus, und $\coprod_\beta U_\beta \xrightarrow{\varepsilon} S \xrightarrow{(p_1,p_2)} \left(\coprod_\alpha U_\alpha\right) \pi \left(\coprod_\alpha U_\alpha\right)$ die Zerlegung in $\underline{X}$ von (q_1',q_2') in einen regulären Epimorphismus und einen Monomorphismus. Dann ist $R\varepsilon$ ein regulärer Epimorphismus in $St_p[\underline{U}^o,\underline{Me}]$ und $(Rp_1,Rp_2) = R(p_1,p_2)$ ist ein Monomorphismus. Folglich ist $(Rp_1,Rp_2)R\varepsilon$ die kanonische Zerlegung von $(Rq_1',Rq_2') = (q_1,q_2)$ in $St_p[\underline{U}^o,\underline{Me}]$. Weil R volltreu ist und endliche Limites erhält, so ist mit (Rp_1,Rp_2) auch (p_1,p_2) eine Aequivalenzrelation. Wegen d) ist (p_1,p_2) das Kernpaar von $\coprod_\alpha U_\alpha \to Kok(p_1,p_2)$. Infolgedessen ist (Rp_1,Rp_2) das Kernpaar von $\coprod_\alpha[-,U_\alpha] = [J-,\coprod_\alpha U_\alpha] \to R\,Kok(p_1,p_2)$ und es gilt $R\,Kok(p_1,p_2) \xrightarrow{\cong} Kok(Rp_1,Rp_2) = G$ (vgl. 11.6).

12.16 Lemma. Es seien X, Y zwei Objekte in einer Kategorie $\underline{X}$ mit Faserprodukten und universellen Koprodukten. Dann ist der kanonische Morphismus $X \to Z = X \amalg Y$ ein Monomorphismus, und für jeden Morphismus $T \to X \prod_Z Y$ ist der Kodiagonalmorphismus $\delta : T \amalg T \to T$ invertierbar, mit anderen Worten, T ist ein Quotient des initialen Objekts.

Beweis. Die kanonische Projektion $p_1 : X \prod_Z X \to X$ lässt sich zerlegen in $X \prod_Z X \xrightarrow{i_1} (X \prod_Z X) \amalg (X \prod_Z Y) \xrightarrow{\cong} X$. Da i_1 eine Retraktion besitzt, ist mit i_1 auch p_1 ein Monomorphismus und folglich ein Isomorphismus. Infolgedessen ist $X \to Z$ ein Monomorphismus.

Sei ferner

$$\begin{array}{ccc} T & \longrightarrow & Y \\ \downarrow & & \downarrow \\ X & \longrightarrow & Z \end{array}$$

ein kommutatives Diagramm. Der kanonische Isomorphismus $(T \prod_Z X) \amalg (T \prod_Z Y) \xrightarrow{\cong} T$ zerlegt sich in

$$(T \prod_Z X) \amalg (T \prod_Z Y) \xrightarrow{q_1 \amalg r_1} T \amalg T \xrightarrow{\delta} T .$$

Der erste Morphismus ist also ein Monomorphismus und eine Retraktion, weil q_1 und r_1 Schnitte besitzen. Folglich sind $q_1 \amalg r_1$ und δ Isomorphismen.

12.17 Bemerkung. Sei $\underline{X}$ eine lokal α-präsentierbare Garbenkategorie. Die volle Unterkategorie $\underline{U}$ aller α-präsentierbaren Objekte hat folgende Eigenschaften:

a_α) $\underline{U}$ ist klein und α-kovollständig.

b_α) Jedes Diagramm $Y' \xrightarrow{\xi} Y \xleftarrow{\eta} X$ mit der Eigenschaft, dass η ein regulärer Epimorphismus ist, lässt sich zu einem kommutativen Quadrat

$$\begin{array}{ccc} X' & \longrightarrow & X \\ {\scriptstyle \eta'}\downarrow & & \downarrow{\scriptstyle \eta} \\ Y' & \xrightarrow{\xi} & Y \end{array}$$

ergänzen, wobei auch η' ein regulärer Epimorphismus ist.

c_α)= c) Wenn für ein $X \in \underline{U}$ der kanonische Morphismus $X \amalg X \to X$ invertierbar ist, so ist X ein initiales Objekt in $\underline{U}$.

d_α) Für jede Familie $(X_i)_{i\in I}$ mit $|I| < \alpha$ und jeden Morphismus $Y \to X = \coprod_{i\in I} X_i$ in $\underline{U}$ existieren die Faserprodukte $Y \prod_X X_i$ in $\underline{U}$ und der induzierte Morphismus $\coprod_{i\in I}(Y \prod_X X_i) \to Y$ ist invertierbar.

e_α) Sei $R \underset{g}{\overset{f}{\rightrightarrows}} X \xrightarrow{p} Y$ eine rechtsexakte Folge und $u,v : U \rightrightarrows X$ ein Morphismenpaar in $\underline{U}$ mit der Eigenschaft $pu = pv$. Dann gibt es einen regulären Epimorphismus $(q_i) : \coprod_{i\in I} V_i \to U$ in $\underline{U}$ mit $|I| < \alpha$ derart, dass (uq_i, vq_i) für jedes i zur Aequivalenzrelation auf $[V_i,X]$ gehört, die durch die Paare $(fr,gr) \in [V_i,X]\prod[V_i,X]$ mit $r \in [V_i,R]$ erzeugt wird.

Beweis. Die Aussagen a_α)-c_α) sind klar. d_α) folgt aus 12.13 d),c). (Man bemerke, dass ein Koprodukt $X' \amalg X''$ nur dann α-präsentierbar sein kann, wenn X' und X'' es sind). Die Aussage e_α) folgt aus dem gegebenen Beweis des Satzes von Giraud, weil man $\underline{X}$ als Kategorie von Garben auf $\underline{U}$ auffassen kann. Die Paare $(u,v) \in [U,X]\prod[U,X]$, für die es eine Familie (q_i) wie in e_α) gibt, spannen nämlich die kleinste Untergarbe G von $[-,X] \prod [-,X]$ auf, die eine Aequivalenzrelation auf $[-,X]$ ist und die Eigenschaft hat, dass $(f,g) \in G(R)$.

<u>Besitzt eine kleine α-kovollständige Kategorie $\underline{U}$ die Eigenschaften a_α) - e_α), so erfüllt $\underline{X} = St_\alpha[\underline{U}^o, \underline{Me}]$ die Bedingungen 12.13a)-e) und ist folglich eine Garbenkategorie.</u> (Im additiven Fall entspricht dies Resultaten von Breitsprecher [13], Goblot [24], Oberst [44] und Roos [47]).

Die letzte Bedingung e_α) ist meistens schwierig nachzuweisen. Falls $\alpha \geq \aleph_1$ und $\underline{U}$ endliche Limites besitzt, kann jedoch e_α) in den vorigen Aussagen durch folgende einfachere Bedingung ersetzt werden:

e'_α) Jede Aequivalenzrelation in $\underline{U}$ ist effektiv.

Die Voraussetzungen a_α) - d_α) und e'_α) haben dann nämlich zur Folge, dass die oben angeführte Garbe G darstellbar ist (man konstruiere sie wie üblich mit Hilfe von Faserprodukten und abzählbaren Kolimites).

Ist $\underline{X}$ eine lokal präsentierbare Garbenkategorie, so kann man nach 13.4 immer eine Kardinalzahl α mit $\pi(\underline{X}) \leq \alpha \geq \aleph_1$ finden derart, dass die volle Unterkategorie $\underline{U}$ der α-präsentierbaren Objekte in $\underline{X}$ endliche Limites besitzt.

§ 13 Abschätzung von Erzeugungs- und Präsentierungszahlen

Sei $\underline{A}$ eine lokal präsentierbare Kategorie und $M \subset \text{Ob}\,\underline{A}$ eine echte Generatorenmenge, bestehend aus ε-erzeugbaren Objekten. In diesem Abschnitt geben wir Abschätzungen von $\varepsilon(A)$ und $\pi(A)$ für $A \in \underline{A}$, welche von ε und M abhängen. Falls $\underline{A}$ in der Form $\text{St}_{\Sigma}[\underline{U}^{\circ},\underline{Me}]$ gegeben ist (wie in § 8), dann sind "konkretere" Abschätzungen möglich. Wir zeigen damit, dass es zu jeder Kardinalzahl α eine Kardinalzahl $\varrho \geq \alpha$ gibt derart, dass in $\underline{A}$ jedes ϱ-erzeugbare Objekt auch ϱ-präsentierbar ist. Ferner kann man damit Aussagen machen, für welche α die Unterkategorie $\underline{\tilde{A}}(\alpha)$ der α-erzeugbaren Objekte "gute" Vollständigkeitseigenschaften besitzt.

13.1 Für jedes Objekt $A \in \underline{A}$ definieren wir

$$|A| = \sum_{U \in M} |[U,A]|$$

Es seien ferner $\pi \geq \varepsilon$ und ε_1 reguläre Kardinalzahlen derart, dass jedes $U \in M$ π-präsentierbar ist, und dass $\varepsilon_1 > |B|$ für alle ε-erzeugbaren Objekte $B \in \underline{A}$ gilt (ein solches ε_1 existiert wegen 9.5).

Für jede reguläre Kardinalzahl α bezeichnen wir mit $\bar{\alpha}$ die kleinste reguläre Kardinalzahl τ mit der Eigenschaft, dass für jedes $\beta < \alpha$ gilt $\tau > \sup_{\eta < \varepsilon} \beta^{\eta}$. Es gilt $\alpha \leq \bar{\alpha}$. Die Gleichheit wird in den beiden folgenden wichtigen Fällen erreicht:

a) $\varepsilon = \aleph_0$

b) $\alpha = (2^{\gamma})^{+}$, wobei $\gamma^{+} \geq \varepsilon$. (Es sei daran erinnert, dass γ^{+} die kleinste reguläre Kardinalzahl $> \gamma$ ist, vgl. §6 S.1.)

13.2 Satz. Für jedes Objekt $A \in \underline{A}$ gilt:

a) $\varepsilon(A) \leq \sup(\varepsilon, |A|^{+})$ und $|A| < \sup(\varepsilon_1, \overline{\varepsilon(A)})$

b) $\varepsilon(A) \leq \pi(A) \leq \sup(\varepsilon_1, \pi, |Z(\underline{A})|^{+}, \overline{\varepsilon(A)}) \leq \sup(\varepsilon_1, \pi^{+}, \overline{\varepsilon(A)})$, wobei $Z(\underline{A})$ die Zerlegungszahl der Kategorie $\underline{A}$ ist (1.5).

<u>Beweis</u>. a) Sei $p : \coprod_h U_h \to A$ der kanonische Epimorphismus 1.11, wobei $h : U_h \to A$ alle Morphismen mit Definitionsbereich in M durchläuft und der Summand U_h vermöge h in A abgebildet wird. Es gibt $|A|$ solche Summanden und p ist ein echter Epimorphismus. Aus 6.2 und 6.7 d) folgt daher $\varepsilon(A) \leq \sup(\varepsilon, |A|^+)$. Nach 9.3 $(\alpha = \varepsilon(A))$ gibt es einen echten Epimorphismus $\coprod_{k\in K} U_k \to A$ mit $U_k \in M$ und $|K| < \varepsilon(A)$. Für jede Teilmenge $J \subset K$ mit $|J| < \varepsilon$ bezeichne U_J das Bild (1.3) des Teilkoproduktes $\coprod_{j\in J} U_j$ in A. Diese U_J bilden einen ε-Kofilter mit Kolimes A (vgl. Beweis des ersten Lemmas in 9.1). Daraus folgt

$$|A| = \sum_{U\in M} |[U, \varinjlim_J U_J]| = \sum_{U\in M} |\varinjlim_J [U,U_J]| \leq \sum_{U\in M}\sum_J |[U,U_J]| = \sum_J \sum_{U\in M} |[U,U_J]| = \sum_J |U_J|$$

Andererseits genügt die Menge $\{J\}$ aller J der Ungleichung $|\{J\}| < \overline{\varepsilon(A)}$. Nach 6.7 d) $(\alpha = \varepsilon)$ gilt $|U_J| < \varepsilon_1$. Zusammenfassend folgt daher $|A| < \sup(\varepsilon_1, \overline{\varepsilon(A)})$.

b) Wegen $\pi(\underline{A}) \leq \pi$ folgt die letzte Ungleichung aus 6.6 b), die erste ist trivial.

Sei ε_2 die kleinste reguläre Kardinalzahl τ mit der Eigenschaft, dass jedes ε-erzeugbare Objekt in $\underline{A}$ τ-präsentierbar ist. Aus $\pi(U_J) \leq \varepsilon_2$ und $|\{J\}| < \overline{\varepsilon(A)}$ folgt wegen 6.2

$$\pi(A) = \pi(\varinjlim_J U_J) \leq \sup_J(\pi(U_J), |\{J\}|^+) \leq \sup(\varepsilon_2, \overline{\varepsilon(A)}) .$$

Demnach bleibt zu zeigen, dass $\varepsilon_2 \leq \sup(\varepsilon_1, \pi, |Z(\underline{A})|^+)$. Sei B ein beliebiges ε-erzeugbares Objekt und $A_o = \coprod_{k\in K} U_k \xrightarrow{\eta} B$ ein echter Epimorphismus, wobei $|K| < \varepsilon \leq \pi$ und $U_k \in M$ für jedes $k \in K$. Folglich gilt auch $\pi(A_o) \leq \pi$ (6.2). Wir betrachten die kanonische Zerlegung

$$A_o \xrightarrow{\varkappa_0} A_1 \xrightarrow{\varkappa_1} A_2 \xrightarrow{\varkappa_2} \cdots \longrightarrow A_\sigma \cong B$$

von η in reguläre Epimorphismen (1.5). Wegen $|Z(\eta)| \leq |Z(\underline{A})|$ genügt es nach 6.2 $(\alpha = |Z(\underline{A})|^+)$ zu zeigen, dass für jedes ν aus $\pi(A_\nu) \leq \sup(\varepsilon_1, \pi, |Z(\underline{A})|^+)$ die Ungleichung $\pi(A_{\nu+1}) \leq \sup(\varepsilon_1, \pi, |Z(\underline{A})|^+)$ folgt. Dies beweist man mit Hilfe der kanonischen Kokerndarstellung

$$\coprod_{f,g} U_{f,g} \rightrightarrows A_\nu \xrightarrow{\varkappa_\nu} A_{\nu+1}$$

wobei $(f,g) : U_{f,g} \rightrightarrows A_\nu$ alle Morphismenpaare mit Definitionsbereich in M und der Eigenschaft $\varkappa_\nu f = \varkappa_\nu g$ durchläuft (vgl. 1.6a)). Es gilt nämlich

$$|\{(f,g)\}| \leq \sum_{U\in M} |[U,A_\nu]^2| \leq |\sum_{U\in M}[U,A_\nu]|^2 < \varepsilon_1^2 = \varepsilon_1$$

und daraus folgt nach 6.2 bzw. $\pi(A_\nu) \leq \sup(\varepsilon_1, \pi, |Z(\underline{A})|^+)$

$$\pi(A_{\nu+1}) \leq \sup\left(\pi(A_\nu), \pi(U_{f,g}), |\{(f,g)\}|\right) \leq \sup(\varepsilon_1, \pi, |Z(\underline{A})|^+)$$

13.3 Korollar. Sei γ eine Kardinalzahl mit den Eigenschaften $\gamma^+ \geq \varepsilon$ und $(2^\gamma)^+ \geq \sup(\varepsilon_1, \pi, |Z(\underline{A})|^+)$. Aequivalent sind für jedes $A \in \underline{A}$:

(i) $|A| < (2^\gamma)^+$

(ii) $\varepsilon(A) \leq (2^\gamma)^+$

(iii) $\pi(A) \leq (2^\gamma)^+$

Dies folgt unmittelbar aus 13.1 b) und 13.2.

13.4 Korollar. Sei γ eine Kardinalzahl mit den Eigenschaften $\gamma^+ \geq \varepsilon$ und $(2^\gamma)^+ \geq \sup(\varepsilon_1, \pi, |Z(A)|^+)$. Dann ist die volle Unterkategorie $\underline{A}((2^\gamma)^+)$ der $(2^\gamma)^+$-präsentierbaren Objekte γ^+-vollständig und echt $(2^\gamma)^+$-kovollständig. Ferner ist die Inklusion $\underline{A}((2^\gamma)^+) \to \underline{A}$ γ^+-stetig und echt $(2^\gamma)^+$-kostetig.

Beweis. Die Vollständigkeitseigenschaft folgt daraus, dass ein γ^+-Limes $A = \varprojlim_\iota A_\iota$ von Objekten A_ι mit $|A_\iota| < (2^\gamma)^+$ auf Grund der Definition von $|\ |$ in 13.1 ebenfalls die Bedingung $|A| < (2^\gamma)^+$ erfüllt (wegen $(2^\gamma)^\gamma = 2^\gamma$ falls $\gamma \geq \aleph_0$). Der Rest folgt aus 9.6.

Es stellt sich die Frage, ob $\underline{A}((2^\gamma)^+)$ $(2^\gamma)^+$-vollständig ist. Das folgende Beispiel a) zeigt, dass im allgemeinen in $\underline{A}((2^\gamma)^+)$ $(2^\gamma)^+$-Produkte nicht existieren.

13.5 Beispiele. Sei $\underline{A} = \underline{\text{Komp}}^o$ und M bestehe aus dem Einheitsintervall I . Es gilt

$\varepsilon(I) = \pi(I) = \aleph_1$ (vgl. 6.5 b), c), 9.4 d)) sowie $\varepsilon_2 = \aleph_1$ (vgl. Beweis 13.2 b) und 9.4 d)). Für ε_1 kann man wegen 9.4 d) $(2^{\aleph_0})^+$ wählen. In 13.3 und 13.4 kann man daher für γ eine beliebige unendliche Kardinalzahl wählen. Insbesondere ist $\underline{A}((2^{\aleph_0})^+)$ $\aleph_1$-vollständig. Wir zeigen nun, dass $\underline{A}((2^{\aleph_0})^+)$ in $\underline{A}$ nicht unter $(2^{\aleph_0})^+$-Produkten abgeschlossen ist. Sei $\{1\} \in \underline{A}$ ein einpunktiger Raum und $\coprod_{2^{\aleph_0}}\{1\}$ das $2^{\aleph_0}$-fache Koprodukt von $\{1\}$ in $\underline{\text{Komp}}$. Dieses ist bekanntlich isomorph zur Stone-Čech'schen Kompaktifizierung einer Menge mit Kardinalität $2^{\aleph_0}$. Für die Kardinalität von $\coprod_{2^{\aleph_0}}\{1\}$ gilt

$$\Big|\coprod_{2^{\aleph_0}}\{1\}\Big| = 2^{\left(2^{\left(2^{\aleph_0}\right)}\right)}$$

(vgl. Bourbaki [12] chap. 9, § 1, exercice 12 b)). Wäre $\coprod\{1\}$ $(2^{\aleph_0})^+$-erzeugbar in $\underline{A}$, so könnte man $\coprod\{1\}$ nach 9.3 $\{$für $\alpha = (2^{\aleph_0})^+\}$ in $I^{(2^{\aleph_0})}$ einbetten, was jedoch wegen $\left|I^{(2^{\aleph_0})}\right| = 2^{(2^{\aleph_0})}$ unmöglich ist ($|\ |$ bezeichnete hier die Kardinalität).

b) Sei $\underline{A} = [\underline{U}^o, \underline{Me}]$ eine Funktorkategorie, wobei Ob $\underline{U}$ eine Menge ist. Als echte Generatorenmenge M wählen wir die Menge aller Hom-Funktoren $[-,U]$, $U \in \underline{U}$. Ferner können wir $\varepsilon = \pi = \aleph_0$ setzen. Es gilt dann $|F| \le |G|$, wenn F ein Unterfunktor oder ein Quotient von G ist. Daraus folgt leicht, dass wir für ε_1 jede reguläre Kardinalzahl τ wählen dürfen, welche für jedes $U \in \underline{U}$ der Ungleichung $\tau > |[-,U]|$ genügt. Nach 13.2 sind also für jedes solche τ die folgenden Bedingungen äquivalent (vgl. 9.4 b)):

(i) $|F| = \sum_{U \in \underline{U}} |FU| < \tau$

(ii) $\varepsilon(F) \le \tau$

(iii) $\pi(F) \le \tau$

13.6 <u>Wir betrachten nun den Fall, dass $\underline{A}$ eine Kategorie $St_\Sigma[\underline{U}^o,\underline{Me}]$ ist</u>, wobei wir voraussetzen, dass Ob $\underline{U}$ und Σ Mengen sind (vgl. § 8). Sei $L : [\underline{U}^o,\underline{Me}] \to St_\Sigma[\underline{U}^o,\underline{Me}]$ die Koreflexion $G \rightsquigarrow \tilde{G}$. Als echte Generatorenmenge $\tilde{M}$ in $St_\Sigma[\underline{U}^o,\underline{Me}]$ wählen wir die Bilder der Hom-Funktoren $[-,U]$, $U \in \underline{U}$ unter $L : [\underline{U}^o,\underline{Me}] \to St_\Sigma[\underline{U}^o,\underline{Me}]$. Man beachte, dass $|\tilde{M}| \le |\text{Ob } \underline{U}| = |M|$, wobei M die in 13.5 b) gewählte echte Generatorenmenge in $[\underline{U}^o,\underline{Me}]$ ist. Die Objekte $\widetilde{[-,U]}$ von $\tilde{M}$ bezeichnen wir im folgenden auch mit $\tilde{U}$. Für $F \in St_\Sigma[\underline{U}^o,\underline{Me}]$ schreiben wir $|F|_\Sigma$ anstatt $|F|$, es gilt also (für jedes $V \in \tilde{M}$ wähle man ein $U \in \underline{U}$ mit $\tilde{U} = V$)

$$|F|_{\Sigma} = \sum_{V\in\tilde{M}} |[V,F]| = \sum_{V\in\tilde{M}} |[\tilde{U},F]| = \sum_{V\in\tilde{M}} |[[-,U],F]| = \sum_{V\in\tilde{M}} |FU|$$

Betrachtet man F andererseits als Objekt von $[\underline{U}^{o},\underline{Me}]$ so gilt (13.1, 13.5 b))

$$|F| = \sum_{U\in\underline{U}} |[[-,U],F]| = \sum_{U\in\underline{U}} |FU|$$

Aus $|\tilde{M}| \leq |M|$ folgt $|F|_{\Sigma} \leq |F|$ für $F \in St_{\Sigma}[\underline{U}^{o},\underline{Me}]$. Statt $\pi(F,St_{\Sigma}[\underline{U}^{o},\underline{Me}])$ und $\pi(F,[\underline{U}^{o},\underline{Me}])$ schreiben wir $\pi(F,\Sigma)$ und $\pi(F)$, 6.1.

Für ε und π (13.1) können wir in diesem Fall (dh. $\underline{A} = St_{\Sigma}[\underline{U}^{o},\underline{Me}]$) die kleinsten regulären Kardinalzahlen wählen derart, dass

$$\varepsilon(d\sigma) \leq \varepsilon \geq \varepsilon(w\sigma) \quad \text{und} \quad \pi(d\sigma) \leq \pi \geq \pi(w\sigma)$$

für alle $\sigma \in \Sigma$ gilt. Denn die Inklusion $I : St_{\Sigma}[\underline{U}^{o},\underline{Me}] \to [\underline{U}^{o},\underline{Me}]$ erhält π-kofiltrierende und monomorphe ε-kofiltrierende Kolimites (vgl. 8.5 b) und Beweis von 11.3 c)). Da für jedes $G \in [\underline{U}^{o},\underline{Me}]^{\cdot}$ die Funktoren $[G,I-] : St_{\Sigma}[\underline{U}^{o},\underline{Me}] \to \underline{Me}$ und $[\tilde{G},-] : St_{\Sigma}[\underline{U}^{o},\underline{Me}] \to \underline{Me}$ isomorph sind, so folgt

$$\pi(\tilde{G},\Sigma) \leq \sup(\pi,\pi(G)) \quad \text{und} \quad \varepsilon(\tilde{G},\Sigma) \leq \sup(\varepsilon,\varepsilon(G)) ,$$

und insbesondere

$$\pi(\widetilde{[-,U]},\Sigma) \leq \pi \quad \text{und} \quad \varepsilon(\widetilde{[-,U]},\Sigma) \leq \varepsilon$$

Dies zeigt, dass die obige Wahl von ε und π möglich ist.

Ferner gilt nach 13.5 b)

$$\pi \leq \sup(\eta,\varepsilon) ,$$

wenn η die kleinste reguläre Kardinalzahl mit der Eigenschaft $\eta > |[-,U]|$, $U \in \underline{U}$, ist.

13.7 Lemma. Für jeden Funktor $G \in [\underline{U}^{o},\underline{Me}]$ gilt

$$|\tilde{G}|_{\Sigma} \leq |\tilde{G}| \leq \sup_{\theta<\varepsilon} (\pi,\beta^{\theta},|G|^{\theta}) \leq \sup_{\theta<\varepsilon} (\beta^{+},\beta^{\theta},|G|^{\theta})$$

wobei $\beta = \sup_{U\in\underline{U},\theta<\varepsilon} (|\Sigma|,|[-,U]|,\theta)$.

Beweis. Wir benützen hierzu die Konstruktion von $\widetilde{G}$ im Beweis von 8.5 a) und die dort verwendeten Bezeichnungen. Es gilt $\varepsilon(w\sigma) \leq \varepsilon \leq \beta^+$ für alle $\sigma \in \Sigma$, also auch $\pi(w\sigma) \leq \beta^+$ und $|w\sigma| \leq \beta$ nach 13.5 b), und $|G_{\sigma,\xi}| \leq |G| + |w\sigma| \leq \sup(|G|,\beta)$. Ferner folgt aus $\varepsilon(d\sigma) \leq \varepsilon$ die Existenz eines Epimorphismus $\coprod_{i\in I}[-,U_i] \to d\sigma$ mit $|I| < \varepsilon$ (vgl. 9.3). Für alle $\sigma \in \Sigma$ gilt deshalb

$$|[d\sigma,G]| \leq \prod_{i\in I}|GU_i| \leq |G|^{|I|} \leq \sup_{\theta<\varepsilon} |G|^\theta .$$

Folglich gilt für die Kardinalität der Menge aller Paare (σ,ξ), $\sigma \in \Sigma$, $\xi \in [d\sigma,G]$

$$|\{(\sigma,\xi)\}| \leq |\Sigma|\cdot(\sup_{\theta<\varepsilon} |G|^\theta) \leq \sup_{\theta<\varepsilon} (\beta, |G|^\theta) .$$

Daraus folgt

$$|G_1| \leq |\widetilde{G}_1| \leq |G| + \sum_{(\sigma,\xi)} |G_{\sigma,\xi}| \leq |G| + |\{(\sigma,\xi)\}|\cdot\sup(|G|,\beta) \leq \sup_{\theta<\varepsilon} (\beta, |G|^\theta) .$$

Ersetzt man G durch G_1, so erhält man analog

$$|G_2| \leq \sup_{\theta_1<\varepsilon} (\beta, |G_1|^{\theta_1}) \leq \sup_{\theta,\theta_1<\varepsilon} (\beta,\beta^{\theta_1}, |G|^{\theta\theta_1}) = \sup_{\theta<\varepsilon} (\beta^\theta, |G|^\theta) ,$$

sowie $|G_3| \leq \sup_{\theta<\varepsilon} (\beta^\theta, |G|^\theta)$ und $|G_\nu| \leq \sup_{\theta<\varepsilon} (\beta^\theta, |G|^\theta)$ für $|\nu| \leq \beta$. Ferner gilt nach 8.5 $\widetilde{G} = \lim\limits_{|\nu| \vec{<} \pi} G_\nu$. Da $\pi(w\sigma) \leq \beta^+$ so folgt aus der Definition von π, dass $\pi \leq \beta^+$.
Zusammenfassend erhalten wir

$$|\widetilde{G}| \leq |\{\nu \,|\, |\nu| < \pi\}| \cdot \sup_{|\nu|\leq\beta} |G_\nu| \leq \pi\cdot\sup_{\theta<\varepsilon} (\beta^\theta, |G|^\theta) = \sup_{\theta<\varepsilon} (\pi,\beta^\theta, |G|^\theta) \leq \sup_{\theta<\varepsilon}(\beta^+,\beta^\theta,|G|^\theta)$$

13.8 <u>Satz. Für die aus ε-erzeugbaren und π-präsentierbaren Objekten bestehende echte Generatorenmenge</u> $\widetilde{M}$ <u>in</u> $St_\Sigma[\underline{U}^o,Me]$ <u>kann man</u> $\varepsilon_1 \leq \left(\sup_{\theta<\varepsilon} (\pi^\theta,\beta^\theta)\right)^+ \leq \left(\sup_{\theta<\varepsilon} (\beta^+)^\theta\right)^+$ <u>wählen, wobei</u> $\beta = \sup_{U\in\underline{U},\theta<\varepsilon} \left(|\Sigma|, |[-,U]|, \theta\right)$ <u>ist</u>.

Beweis. Die zweite Ungleichung ist trivial, weil $\pi \leq \beta^+$.
Wegen $|F|_\Sigma \leq |F|$ genügt es zu zeigen, dass $|F| \leq \sup_{\theta<\varepsilon} (\pi^\theta,\beta^\theta)$ für alle ε-erzeugbaren Objekte $F \in St_\Sigma[\underline{U}^o,Me]$ gilt. Für ein solches F existiert nach 9.3 in $St_\Sigma[\underline{U}^o,Me]$ ein echter Epimorphismus $\widetilde{G^o} \to F$ mit $G^o = \coprod_{i\in I}[-,U_i]$ und $|I| < \varepsilon$. Mit Hilfe von 1.5 und

6.6 b) kann man zeigen, dass F der π-Kolimes der kanonischen Zerlegung

$$\widetilde{G^0} \to \widetilde{G^1} \to \widetilde{G^2} \to \dots \to \widetilde{G^\nu} \to \dots, \qquad |\nu| < \pi$$

von $\widetilde{G^0} \to F$ in reguläre Epimorphismen von $St_\Sigma[\underline{U}^0, \underline{Me}]$ ist ($G^{\nu+1}$ bezeichnet den Kokern des Kernpaares $\widetilde{G^\nu} \prod_F \widetilde{G^\nu} \rightrightarrows \widetilde{G^\nu}$ in $[\underline{U}^0, \underline{Me}]$). Aus $|G^0| \leq \beta$ folgt nach 13.7
$|G^1| \leq |\widetilde{G^0}| \leq \sup_{\theta<\varepsilon} (\pi, \beta^\theta)$ und $|G^2| \leq |\widetilde{G^1}| \leq \sup_{\theta,\theta_1<\varepsilon} (\pi, \pi^{\theta_1}, \beta^{\theta\theta_1}) = \sup_{\theta<\varepsilon} (\pi^\theta, \beta^\theta)$.
Durch transfinite Induktion erhält man $|G^\nu| \leq \sup_{\theta<\varepsilon} (\pi^\theta, \beta^\theta)$ für $|\nu| < \pi \leq \beta^+$. Folglich gilt

$$|F| = \left| \lim_{|\nu| \to \pi} \widetilde{G^\nu} \right| \leq \sum_\nu |\widetilde{G^\nu}| \leq \pi \cdot \sup_{\theta<\varepsilon} (\pi^\theta, \beta^\theta) = \sup_{\theta<\varepsilon} (\pi^\theta, \beta^\theta).$$

13.9 <u>Korollar</u>. <u>Es gilt</u> $\varepsilon_1 \leq (2^\delta)^+$, <u>wobei</u> δ <u>die kleinste unendliche Kardinalzahl ist derart, dass</u> $\delta^+ \geq \varepsilon$, $2^\delta \geq \pi$, $2^\delta \geq |\Sigma|$ <u>und</u> $2^\delta \geq |[-,U]|$ <u>für jedes</u> $U \in \underline{U}$.

Dies folgt unmittelbar aus $\varepsilon_1 \leq \left(\sup_{\theta<\varepsilon}(\pi^\theta, \beta^\theta)\right)^+$.

§14 Charakterisierung und Stetigkeitseigenschaften der Kanschen Erweiterungen

In diesem Abschnitt geben wir eine Charakterisierung derjenigen Funktoren $\underline{A} \to \underline{B}$, welche die Kan'sche Koerweiterung ihrer Restriktion auf gewisse Unterkategorien von $\underline{A}$ sind, analog der Eilenberg-Watts'schen Charakterisierung des Tensorproduktes (14.2). In 14.6-14.7 b) behandeln wir das Problem, wann ein stetiger Funktor einen Koadjungierten besitzt. In 14.8-14.11 b) geben wir die Stetigkeitseigenschaften eines Funktors t an, welche sich unter gewissen Voraussetzungen auf die Kan'sche Koerweiterung $E_J(t)$ übertragen. Hierfür gibt es zahlreiche Anwendungen (vgl. Gabriel Popescu [22], André [1,1], Barr Beck [6], Mac Lane [40]).

14.1 Definition. Sei $\underline{A}$ eine Kategorie und $M \subset \mathrm{Ob}\,\underline{A}$ eine Klasse von Objekten. Ein Diagramm

$$A' \underset{\beta}{\overset{\alpha}{\rightrightarrows}} A \xrightarrow{\gamma} A''$$

heisst M-rechtsexakt in $\underline{A}$, wenn für jedes $U \in M$ die induzierte Folge $[U,A'] \rightrightarrows [U,A] \to [U,A'']$ ein zusammenziehbarer Kokern ist, dh. es gibt Abbildungen $\sigma : [U,A''] \to [U,A]$ und $\rho : [U,A] \to [U,A']$ mit den Eigenschaften $[U,\gamma]\cdot\sigma = \mathrm{id}$, $[U,\alpha]\cdot\rho = \mathrm{id}$ und $\sigma\cdot[U,\gamma] = [U,\beta]\cdot\rho$.

Ein Funktor $F : \underline{A} \to \underline{B}$ heisst M-rechtsexakt, wenn er M-rechtsexakte Folgen in Kokerndiagramme überführt.

Beispiele. a) Ist $\underline{A}$ eine Kategorie mit Faserprodukten und sind die Objekte von M projektiv in $\underline{A}$ (vgl. 11.2), dann gibt jeder reguläre Epimorphismus $p : A \to A''$ Anlass zu einer M-rechtsexakten Folge $A \prod_{A''} A \rightrightarrows A \xrightarrow{p} A''$.

b) Falls in $\underline{A}$ Koprodukte von Objekten aus M existieren und M eine Menge ist, dann ist für jedes $A \in \underline{A}$ die Folge (2.14 e))

$$\coprod U_{f,g} \rightrightarrows \coprod_{h:U_h \to A} U_h \xrightarrow{p} A$$

M-rechtsexakt. Die Abbildung $\sigma : [U,A] \to [U,\coprod_h U_h]$ ordnet einem Morphismus $h : U \to A$

die kanonische Induktion $i_h : U \to \amalg U_h$ der Komponente h zu, und

$\varphi : [U, \amalg U_h] \to [U, \amalg U_{f,g}]$ ordnet einem Morphismus $f : U \to \amalg U_h$ die kanonische Induktion $U \to \amalg U_{f,g}$ der Komponente $f, i_{p \cdot f} : U \rightrightarrows \amalg U_h$ zu (beachte $pf = p\, i_{pf}$).

Nach 1.11 und 1.4 ist die obige Folge genau dann rechtsexakt, wenn M eine reguläre Generatorenmenge ist. Ist M regulär, dann gilt (2.14e)): M-rechtsexakt $\Longrightarrow$ rechtsexakt.

14.2 Satz. Sei M eine Menge von Objekten in einer Kategorie $\underline{A}$, in welcher beliebige Koprodukte von Objekten aus M existieren. Sei $\underline{X} = \amalg_\alpha(M,\underline{A})$ ein voller Abschluss von M in $\underline{A}$ unter α-Koprodukten, wobei α eine reguläre Kardinalzahl oder $\alpha = \infty$ ist (vgl. 7.3). Sei $\underline{B}$ eine Kategorie mit Kokernen. Dann gelten die folgenden Aussagen:

a) Ein Funktor $T : \underline{A} \to \underline{B}$ ist genau dann die Kan'sche Koerweiterung seiner Restriktion auf $\underline{X} = \amalg_\infty(M,\underline{A})$, wenn er M-rechtsexakt ist.

b) Sei $\alpha < \infty$ und die Objekte von M seien α-präsentierbar in $\underline{A}$. Ferner besitze $\underline{B}$ beliebige Koprodukte.
Ein Funktor $T : \underline{A} \to \underline{B}$ ist genau dann die Kan'sche Koerweiterung seiner Restriktion auf $\underline{X} = \amalg_\alpha(M,\underline{A})$, wenn er M-rechtsexakt ist und α-kofiltrierende Kolimites erhält.

c) Sei $|M| < \alpha < \infty$ und die Objekte von M seien α-erzeugbar in $\underline{A}$. Ferner besitze $\underline{B}$ beliebige Koprodukte. Ein Funktor $T : \underline{A} \to \underline{B}$ ist genau dann die Kan'sche Koerweiterung seiner Restriktion auf $\underline{X} = \amalg_\alpha(M,\underline{A})$, wenn er M-rechtsexakt ist und monomorphe α-kofiltrierende Kolimites erhält.

Beweis. Die Aussage a) wurde bereits in 2.14 e) bewiesen.

b) Es ist klar, dass eine M-rechtsexakte Folge in $\underline{A}$ auch (Ob $\underline{X}$)-rechtsexakt ist. Aus 14.1 und 2.8 folgt daher, dass die Kan'sche Koerweiterung $T : \underline{A} \to \underline{B}$ M-rechtsexakt ist und α-kofiltrierende Kolimites erhält.

Umgekehrt sei $t : \underline{X} \to \underline{B}$ die Beschränkung eines Funktors $T : \underline{A} \to \underline{B}$, welcher diese beiden Eigenschaften besitzt. Da jedes Koprodukt $\coprod_j U_j$ von Objekten $U_j \in M$ der α-kofiltrierende Kolimes seiner α-Teilkoprodukte ist, welche zu $\underline{X}$ gehören, so folgt, dass die kanonische natürliche Transformation $\varphi : E_J(t) \to T$ auf $\amalg_\infty(M,\underline{A})$ ein Isomorphismus ist. Da $E_J(t)$ und T M-rechtsexakt sind und jedes Objekt $A \in \underline{A}$ eine M-rechtsexakte Folge

$\coprod U_{f,g} \rightrightarrows \coprod U_h \to A$ mit $U_{f,g}, U_h \in M$ zulässt (vgl. 14.1, Beispiel b)), so folgt, dass $\varphi(A) : E_J(t)(A) \to TA$ ein Isomorphismus ist.

c) Der Beweis ist im wesentlichen derselbe wie für b). Man beachte, dass wegen $|M| < \alpha$ jedes Koprodukt $\coprod_j U_j$ von Objekten $U_j \in M$ der monomorphe α-kofiltrierende Kolimes derjenigen α-Teilprodukte ist, welche alle in $\coprod_j U_j$ vorkommenden Summanden aus M enthalten. Wegen $|M| < \alpha$ ist jedes dieser Teilprodukte ein Retrakt von $\coprod_j U_j$ (vgl. 11.7).

14.3 Bemerkung. Voraussetzungen wie in 14.2. Aus dem obigen Beweis folgt leicht, dass ein koprodukterhaltender Funktor $T : \underline{A} \to \underline{B}$ genau dann die Kan'sche Koerweiterung seiner Restriktion auf $\underline{X} = \coprod_\alpha(M,\underline{A})$ ist, wenn er M-rechtsexakt ist (α regulär oder $\alpha = \infty$).

Sei α regulär. Umgekehrt ist unter gewissen Voraussetzungen die Kan'sche Koerweiterung eines α-koprodukterhaltenden Funktors $\underline{X} \to \underline{B}$ wieder α-koprodukterhaltend (vgl. 14.8) Ist zum Beispiel $\underline{A}$ eine algebraische Kategorie (§11) derart, dass $\underline{A} \xrightarrow{\simeq} St^\alpha_\coprod[\underline{X}^o,\underline{Me}]$, dann folgt aus 2.7, dass die Kan'sche Koerweiterung eines α-koprodukterhaltenden Funktors $t : \underline{X} \to \underline{B}$ gerade die Zusammensetzung von $\underline{A} \to St^\alpha_\coprod[\underline{X}^o,\underline{Me}]$ mit dem Koadjungierten $St^\alpha_\coprod[\underline{X}^o,\underline{Me}] \to \underline{B}$ von $B \rightsquigarrow [t-,B]$ ist. Fasst man nun $\underline{X}^o$ als "algebraische Theorie" im Sinne von §11 auf, so folgt hieraus, dass die Kategorie der $\underline{X}^o$-Algebren in $\underline{B}^o$ (d.h. $St^\alpha_\coprod[\underline{X}^o,\underline{B}^o]$) äquivalent zur Kategorie der M-rechtsexakten koprodukterhaltenden Funktoren $\underline{A} \to \underline{B}$ ist. Dies ist eine Verallgemeinerung der Eilenberg-Watts'schen Charakterisierung des Tensorprodukts (vgl. [16] [59]. Ein Funktor $F : \underline{A} \to \underline{B}$ ist genau dann M-rechtsexakt, wenn für jeden regulären Epimorphismus $p : X \to Y$ in $\underline{A}$ die induzierte Folge $F(X \prod_Y X) \rightrightarrows FX \to FY$ rechtsexakt ist).

14.4 Korollar. Sei M eine Menge von Objekten in einer Kategorie $\underline{A}$, in welcher beliebige Koprodukte von Objekten aus M existieren. M ist genau dann eine reguläre Generatorenmenge, wenn $\underline{X} = \coprod_\alpha(M,\underline{A})$ eine dichte Unterkategorie in $\underline{A}$ ist, wobei entweder a) $\alpha = \infty$; oder b) $\alpha < \infty$ und die Objekte von M sind α-präsentierbar in $\underline{A}$; oder c) $|M| < \alpha < \infty$ und die Objekte von M sind α-erzeugbar in $\underline{A}$.

Beweis. Ist M eine reguläre Generatorenmenge, dann folgt aus 14.1 Beispiel b) und 2.7, 2.9, dass $E_J(J)$ existiert und dass $E_J(J) = id_{\underline{A}}$. Folglich ist $J : \underline{X} \to \underline{A}$ nach 3.2

dicht. Ist umgekehrt J dicht, dann folgt aus $E_J(J) = id_{\underline{A}}$ (3.2) und 14.2, dass $id_{\underline{A}} : \underline{A} \to \underline{A}$ M-rechtsexakt ist. (Man beachte, dass $\underline{A}$ hierfür nicht kovollständig zu sein braucht, weil die für die Existenz von $E_J(J)$ notwendigen Kolimites $\varinjlim J \cdot J_A$ existieren). Nach 14.1 b) ist M daher eine reguläre Generatorenmenge.

14.5 Satz. Sei $\underline{A}$ eine lokal α-präsentierbare (bzw. α-erzeugbare) Kategorie und $\underline{X}$ die volle Unterkategorie der α-präsentierbaren (bzw. α-erzeugbaren) Objekte. Ein Funktor $T : \underline{A} \to \underline{B}$ mit kovollständigem Wertebereich $\underline{B}$ ist genau dann die Kan'sche Koerweiterung seiner Restriktion auf $\underline{X}$, wenn er α-kofiltrierende (bzw. monomorphe α-kofiltrierende) Kolimites erhält. (Eine Anwendung hievon ist in Hilton [30] zu finden).

Dies folgt unmittelbar aus den Beweisen von 14.4 b) und c), weil nach 7.4, 7.7 die Inklusion $\underline{A}(\alpha) \to \underline{A}$ dicht ist, vgl. auch 5.5 und 7.9 (bzw. weil jedes Objekt in $\underline{A}$ der α-kofiltrierende Kolimes seiner α-erzeugbaren Unterobjekte ist, 9.5).

14.6 Satz. Seien $\underline{A}$ und $\underline{B}$ lokal präsentierbare Kategorien und sei $G : \underline{A} \to \underline{B}$ ein Funktor. Aequivalent sind:

(i) G besitzt einen Koadjungierten $F : \underline{B} \to \underline{A}$.

(ii) G ist stetig und erhält α-kofiltrierende Kolimites für eine genügend grosse reguläre Kardinalzahl α.

(iii) G ist stetig und erhält monomorphe β-kofiltrierende Kolimites für eine genügend grosse reguläre Kardinalzahl β.

(iv) G ist stetig und es gibt eine kleine Unterkategorie $\underline{X}$ in $\underline{A}$ derart, dass G die Kan'sche Koerweiterung seiner Restriktion auf $\underline{X}$ ist.

Beweis. (i) $\Rightarrow$ (ii) Für diese Richtung genügt es vorauszusetzen, dass $\underline{A}$ lokal präsentierbar und $\underline{B}$ ein Koretrakt ist (4.1). Dann gibt es eine kleine Kategorie $\underline{U}$ und eine volle Einbettung $I : \underline{B} \to [\underline{U}^o, \underline{Me}]$, welche einen Koadjungierten R besitzt. Folglich ist $FR : [\underline{U}^o, \underline{Me}] \to \underline{A}$ koadjungiert zu $IG : \underline{A} \to [\underline{U}^o, \underline{Me}]$. Aus dem Beweis von 4.2 (i) $\Rightarrow$ (ii) geht hervor, dass IG zum Funktor $\underline{A} \to [\underline{U}^o, \underline{Me}]$, $A \leadsto [FRY-, A]$ isomorph ist, wobei $Y : \underline{U} \to [\underline{U}^o, \underline{Me}]$ die Yoneda Einbettung ist. Für $\alpha \geq \sup_{U \in \underline{U}} \pi(FRYU, \underline{A})$ folgt daher, dass IG α-kofiltrierende Kolimites erhält. Wegen $RIG \cong G$ gilt dies folglich auch für G.

(ii) $\Longrightarrow$ (iii) trivial.

(iii) $\Longrightarrow$ (iv) Sei $\underline{X} = \widetilde{\underline{A}}(\gamma)$ die volle Unterkategorie der γ-erzeugbaren Objekte, wobei $\varepsilon(\underline{A}) \leqslant \gamma \geqslant \beta$. Nach 14.5 ist der Funktor G die Kan'sche Koerweiterung seiner Restriktion auf $\underline{X}$.

(iv) $\Longrightarrow$ (i) Es genügt zu zeigen, dass für jedes $B \in \underline{B}$ der Funktor $[B,G-] : \underline{A} \to \underline{Me}$ darstellbar ist. Sei $\alpha \geqslant \sup_{X \in \underline{X}} \pi(X,\underline{A})$ und $\alpha \geqslant \pi(B,\underline{B})$. Nach 2.8 erhält G α-kofiltrierende Kolimites und folglich auch $[B,G-]$. Sei $J : \underline{A}(\alpha) \to \underline{A}$ die Inklusion der vollen Unterkategorie der α-präsentierbaren Objekte. Nach 14.5 gilt dann $E_J[B,GJ-] \cong [B,G-]$. Da $\underline{A}(\alpha)$ klein ist, so gibt es eine Darstellung $[B,GJ-] = \varinjlim_{\nu \in \underline{D}} [U_\nu,-]$ derart, dass $U_\nu \in \underline{A}(\alpha)$ und $\mathrm{Ob}\,\underline{D}$ eine Menge ist. Aus 2.4 folgt

$$[B,G-] \cong E_J[B,GJ-] = E_J \varinjlim_{\nu} [U_\nu,-] \cong \varinjlim_{\nu} E_J[U_\nu,-] \cong \varinjlim_{\nu} [JU_\nu,-]$$

Dabei ist $\varinjlim_{\nu} [JU_\nu,-]$ der Kolimes des Funktors $\underline{D} \to [\underline{A},\underline{Me}]$, $\nu \rightsquigarrow [JU_\nu,-]$, sowie der Kolimes des induzierten Funktors $\underline{D} \to \mathrm{St}[\underline{A},\underline{Me}]$, $\nu \rightsquigarrow [JU_\nu,-]$, wobei $\mathrm{St}[\underline{A},\underline{Me}]$ die Kategorie aller stetigen mengenwertigen Funktoren auf $\underline{A}$ bezeichnet. Für den letzteren Kolimes gilt jedoch $\varinjlim_{\nu} [JU_\nu,] \cong [\varprojlim_{\nu} JU_\nu,-]$, weil die Yoneda Einbettung $\underline{A}^o \to \mathrm{St}[\underline{A},\underline{Me}]$, $A \rightsquigarrow [A,-]$ bekanntlich kostetig ist. Daraus folgt $[B,G-] \cong [\varprojlim_{\nu} JU_\nu,-]$.

Bemerkung. Sei $G : \underline{A} \to \underline{B}$ ein stetiger Funktor, $\underline{A}$ lokal präsentierbar aber $\underline{B}$ beliebig. Aus dem obigen Beweis geht hervor, dass G genau dann einen Koadjungierten besitzt, wenn für jedes $B \in \underline{B}$ der Funktor $[B,G-] : \underline{A} \to \underline{Me}$ monomorphe β-kofiltrierende Kolimites erhält (für ein genügend grosses von $B \in \underline{B}$ abhängiges β).

14.7 Bemerkungen zum "adjoint functor theorem".

a) Das übliche Kriterium für die Existenz eines Koadjungierten lautet (vgl. Benabou [9], Freyd [18]): Sei $\underline{X}$ eine vollständige Kategorie mit einer Kogeneratorenmenge M, in welcher jedes Objekt nur eine Menge von Unterobjekten besitzt. Dann besitzt jeder stetige Funktor $G : \underline{X} \to \underline{Y}$ einen Koadjungierten.

Man kann dies dahingehend variieren, dass man verlangt, dass M eine echte Kogeneratorenmenge ist (1.9) und dass die echten Unterobjekte (1.3) jedes Objektes in $\underline{X}$ eine

Menge bilden.

Wie vorhin in 14.6 kann man den Beweis dieser beiden Kriterien auf den Fall $\underline{Y} = \underline{Me}$ zurückführen, indem man für jedes $Y \in \underline{Y}$ den Funktor $\underline{X} \to \underline{Me}$, $X \rightsquigarrow [Y,GX]$ betrachtet. Sei also $G : \underline{X} \to \underline{Me}$ ein stetiger Funktor und $\varphi : [X,-] \to G$ eine natürliche Transformation. Wir zeigen zuerst, dass φ durch einen darstellbaren Unterfunktor von G faktorisiert. Hierzu betrachten wir das System $(i_\iota : X_\iota \to X)$ derjenigen Unterobjekte von X (bzw. echten Unterobjekte von X), für welche der Morphismus $\varphi : [X,-] \to G$ durch $[i_\iota,-] : [X,-] \to [X_\iota,-]$ faktorisiert. Da die Unterobjekte von X (bzw. die echten Unterobjekte von X) eine Menge bilden, so existiert $\varprojlim_\iota X_\iota$. Sei $i : \varprojlim_\iota X_\iota \to X$ der universelle Monomorphismus. Da $G : \underline{X} \to \underline{Me}$ stetig ist, so faktorisiert $\varphi : [X,-] \to G$ durch $[i,-] : [X,-] \to [\varprojlim_\iota X_\iota,-]$ und auf Grund der Definition des Systems $(i_\iota : X_\iota \to X)$ ist es leicht zu sehen, dass die Faktorisierung $\sigma : [\varprojlim_\iota X_\iota,-] \to G$ ein Monomorphismus ist. Im ersteren Fall (dh. wenn die $i_\iota : X_\iota \to X$ lediglich Monomorphismen sind) hat σ zusätzlich folgende Eigenschaft:

Für jede Zerlegung $[\varprojlim_\iota X_\iota,-] \xrightarrow{\bar{\sigma}} [X',-] \to G$ von σ ist der vom Monomorphismus $\bar{\sigma}$ induzierte Epimorphismus $p : X' \to \varprojlim_\iota X_\iota$ echt (man beachte, dass in jeder Zerlegung $X' \to X'' \xrightarrow{j} \varprojlim_\iota X_\iota$ von p der Morphismus j auf Grund der Definition von $(i_\iota : X_\iota \to X)$ invertierbar ist, falls $j : X'' \to \varprojlim_\iota X_\iota$ ein Monomorphismus ist).

Sei nun $(G_\mu \subset G)$ das in natürlicher Weise geordnete System derjenigen darstellbaren Unterfunktoren von G, welche die obige Eigenschaft besitzen (bzw. von allen darstellbaren Unterfunktoren von G). Für jeden Funktor G_μ wählen wir ein darstellendes Objekt X_μ und einen Isomorphismus $[X_\mu,-] \cong G_\mu$. Da G stetig und $\underline{X}$ vollständig ist, so kann man wie in 5.3 zeigen, dass dieses System für jede reguläre Kardinalzahl α α-kofiltrierend ist. Folglich gilt $\varinjlim_\mu [X_\mu,-] \cong \varinjlim_\mu G_\mu = G$. Das System ist im allgemeinen <u>nicht klein</u> und aus diesem "einzigen" Grund ist G nicht immer darstellbar (vgl. Gegenbeispiele in b)). Die Existenz einer Kogeneratorenmenge M (bzw. einer echten Kogeneratorenmenge) hat jedoch zur Folge, dass das System ein terminales Objekt besitzt.

Es sei daran erinnert, dass ein echter Epimorphismus $p : Z \to Z'$ (bzw. ein Epimorphismus $p : Z \to Z'$) genau dann invertierbar ist, wenn für jedes $U \in M$ die Abbildung

$[p,U] : [Z',U] \to [Z,U]$ bijektiv ist. Auf Grund der Definition des Systems $(G_\mu \subset G)$ ist der von einer Inklusion $G_\mu \to G_\nu$ induzierte Morphismus $q_\nu^\mu : X_\nu \to X_\mu$ ein echter Epimorphismus (bzw. ein Epimorphismus). Folglich ist die Abbildung $G_\mu \rightsquigarrow \coprod_{U \in M} G_\mu U$ eine Injektion der Klasse aller G_μ in die Menge aller Teilmengen von $\coprod_{U \in M} GU$. Dies zeigt, dass die G_μ eine Menge bilden, und dass das System $(G_\mu \subset G)$ klein ist. Es besitzt ein maximales Element, weil es für jede Kardinalzahl α α-kofiltrierend ist. Somit ist G darstellbar.

b) Die Betrachtungen in 7.6 und 14.6 liefern ein "Rezept", wie man stetige Funktoren $\underline{Gr} \to \underline{Me}$ ohne Koadjungierten erhält. Man wähle eine "grosse Gruppe" K mit den folgenden Eigenschaften: 1) $|K| > \infty$, 2) für jedes $X \in \underline{Gr}$ gilt $|[K,X]| < \infty$, 3) für jede reguläre Kardinalzahl α gibt es einen Quotienten Y von K mit $\alpha \leq |Y| < \infty$ (für ∞ vgl. §0). Nach §0 gibt es dann einen stetigen Funktor $G_K : \underline{Gr} \to \underline{Me}$, $X \rightsquigarrow [K,X]'$. Wäre $G_K \overset{\varphi}{\cong} [A,-]$ für ein $A \in \underline{Gr}$, so faktorisierte jeder Morphismus $K \to X$, $X \in \underline{Gr}$, durch den kanonischen Morphismus $\varphi A(id_A) : K \to A$. Dies ist jedoch unmöglich, weil K beliebig grosse Quotienten in $\underline{Gr}$ besitzt. Für ein konkretes Gegenbeispiel kann man $K = \coprod_\alpha A_\alpha$ wählen (vgl. Isbell), wobei A_α die alternierende Gruppe auf einer Menge mit Kardinalität α ist und α die Gesamtheit aller kleinen Kardinalzahlen durchläuft.

Wir geben noch ein ähnliches Gegenbeispiel für die Kategorie $\underline{A}$ der kommutativen Ringe mit Einselement. Für jede unendliche Kardinalzahl α wählen wir einen Körper K_α der Kardinalität α. Wir nehmen an, dass $K_\alpha \subset K_\beta$ für $\alpha < \beta$. Wir zeigen unten, dass für jeden Ring $X \in \underline{A}$ die Klasse $[\prod_\alpha K_\alpha, X]$ klein ist. Wie vorhin kann man damit einen stetigen Funktor $G : \underline{A} \to \underline{Me}$ definieren, welcher keinen Koadjungierten besitzt derart, dass $GX = [\prod_\alpha K_\alpha, X]'$ für jedes $X \in \underline{A}$.

Sei $X \in \underline{A}$ ein Ring mit $|X| < \beta$. Es genügt offensichtlich zu zeigen, dass jeder Morphismus $f : \prod_\alpha K_\alpha \to X$ durch die Projektion $\prod_\alpha K_\alpha \to \prod_{\alpha<\beta} K_\alpha$ faktorisiert. Wäre dies nicht der Fall, so betrachtet man die additive und multiplikative Abbildung $\varphi : K_\beta \to \prod_\alpha K_\alpha$, deren α-te Komponente die Nullabbildung ist, falls $\alpha < \beta$ bzw. die Inklusion $K_\beta \subset K_\alpha$ falls $\alpha \geq \beta$. Da für die unterliegenden abelschen Gruppen $\prod_\alpha K_\alpha = \left(\prod_{\alpha \geq \beta} K_\alpha\right) \amalg \left(\prod_{\alpha<\beta} K_\alpha\right)$ gilt, so ist die additive und multiplikative Abbildung $f \cdot \varphi : K_\beta \to X$ nicht die Nullabbildung. Folglich ist $f \cdot \varphi$ monomorph. Dies ist jedoch wegen $|K_\beta| = \beta > |X|$ unmöglich.

14.8 Wir stellen nun einige Exaktheitseigenschaften von Kan'schen Erweiterungen zusammen (14.8-14.11), die wir am Schluss dieses Abschnittes beweisen.

Satz. Sei $\underline{A}$ eine lokal α-präsentierbare Kategorie und sei $J : \underline{U} \to \underline{A}$ die Inklusion der vollen Unterkategorie ihrer α-präsentierbaren Objekte. Ferner sei $\underline{Z}$ eine kovollständige Kategorie und $\underline{D}$ eine α-kleine Kategorie.

Falls $t : \underline{U} \to \underline{Z}$ $\underline{D}$-Kolimites erhält, dann auch die Kan'sche Koerweiterung $E_J(t) : \underline{A} \to \underline{Z}$. Ferner ist $E_J(t)$ kostetig, wenn t α-kostetig ist.

14.9 Bemerkung. Man kann den Satz 14.8 nicht wesentlich verbessern. Sei nämlich $\underline{A}$ eine kovollständige Kategorie, und $J : \underline{U} \to \underline{A}$ die Inklusion einer vollen dichten kleinen Unterkategorie $\underline{U}$, die in $\underline{A}$ unter α-Kolimites abgeschlossen ist. Der volltreue Funktor $E : \underline{A} \to St_\alpha[\underline{U}^o, \underline{Me}]$, $A \rightsquigarrow [J-, A]$ ist die Kan'sche Koerweiterung $E_J(Y)$ der Yoneda Einbettung $Y : \underline{U} \to St_\alpha[\underline{U}^o, \underline{Me}]$ (2.2 b) und 2.7). Gilt die letzte Aussage von Satz 14.8, so ist E folglich kostetig. Demnach gilt für jedes $F \in St_\alpha[\underline{U}^o, \underline{Me}]$

$$F \cong \varinjlim\left(YY_F : Y/F \to \underline{U} \to St_\alpha[\underline{U}^o, \underline{Me}]\right) \cong \varinjlim(EJY_F) \cong E(\varinjlim JY_F) \ .$$

Dies zeigt, dass E bis auf Isomorphie jedes $F \in St_\alpha[\underline{U}^o, \underline{Me}]$ "erreicht", und folglich eine Aequivalenz ist. Demnach ist $\underline{A}$ lokal α-präsentierbar, und J induziert eine Aequivalenz $\underline{U} \xrightarrow{\simeq} \underline{A}(\alpha)$.

Insbesondere kann in 14.8 $\underline{U}$ nur dann durch $\underline{\tilde{A}}(\alpha)$ (9.5) ersetzt werden, wenn $\underline{A}(\alpha) = \underline{\tilde{A}}(\alpha)$.

14.10 Im kommenden Satz orientiere man sich an folgendem Beispiel: $\underline{A}$ eine lokal präsentierbare Kategorie, $J : \underline{U} \to \underline{A}$ die Inklusion der vollen Unterkategorie ihrer α-präsentierbaren oder α-erzeugbaren Objekte und $\underline{Z}$ eine lokal α-präsentierbare Kategorie. Es sei daran erinnert, dass $\underline{U}$ α-kovollständig ist und in vielen Fällen auch gewisse Limites besitzt (vergl. z.B. 13.4).

Satz. Sei $\underline{U}$ eine kleine α-kovollständige Kategorie und $J : \underline{U} \to \underline{A}$ ein α-kostetiger Funktor. Sei $\underline{D}$ eine kleine Kategorie und seien $\underline{U}$ und $\underline{A}$ $\underline{D}$-vollständig. Falls ein

Funktor $t : \underline{U} \to \underline{Z}$ mit kovollständigem Wertebereich D-Limites erhält, dann auch die Kan'sche Koerweiterung $E_I(t) : \underline{A} \to \underline{Z}$, vorausgesetzt in $\underline{Z}$ kommutieren α-kofiltrierende Kolimites mit D-Limites (z.B. wenn die Kategorie $\underline{Z}$ lokal α-präsentierbar und $\underline{D}$ α-klein ist (vgl. 7.11).

Variationen. Seien $J : \underline{U} \to \underline{A}$, $t : \underline{U} \to \underline{Z}$ und $H : \underline{D} \to \underline{A}$ Funktoren, wobei $\underline{D}$ und $\underline{U}$ klein sind. Die genauen Voraussetzungen für die Sätze 14.8 bzw. 14.10 sind in den Beweisen von 14.12 und 14.14 bzw. von 14.12 und 14.13 zu finden. In Beispielen ist es gelegentlich möglich diese Bedingungen direkt nachzuweisen. Wir geben ein solches Beispiel: Falls t α-Produkte erhält (dh. $\underline{D}$ diskret) dann auch $E_J(t)$, vorausgesetzt in $\underline{Z}$ kommutieren α-kofiltrierende Kolimites mit α-Produkten. Dabei braucht $\underline{U}$ nicht α-kovollständig und $J : \underline{U} \to \underline{A}$ nicht α-kostetig zu sein. Es genügt stattdessen, dass für jedes $A \in \underline{A}$ die Kategorie J/A α-kofiltrierend ist und dass $\underline{U}$ ein initiales Objekt besitzt und J dieses erhält.

14.11 Satz. Seien $J : \underline{U} \to \underline{A}$ und $t : \underline{U} \to \underline{Z}$ Funktoren, wobei $\underline{U}$ klein ist. Es gelten:
a) Falls $\underline{U}$ und $\underline{A}$ endliche Limites besitzen und t endliche Limites erhält, dann erhält $E_J(t) : \underline{A} \to \underline{Z}$ ebenfalls endliche Limites, vorausgesetzt $\underline{Z}$ ist eine Garbenkategorie (12.5, 12.14).
b) Falls $\underline{U}$ und $\underline{A}$ α-Limites besitzen und t α-Limites erhält, dann erhält $E_J(t) : \underline{A} \to \underline{Z}$ ebenfalls α-Limites, vorausgesetzt $\underline{Z}$ ist lokal präsentierbar und für jedes $A \in \underline{A}$ ist die Kategorie J/A $\pi(\underline{Z})$-kofiltrierend.

Bemerkung. Im Gegensatz zu 14.10 benötigt man nicht, dass $J : \underline{U} \to \underline{A}$ α-Kolimites erhält und $\underline{U}$ α-kovollständig ist. Ferner sind in b) die Kardinalzahlen α und $\pi(\underline{Z})$ voneinander unabhängig.

14.12 Die Beweismethoden für 14.8 und 14.10 sind im wesentlichen dieselben, während für 14.11 a), b) eine andere Methode benützt wird. Wir führen deshalb nicht alle Beweise durch und beschränken uns darauf, die beiden Methoden anzugeben. Diese sollten es dem Leser auch ermöglichen einige Variationen von 14.8-14.11 zu finden, die wir nicht angeführt haben.

Wir beginnen mit der Methode für 14.8 und 14.10. Diese basiert auf den drei folgenden Lemmata.

Lemma. Sei $J : \underline{U} \to \underline{A}$ *ein Funktor und* $\underline{D}$ *eine Kategorie. Für jedes Paar von Objekten* $D, D' \in \underline{D}$ *und jedes* $U \in \underline{U}$ *existiere das Koprodukt* $\coprod_{[D,D']} U$ *in* $\underline{U}$ *und es werde von* $J : \underline{U} \to \underline{A}$ *erhalten. Dann ist für jedes* $D \in \underline{D}$ *und jeden Funktor* $H : \underline{D} \to \underline{A}$ *der Funktor*

$$F_D : [\underline{D}, J]/H \to J/HD, \ (K, JK \xrightarrow{\varphi} H) \rightsquigarrow (KD, JKD \xrightarrow{\varphi D} HD)$$

konfinal (2.12, für J/HD etc. vgl. 2.6).

14.13 *Lemma. Sei* $\underline{D}$ *eine kleine Kategorie und sei* $J : \underline{U} \to \underline{A}$ *ein Funktor, wobei* $\underline{U}$ *und* $\underline{A}$ $\underline{D}$*-vollständig sind. Dann ist für jeden Funktor* $H \in [\underline{D}, \underline{A}]$ *der Funktor*

$$L : [\underline{D}, J]/H \to J/\varprojlim H, \ (K, JK \xrightarrow{\varphi} H) \rightsquigarrow \left(\varprojlim K, J(\varprojlim K) \xrightarrow{kan} \varprojlim JK \xrightarrow{\varprojlim \varphi} \varprojlim H\right)$$

konfinal.

14.14 *Lemma. Seien* $J : \underline{U} \to \underline{A}$ *und* $\underline{D}$ *wie in 14.8. Dann ist für jeden Funktor* $H \in [\underline{D}, \underline{A}]$ der Funktor

$$L' : [\underline{D}, J]/H \to J/\varinjlim H, \ (K, JK \xrightarrow{\varphi} H) \rightsquigarrow \left(J(\varinjlim K), J(\varinjlim K) \xrightarrow[\cong]{kan} \varinjlim JK \xrightarrow{\varinjlim \varphi} \varinjlim H\right)$$

konfinal.

14.15 Bevor wir 14.12-14.14 beweisen, zeigen wir wie man daraus die Aussagen in 14.8 und 14.10 herleiten kann. Wir beginnen mit 14.10. Der Satz ergibt sich aus folgenden Isomorphismen

$$E_J(t)(\varprojlim H) \cong \varinjlim_{(U,\xi)} tU \overset{(1)}{\cong} \varinjlim_{(K,\varphi)} t(\varprojlim K) \cong \varinjlim_{(K,\varphi)} \left(\varprojlim_{D} tKD\right) \overset{(2)}{\cong} \varprojlim_{D} \left(\varinjlim_{(K,\varphi)} tKD\right) \overset{(3)}{\cong} \varprojlim_{D} E_J(t)(HD) = \varprojlim E_J(t)H$$

Dabei durchlaufen (U, ξ) und (K, φ) die Kategorien $J/\varprojlim H$ und $[\underline{D}, J]/H$. Die Isomorphismen (1) und (3) resultieren aus 14.13 und 14.12. Der Isomorphismus (2) ergibt sich aus der Vertauschbarkeit von $\underline{D}$-Limites und α-kofiltrierenden Kolimites in $\underline{Z}$. Die Kategorie $[\underline{D}, J]/H$ ist nämlich α-kofiltrierend, weil $\underline{U}$ α-kovollständig und J α-kostetig ist. Dies zeigt, dass $E_J(t)$ $\underline{D}$-stetig ist.

Wir bemerken noch, dass es im diskreten Fall (dh. $\underline{D}$ diskret) auf Grund der in 14.10 (Variation) gemachten Voraussetzung evident ist, dass $[\underline{D},J]/H$ α-kofiltrierend ist.

Der Beweis für 14.8 ist bis auf triviale Modifikationen derselbe wie für 14.10. (Man benützt 14.14 anstelle von 14.13. Die Exaktheitseigenschaft von $\underline{Z}$ wird wegen der Vertauschbarkeit $\varinjlim_{(K,\varphi)} \varinjlim_{\underline{D}} \cong \varinjlim_{\underline{D}} \varinjlim_{(K,\varphi)}$ nicht benötigt). Die letzte Aussage folgt aus 14.5.

Beweis von 14.12. Es ist zu zeigen, dass für jedes Objekt $(U, JU \xrightarrow{\xi} HD)$ von J/HD die Kategorie $(U,\xi)\backslash F_D$ zusammenhängend ist. Wir zeigen, dass sie ein initiales Objekt besitzt. Dem Paar $U \in \underline{U}$, $D \in \underline{D}$ kann man den verallgemeinerten darstellbaren Funktor $U \otimes [D,-] : \underline{D} \to \underline{U}$, $D' \rightsquigarrow \coprod_{[D,D']} U$ zuordnen. Da $J : \underline{U} \to \underline{A}$ diese Koprodukte erhält, so gilt $J\cdot(U \otimes [D,-]) \cong JU \otimes [D,-]$. Nach dem Yoneda Lemma (vgl. [56] introd.) gibt es eine Bijektion $[JU,HD] \cong [JU \otimes [D,-],H] \cong [J\cdot(U \otimes [D,-]),H]$, welche in U,D und H natürlich ist. Dabei entspricht dem Morphismus $\xi : JU \to HD$ eine natürliche Transformation $\varphi_\xi : JU \otimes [D,-] \to H$, deren Wert bei D ein Morphismus $\coprod_{[D,D]} JU \to HD$ ist, dessen Komponente mit Index id_D gerade $\xi : JU \to HD$ ist. Hieraus folgt leicht, dass $\left(U \otimes [D,-], \varphi_\xi : J\cdot(U \otimes [D,-]) \to H\right)$ zusammen mit der Induktion $i : U \to \coprod_{[D,D]} U = U \otimes [D,D]$ der Komponente id_D ein Objekt von $(U,\xi)\backslash F_D$ ist.

Wir zeigen noch, dass es ein initiales Objekt dieser Kategorie ist. Sei $(K, \varphi : JK \to H)$ zusammen mit $\eta : U \to KD$ ein Objekt von $(U,\xi)\backslash F_D$; es gilt also $\xi = \varphi(D)\cdot J\eta$. Wie vorhin erwähnt entspricht dem Morphismus $\eta : U \to KD$ unter der Bijektion $[U,KD] \cong [U \otimes [D,-],K]$ eine natürliche Transformation $\varphi_\eta : U \otimes [D,-] \to K$, deren Wert bei D ein Morphismus $\coprod_{[D,D]} U \to KD$ ist, dessen Komponente mit Index id_D gerade $\eta : U \to KD$ ist. Auf Grund der Natürlichkeit der Yoneda Bijektion gilt $\varphi_\xi = \varphi\cdot J\varphi_\eta$. Wegen $\xi = \varphi(D)\cdot J\eta$ gibt daher die natürliche Transformation $\varphi_\eta : U \otimes [D,-] \to K$ Anlass zu einem kommutativen Diagramm

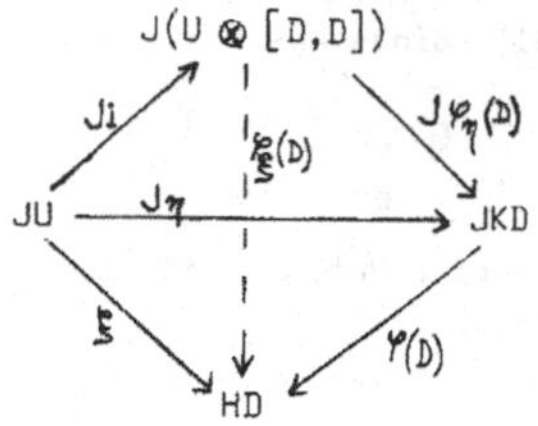

Folglich gibt es in $(U,\xi)\backslash F_D$ einen Morphismus vom Paar $\big((U \otimes [D,-],\varphi_\xi),i\big)$ in das Paar $\big((K,\varphi),\eta\big)$. Es gibt nur einen solchen Morphismus, weil $\varphi_\eta : U \otimes [D,-] \to K$ durch $\eta : U \to KD$ eindeutig bestimmt ist. Dies zeigt, dass $\big((U \otimes [D,-],\varphi_\xi),i\big)$ ein initiales Objekt ist.

<u>Beweis von 14.13</u>. Es ist zu zeigen, dass für jedes Objekt $(U,\xi : JU \to \varprojlim H)$ von $J/\varprojlim H$ die Kategorie $(U,\xi)\backslash L$ zusammenhängend ist. Sei $\mathrm{konst}_U : \underline{D} \to \underline{U}$ der konstante Funktor $D \rightsquigarrow U$ und sei $\psi_\xi = \big(JU \to \varprojlim H \xrightarrow{\text{kan.}} HD\big)_{D\in\underline{D}}$ der von ξ induzierte Morphismus $J\circ\mathrm{konst}_U \to H$. Es ist leicht zu sehen, dass $\big(\mathrm{konst}_U, J\circ\mathrm{konst}_U = \mathrm{konst}_{JU} \xrightarrow{\psi_\xi} H\big)$ zusammen mit dem kanonischen Morphismus $U \to \varprojlim \mathrm{konst}_U$ ein initiales Objekt von $(U,\xi)\backslash L$ ist.

<u>Beweis von 14.14</u>. Nach 14.12 ist der Funktor

$$F_D : [\underline{D},J]/H \to J/HD,\ (K,\varphi) \rightsquigarrow (KD, JKD \xrightarrow{\varphi(D)} HD)$$

konfinal.

Da $J : \underline{U} \to \underline{A}$ dicht ist, so ist folglich der Kolimes von

$$[\underline{D},J]/H \xrightarrow{F_D} J/HD \xrightarrow{J_{HD}} \underline{U} \xrightarrow{J} \underline{A},\ (K,\varphi) \rightsquigarrow JKD$$

gerade HD. Es gilt daher

$$\varinjlim H = \varinjlim_{D} HD = \varinjlim_{D} \big(\varinjlim_{(K,\varphi)} JKD\big) \xrightarrow{\cong} \varinjlim_{(K,\varphi)} \big(\varinjlim_{D} JKD\big)$$

Da jedes Objekt JU in $\underline{A}$ α-präsentierbar und $[\underline{D},J]/H$ α-kofiltrierend ist, so folgt

$$[JU,\varinjlim H] \cong [JU,\varinjlim_{(K,\varphi)} (\varinjlim_{D} JKD)] \cong \varinjlim_{(K,\varphi)} [JU,\varinjlim_{D} JKD] \cong \varinjlim_{(K,\varphi)} [JU,J(\varinjlim_{D} KD)] \cong \varinjlim_{(K,\varphi)} [U,\varinjlim_{D} KD]$$

Damit kann man nun leicht zeigen, dass für jedes Objekt $(U,\xi : JU \to \underset{\to}{\lim} H)$ die Kategorie $(U,\xi)\backslash L'$ zusammenhängend ist (allerdings besitzt sie im allgemeinen kein initiales Objekt).

14.16 Wir beschreiben nun die zweite Methode (für 14.11). Diese basiert auf dem folgenden

Lemma. Seien $\underline{U}$ und $\underline{A}$ Kategorien mit α-Limites, $\underline{U}$ klein, und sei $J : \underline{U} \to \underline{A}$ ein Funktor. Sei $\underline{V}$ eine kleine Kategorie und $s : \underline{U} \to [\underline{V},\underline{Me}]$ ein α-stetiger Funktor. Dann ist $E_J(s) : \underline{A} \to [\underline{V},\underline{Me}]$ ebenfalls α-stetig.

Wir zeigen zuerst, wie man hieraus 14.11 ableiten kann.

a) Sei $t : \underline{U} \to \underline{Z}$ ein $\aleph_0$-stetiger Funktor und $\underline{Z}$ eine Garbenkategorie (12.5, 12.14). Nach 12.11 gibt es dann eine kleine dichte Unterkategorie $\underline{V} \subset \underline{Z}$ derart, dass die volle Einbettung $G : \underline{Z} \to [\underline{V}^o,\underline{Me}]$, $Z \leadsto [-,Z]$ einen Koadjungierten L besitzt, welcher $\aleph_0$-stetig ist. Nach 2.3 gilt $E_J(L\cdot s) = L\cdot E_J(s)$. Für $s = G\cdot t$ folgt daher aus Lemma 14.16, dass der Funktor $E_J(t) \cong E_J(LGt) = LE_J(G\cdot t)$ $\aleph_0$-stetig ist.

b) Sei $t : \underline{U} \to \underline{Z}$ ein α-stetiger Funktor, wobei $\underline{Z}$ lokal präsentierbar ist. Die dichte Unterkategorie $\underline{V}$ der $\pi(\underline{Z})$-präsentierbaren Objekte von $\underline{Z}$ induziert eine volle Einbettung $G : \underline{Z} \to [\underline{V}^o,\underline{Me}]$, $Z \leadsto [-,Z]$, welche Limites und $\pi(\underline{Z})$-kofiltrierende Kolimites erhält und reflektiert. Nach Voraussetzung ist für jedes $A \in \underline{A}$ die Kategorie J/A $\pi(\underline{Z})$-kofiltrierend. Aus der Kan'schen Konstruktion 2.9 folgt deshalb $E_J(G\cdot t) = G\cdot E_J(t)$. Für $s = G\cdot t$ folgt aus Lemma 14.16, dass $G\cdot E_J(t)$ α-stetig ist und somit auch $E_J(t)$, weil G Limites reflektiert. Man beachte, dass $\pi(\underline{Z})$ und α voneinander unabhängig sind.

Beweis von 14.16. Da die Evaluationsfunktoren $E_D : [\underline{V},\underline{Me}] \to \underline{Me}$, $H \leadsto HD$ adjungierte Funktoren besitzen, so folgt wie vorhin, dass $E_J(E_D\cdot s) = E_D E_J(s) = E_J(s)(D)$ für jedes $D \in \underline{D}$. Ferner kommutiert $E_J(s)$ bzw. s genau dann mit α-Limites, wenn dies für alle Funktoren $E_D E_J(s)$ bzw. $E_D s$ der Fall ist, $D \in \underline{D}$. Es genügt daher die Behauptung für einen α-stetigen Funktor $s : \underline{U} \to \underline{Me}$ zu beweisen. Nach 5.4 gibt es eine Darstellung

$s = \varinjlim_{\nu} [U_\nu,-]$ von s als α-kofiltrierender Kolimes von darstellbaren Funktoren. Da E_J Kolimites erhält, so folgt aus 2.2 a), dass

$$E_J(s) = E_J \varinjlim_{\nu} [U_\nu,-] \cong \varinjlim_{\nu} E_J [U_\nu,-] = \varinjlim_{\nu} [JU_\nu,-]$$

Da in $\underline{Me}$ α-kofiltrierende Kolimites mit α-Limites kommutieren, so ist $E_J(s)$ α-stetig.

14.17 Korollar. Sei $\underline{A}$ eine abelsche Kategorie mit Koprodukten und erzeugbaren Generatoren. (In einer Grothendieck AB5) Kategorie sind die Generatoren immer erzeugbar). Dann existieren ein Ring Λ und eine additive lokal erzeugbare Kategorie $\underline{A}'$ sowie ein kommutatives Diagramm

$$\begin{array}{ccccc} & & \underline{A}' & & \\ & \overset{I_1}{\nearrow} & & \overset{I_2}{\searrow} & \\ \underline{A} & & \xrightarrow{\quad I \quad} & & \underline{Mod}_\Lambda \end{array}$$

in welchem I, I_1 und I_2 volle exakte Einbettungen sind derart, dass I_2 einen Adjungierten und I_1 einen Koadjungierten besitzt.*) Ferner ist $I_1 : \underline{A} \to \underline{A}'$ genau dann eine Aequivalenz, wenn $\underline{A}$ lokal $\aleph_0$-noethersch ist (9.19).

Beweis. Aus 13.3 und 6.7 d) folgt die Existenz einer regulären Kardinalzahl β derart, dass $\underline{A}(\beta)$ eine kleine Unterkategorie von $\underline{A}$ ist, welche unter Unterobjekten und Quotienten abgeschlossen ist. Sei α die kleinste reguläre Kardinalzahl mit dieser Eigenschaft und sei $\underline{X} = \underline{A}(\alpha)$. Aus 9.3 folgt dann $\underline{A}(\alpha) = \widetilde{\underline{A}}(\alpha)$.

Sei $\underline{A}' = \widetilde{St}_{\aleph_0}[\underline{X}^o,\underline{Me}]$ und sei $I_1 : \underline{A} \to \widetilde{St}_{\aleph_0}[\underline{X}^o,\underline{Me}]$ der Funktor $A \rightsquigarrow [-,A]$. Nach 9.5 und 3.5 ist I_1 eine volle Einbettung. Ferner ist I_1 linksexakt.**) Nach 2.2 b) ist I_1 die Kan'sche Koerweiterung der exakten Yoneda Einbettung $Y : \underline{X} \to \widetilde{St}_{\aleph_0}[\underline{X}^o,\underline{Me}]$

*) Falls $\underline{A}$ eine Grothendieck AB5) Kategorie ist, so kann man zeigen, dass $\underline{A}'$ ebenfalls eine solche Kategorie ist.

**) Falls in $\underline{A}$ für jede wohlgeordnete Kette $A \to A_1 \to A_2 \to \dots \to A_\iota \to \dots$ von Epimorphismen und jeden Morphismus $B \to \varinjlim_{\iota} A_\iota$ der kanonische Morphismus $\varinjlim_{\iota} B \prod_C A_\iota \to B$ invertierbar ist, wobei $C = \varinjlim A_\iota$, dann kann man zeigen, dass $\underline{A}' = \widetilde{St}_{\aleph_0}[\underline{X}^o,\underline{Me}]$ eine Grothendieck AB5) Kategorie ist (vgl. auch Oberst [44]).

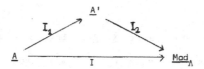

bezüglich der Inklusion $\underline{X} \to \underline{A}$. Folglich ist $I_1 : \underline{A} \to \widetilde{St}_{\aleph_0}[\underline{X}^o, \underline{Me}]$ exakt (14.8). Ferner besitzt I_1 nach 2.7 einen Koadjungierten, nämlich die Kan'sche Koerweiterung der Inklusion $\underline{X} \to \underline{A}$ bezüglich Y.

Nach Mitchell [42] existieren ein Ring Λ und eine volle exakte Einbettung $t : \underline{X} \to \underline{Mod}_\Lambda$ derart, dass tX für jedes $X \in \underline{X}$ ein Quotient von Λ ist. Aus 9.9 und 14.10 folgt deshalb, dass die Kan'sche Koerweiterung $E_Y(t) : \widetilde{St}_{\aleph_0}[\underline{X}^o, \underline{Me}] \to \underline{Mod}_\Lambda$ eine volle exakte Einbettung ist, welche koadjungiert zu $\underline{Mod}_\Lambda \to \widetilde{St}_{\aleph_0}[\underline{X}^o, \underline{Me}]$, $M \rightsquigarrow [t-, M]$ ist. Man kann daher $I_2 = E_Y(t)$ und $I = I_2 I_1$ setzen.

Aus 9.17 und 9.19 folgt leicht, dass $I_1 : \underline{A} \to \widetilde{St}_{\aleph_0}[\underline{X}^o, \underline{Me}]$ genau dann eine Aequivalenz ist, wenn $\underline{A}$ lokal $\aleph_0$-noethersch ist.

14.18 Bemerkungen.

a) Sei $\underline{D}$ eine α-kleine Kategorie und $\underline{X} = \underline{A}(\alpha)$ besitze $\underline{D}$-Limites. Falls man im obigen Beweis die exakte Einbettung $t : \underline{X} \to \underline{Mod}_\Lambda$ so wählen kann, dass sie $\underline{D}$-Limites (bzw. $\underline{D}$-Kolimites) erhält, dann folgt aus 14.10 (bzw. 14.8), dass auch die volle exakte Einbettung $I : \underline{A} \to \underline{Mod}_\Lambda$ $\underline{D}$-Limites (bzw. $\underline{D}$-Kolimites) erhält (I ist nämlich die Kan'sche Koerweiterung von $t : \underline{X} \to \underline{Mod}_\Lambda$ bezüglich der Inklusion $\underline{X} \to \underline{A}$).

b) M. Barr teilte uns kürzlich mit, dass eine lokal erzeugbare Kategorie $\underline{A}$ mit der Eigenschaft 12.13 a) eine volle Einbettung $I : \underline{A} \to [\underline{C}^o, \underline{Me}]$ zulässt derart, dass $\underline{C}$ klein ist und I reguläre Epimorphismen und endliche Limites erhält. Dies folgt auch aus dem Beweis von 14.17, wenn man das Mitchell'sche Einbettungstheorem durch das folgende Resultat von M. Barr ersetzt: Eine kleine Kategorie $\underline{X}$ mit endlichen Limites, Kokernen und der Eigenschaft 12.13 a) lässt eine volle Einbettung $t : \underline{X} \to [\underline{C}^o, \underline{Me}]$ zu derart, dass 1) $\underline{C}$ klein ist 2) t endliche Limites und reguläre Epimorphismen erhält 3) Für jedes $X \in \underline{X}$ der Funktor tX endlich erzeugbar in $[\underline{C}, \underline{Me}]$ ist.

§15 Anhang, Δ-präsentierbare Objekte

In diesem Abschnitt wird der Begriff der α-Präsentierbarkeit in einem etwas allgemeineren Rahmen dargestellt. Wir beschränken uns dabei auf Beweisskizzen.

In 5.4 wurde gezeigt, dass für eine kleine α-kovollständige Kategorie $\underline{U}$ ein Funktor $F : \underline{U}^o \to \underline{Me}$ genau dann α-stetig ist, wenn die Kategorie $\underline{U}/F$ "der darstellbaren Funktoren über F" α-kovollständig ist. Betrachtet man nun allgemeiner eine beliebige Klasse $(\underline{D}_\gamma)_{\gamma\in\Gamma}$ von kleinen Kategorien und eine $(\underline{D}_\gamma)_{\gamma\in\Gamma}$-kovollständige Kategorie $\underline{U}$, so ist leicht zu sehen, dass für einen $(\underline{D}_\gamma)_{\gamma\in\Gamma}$-stetigen Funktor $F : \underline{U}^o \to \underline{Me}$ die Kategorie $\underline{U}/F$ $(\underline{D}_\gamma)_{\gamma\in\Gamma}$-kovollständig ist. Die Umkehrung hievon ist jedoch nicht richtig. Sie gilt nur unter ziemlich einschränkenden Bedingungen an $(\underline{D}_\gamma)_{\gamma\in\Gamma}$ (vgl. 15.10). Hingegen besitzt die Komplettierung $\underline{K}_\Gamma(\underline{U})$ unter relativ schwachen Bedingungen die übliche universelle Eigenschaft (15.3).

15.1 Sei $\underline{Kat}$ die Kategorie der zum gewählten Universum $\underline{\underline{U}}$ gehörenden Kategorien und sei Γ eine Unterklasse von Ob $\underline{Kat}$. Wir bezeichnen mit Γ' die Klasse der Kategorien $\underline{X} \in \underline{Kat}$ derart, dass die kanonische Abbildung

$$\varinjlim_{X} \varprojlim_{D} \Phi(D,X) \to \varprojlim_{D} \varinjlim_{X} \Phi(D,X)$$

für jede Kategorie $\underline{D} \in \Gamma$ und jeden Funktor $\Phi : \underline{D}^o \amalg \underline{X} \to \underline{Me}$ bijektiv ist.

Analog bezeichnen wir mit $'\Gamma$ die Klasse der Kategorien $\underline{C} \in \underline{Kat}$ derart, dass die kanonische Abbildung

$$\varinjlim_{Y} \varprojlim_{C} \Psi(C,Y) \to \varprojlim_{C} \varinjlim_{Y} \Psi(C,Y)$$

für jede Kategorie $\underline{Y} \in \Gamma$ und jeden Funktor $\Psi : \underline{C}^o \amalg \underline{Y} \to \underline{Me}$ bijektiv ist.

Die Klassen Δ von der Form Γ' oder $'\Gamma$ haben offensichtlich folgende Eigenschaften:

a) Die finale Kategorie $\bullet$ gehört zu Δ.

b) Ist $F : \underline{X} \to \underline{Y}$ ein konfinaler Funktor in $\underline{Kat}$ mit Definitionsbereich $\underline{X}$ in Δ, so gilt auch $\underline{Y} \in \Delta$.

c) Ist $G : \underline{X} \to \underline{Kat}$ ein Funktor mit Definitionsbereich $\underline{X}$ und Werten $G(X)$ in Δ , so gilt auch $\varinjlim G \in \Delta$ (Ist $i_X : G(X) \to \varinjlim G$ der kanonische Funktor, dann besitzt jeder Funktor H von $\varinjlim G$ in eine kovollständige Kategorie die Eigenschaft $\varinjlim H \cong \varinjlim_{X \in \underline{X}} (\varinjlim Hi_X)$.)

d) Ist $F : \underline{X} \to \underline{Y}$ ein volltreuer konfinaler Funktor in $\underline{Kat}$ mit Wertebereich $\underline{Y}$ in Δ , so gilt auch $\underline{X} \in \Delta$ (Im Fall $\Delta = \Gamma'$ bemerke man, dass es für jeden Funktor $\Phi : \underline{D}^o \pi \underline{X} \to \underline{Me}$ ein $\Psi : \underline{D}^o \pi \underline{Y} \to \underline{Me}$ mit $\Phi = \Psi \cdot (\mathrm{id}\, \pi F)$ gibt; man nehme zum Beispiel die Kan'sche Koerweiterung von Φ auf $\underline{D}^o \pi \underline{Y}$. Das entsprechende gilt für $\Delta = {}'\Gamma$).

<u>Definition</u>. Eine Unterklasse von $\mathrm{Ob}\, \underline{Kat}$ mit den Eigenschaften a), b) und c) heisst <u>gesättigt</u>.

15.2 <u>Beispiele</u>.

a) Für jede reguläre Kardinalzahl α sei Δ_α die Klasse der α-kofiltrierenden Kategorien aus $\underline{Kat}$. Nach 5.2 ist Δ_α von der Form Γ' und deshalb gesättigt. Die Klasse $'\Delta_\alpha$ enthält alle α-kleinen Kategorien aus $\underline{Kat}$. Wir werden zeigen, dass eine Kategorie $\underline{D} \in \underline{Kat}$ genau dann zu $'\Delta_\alpha$ gehört, wenn es einen konfinalen Funktor $\underline{C} \to \underline{D}$ gibt, wobei $\underline{C} \in \underline{Kat}$ α-klein ist. Es ist leicht (wenigstens für $\alpha \geq \aleph_1$) direkt nachzuweisen, dass die Klasse der Kategorien $\underline{D} \in \underline{Kat}$ mit letzterer Eigenschaft gesättigt ist.

Es gilt natürlich $\mathbb{N} \in {}'\Delta_{\aleph_1} \cap \Delta_{\aleph_0}$, wenn wir die geordnete Menge $\mathbb{N}$ der natürlichen Zahlen mit der ihr zugeordneten Kategorie identifizieren. Es lässt sich leicht zeigen, dass eine Kategorie $\underline{X} \in \underline{Kat}$ genau dann zu $'\Delta_{\aleph_1} \cap \Delta_{\aleph_0}$ gehört, wenn es einen konfinalen Funktor $\mathbb{N} \to \underline{X}$ gibt.

b) Sei $\Delta_o = \mathrm{Ob}\, \underline{Kat}$ die Klasse aller Kategorien aus $\underline{Kat}$ und sei $\Omega \in \underline{Kat}$ eine Kategorie mit einem einzigen Objekt w und mit zwei Morphismen id_w und σ derart, dass $\sigma^2 = \sigma$. Wir werden zeigen, dass $'\Delta_o = \Delta'_o = \bigcap_\alpha \Delta_\alpha$ und dass eine Kategorie $\underline{D} \in \underline{Kat}$ genau dann zu $'\Delta_o = \Delta'_o$ gehört, wenn es einen konfinalen Funktor $\Omega \to \underline{D}$ gibt.

Im allgemeinen Fall gilt jedoch $'\Gamma \neq \Gamma'$. Zum Beispiel enthält $\Delta'_{\aleph_0}$ <u>alle</u>

diskreten Kategorien von $\underline{\text{Kat}}$ (d.h. Kategorien, in welchen die Identitäten die einzigen Morphismen sind), jedoch nicht die Kategorie $\cdot \overset{\alpha}{\underset{\beta}{\rightrightarrows}} \cdot$, weil im allgemeinen ein filtrierender Limes von Surjektionen nicht mehr surjektiv ist. Da von den diskreten Kategorien nur die endlichen zu ${}'\Delta_{\aleph_0}$ gehören, so gilt ${}'\Delta_{\aleph_0} \neq {}'\Delta_{\aleph_0} \cap \Delta'_{\aleph_0} \neq \Delta'_{\aleph_0}$.

c) Sei α eine reguläre Kardinalzahl und Σ_α die Klasse der Kategorien aus $\underline{\text{Kat}}$ von der Form $\coprod_{i \in I} \underline{X}_i$, $|I| < \alpha$, wobei jeder Summand $\underline{X}_i$ ein finales Objekt besitzt. Die Klasse Σ_α ist gesättigt und für ein $\underline{X} \in \underline{\text{Kat}}$ ist die Bedingung $\underline{X} \in \Sigma_\alpha$ äquivalent zur Existenz eines konfinalen Funktors $\underline{D} \rightarrow \underline{X}$ derart, dass $\underline{D}$ diskret und α-klein ist. Wir werden zeigen, dass ${}'\Sigma_\alpha$ unabhängig von α ist und aus allen zusammenhängenden Kategorien von $\underline{\text{Kat}}$ besteht. Ferner ist für $\underline{D} \in \underline{\text{Kat}}$ die Bedingung $\underline{D} \in \Sigma'_{\aleph_0}$ äquivalent zur folgenden Aussage:

(*) Für jede endliche Familie $(D_\nu)_{\nu \in N}$ von Objekten aus $\underline{D}$ gibt es ein $D \in \underline{D}$ und eine Familie $(\xi_\nu : D_\nu \rightarrow D)_{\nu \in N}$ von Morphismen mit gemeinsamem Wertebereich D . Ferner gibt es zu je zwei solchen Familien $(\xi_\nu : D_\nu \rightarrow D)_{\nu \in N}$ und $(\xi'_\nu : D_\nu \rightarrow D')_{\nu \in N}$ kommutative Diagramme von der Form

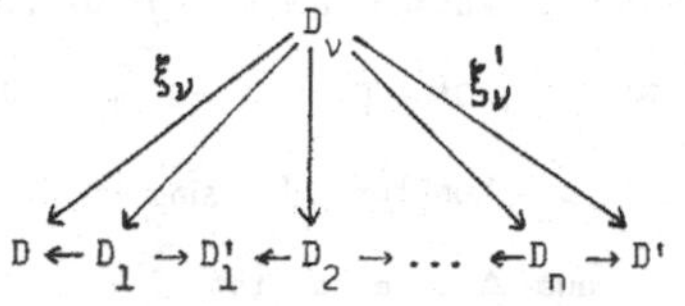

wobei die untere Zeile von ν unabhängig ist. Dabei kann man zusätzlich voraussetzen, dass $N = \{1,2\}$.

d) Bezeichnet $\ominus$ die initiale Kategorie $(\text{Ob}\,\ominus = \text{Mor}\,\ominus = \emptyset)$, so besteht $\{\ominus\}'$ (bzw. ${}'\{\ominus\}$) aus allen zusammenhängenden (bzw. nichtleeren) Kategorien von $\underline{\text{Kat}}$.

15.3 Sei Δ eine gesättigte Unterklasse von Ob $\underline{\text{Kat}}$. Eine Kategorie $\underline{X}$ heisst Δ-<u>kofiltrierend</u>, wenn es einen konfinalen Funktor $\underline{D} \rightarrow \underline{X}$ mit $\underline{D} \in \Delta$ gibt. Gehört $\underline{X}$ zu $\underline{\text{Kat}}$, so ist $\underline{X}$ also genau dann Δ-kofiltrierend, wenn $\underline{X} \in \Delta$.

Eine Kategorie $\underline{X}$ heisst Δ-<u>kovollständig</u>, wenn jeder Funktor $\underline{D} \rightarrow \underline{X}$ mit $\underline{D} \in \Delta$

einen Kolimes besitzt. Ein Funktor $F : \underline{X} \to \underline{Y}$ heisst <u>Δ-kostetig</u> (bzw. <u>Δ-stetig</u>), wenn er die Kolimites (bzw. die Limites) aller Funktoren $\underline{D} \to \underline{X}$ erhält, wobei $\underline{D} \in \Delta$.

Sei nun $\underline{U}$ eine beliebige Kategorie. Die <u>Δ-Komplettierung</u> $\underline{K}_\Delta(\underline{U})$ von $\underline{U}$ ist die volle Unterkategorie von $[\underline{U}^o, \underline{Me}]$, bestehend aus allen Funktoren t mit der Eigenschaft, dass $\underline{U}/t$ Δ-kofiltrierend ist. Nach 2.13 gehört t genau dann zu $\underline{K}_\Delta(\underline{U})$, wenn t zu einem Kolimes $\varinjlim\, [-, HD]$ isomorph ist, wobei der Definitionsbereich $\underline{D}$ von $H : \underline{D} \to \underline{U}$ zu Δ gehört. Für $\Delta = \Delta_\alpha$, bzw. Δ_o , $'\Delta_\alpha$, $'\Delta_o$ gilt folglich $\underline{K}_\Delta(\underline{U}) = St_\alpha[\underline{U}^o, \underline{Me}]$ (5.5), bzw. $\underline{K}_\infty(\underline{U})$ (2.14 c)), $\underline{K}_\alpha(\underline{U})$ (2.14 b)), $\underline{K}_o(\underline{U})$ (2.14 a)).

<u>Satz</u>. <u>Sei</u> Δ <u>eine gesättigte Unterklasse von</u> Ob <u>Kat</u> , $\underline{U}$ <u>eine beliebige Kategorie und</u> $Y : \underline{U} \to \underline{K}_\Delta(\underline{U})$ <u>die Yoneda Einbettung</u>. <u>Die</u> <u>Δ-Komplettierung</u> $\underline{K}_\Delta(\underline{U})$ <u>ist</u> <u>Δ-kovollständig und die Inklusion</u> $\underline{K}_\Delta(\underline{U}) \to \underline{K}_\infty(\underline{U})$ <u>ist</u> <u>Δ-kostetig</u>. <u>Ferner existiert für jeden Funktor</u> $F : \underline{U} \to \underline{B}$ <u>mit</u> <u>Δ-kovollständigem Wertebereich</u> $\underline{B}$ <u>bis auf Isomorphie genau ein Δ-kostetiger Funktor</u> $E : \underline{K}_\Delta(\underline{U}) \to \underline{B}$ <u>derart, dass</u> EY <u>zu</u> F <u>isomorph ist</u>.

<u>Beweis</u>. Sei $H : \underline{D} \to \underline{K}_\Delta(\underline{U})$ ein Funktor mit $\underline{D} \in \Delta$ und sei H' der induzierte "Funktor" $D \rightsquigarrow \underline{U}/H(D)$. Für jedes $D \in \underline{D}$ sei $F_D : \underline{C}(D) \to \underline{U}/H(D)$ ein konfinaler Funktor mit $\underline{C}(D) \in \Delta$. Sei $\underline{G}(D)$ die volle Unterkategorie von $\underline{U}/H(D)$, bestehend aus allen Objekten der Form $H'(\varphi)F_{D'}(C')$ mit $D' \in \underline{D}$, $C' \in \underline{C}(D')$ und $\varphi \in [D', D]$. Die Faktorisierungen $\underline{C}(D) \to \underline{G}(D)$ und $\underline{G}(D) \to \underline{U}/H(D)$ des Funktors F_D sind konfinal und die Kategorie $\underline{G}(D)$ ist isomorph zu einer Kategorie aus Δ . Ferner ist $\bar{G} : \underline{D} \to \underline{\Delta}$, $D \rightsquigarrow \underline{G}(D)$ ein Unterfunktor von H' . Sei $J_D : \underline{G}(D) \to \underline{U}$ der Vergissfunktor $(U, [-,U] \to H(D)) \rightsquigarrow U$ und seien J der induzierte Funktor $\varinjlim\, G \to \underline{U}$ und $Z : \underline{U} \to [\underline{U}^o, \underline{Me}]$ die Yoneda Einbettung. Dann gehört $\varinjlim\, ZJ = \varinjlim_{D \in \underline{D}} (\varinjlim\, ZJ_D) = \varinjlim_{D \in \underline{D}} H(D)$ nach 15.1 c) zu $\underline{K}_\Delta(\underline{U})$ und ist folglich der gesuchte Kolimes von H . Die letzte Aussage folgt aus 2.7, 2.8 für $E = E_Y(F)$.

15.4 <u>Bemerkung</u>. Der Satz 15.3 geht im wesentlichen auf Ehresmann und Ulmer zurück. Ph. Vincent hat in seiner These (Paris, 1969) eine andere Lösung für das in 15.3 angeführte universelle Problem vorgeschlagen. Er führt zunächst eine Kategorie <u>Conex</u> $(\underline{U})$ ein. Die Objekte sind Funktoren $F : \underline{D} \to \underline{U}$ mit $\underline{D} \in \Delta$. Ein Morphismus von $F : \underline{D} \to \underline{U}$ nach $F' : \underline{D'} \to \underline{U}$ wird durch zwei Abbildungen $f : \mathrm{Ob}\, \underline{D} \to \mathrm{Ob}\, \underline{D'}$ und $\varphi : \mathrm{Ob}\, \underline{D} \to \mathrm{Mor}\, \underline{U}$,

$D \rightsquigarrow \big(\varphi(D) : F(D) \to F'(f(D))\big)$ gegeben. Dabei wird zusätzlich vorausgesetzt, dass für jeden Morphismus $\delta : D_1 \to D_2$ in $\underline{D}$ die Objekte $\big(f(D_1),\varphi(D_1) : F(D_1) \to F'(f(D_1))\big)$ und $\big(f(D_2),\varphi(D_2)F(\delta) : F(D_1) \to F(D_2) \to F'(f(D_2))\big)$ in derselben Zusammenhangskomponente von $F(D_1)\backslash F'$ liegen (2.12). Die Verknüpfung ergibt sich aus der Zusammensetzung der Abbildungen f und φ.

Die gesuchte Kategorie $\mathcal{L}(\underline{U})$ erhält man aus $\underline{\text{Conex}}\ (\underline{U})$, indem man zwei Morphismen $(f,\varphi),(f',\varphi') : (\underline{D} \xrightarrow{F} \underline{U}) \to (\underline{D}' \xrightarrow{F'} \underline{U})$ identifiziert, falls $\big(f(D),\varphi(D) : F(D) \to F'(f(D))\big)$ und $\big(f'(D),\varphi'(D) : F(D) \to F'(f(D))\big)$ für jedes $D \in \underline{D}$ in derselben Zusammenhangskomponente von $F(D)\backslash F'$ liegen. Sei ferner $j : \underline{U} \to \mathcal{L}(\underline{U})$ der Funktor $U \rightsquigarrow \big(j(U) : \mathbf{e} \to \underline{U}\big)$, wobei $\mathbf{e}$ die finale Kategorie und $j(U)$ den Funktor mit Wert U bezeichnen. Nach Vincent ist $\big(\mathcal{L}(\underline{U}),j\big)$ eine Lösung des universellen Problems von 15.3. Folglich gibt es eine Aequivalenz $E : \mathcal{L}(\underline{U}) \xrightarrow{\simeq} \underline{K}_\Delta(\underline{U})$ mit der Eigenschaft $E\cdot j \xrightarrow{\simeq} Y$ (15.3). Sie wird folgendermassen beschrieben

$$\big(F : \underline{D} \to \underline{U}\big) \rightsquigarrow \varinjlim_{D \in \underline{D}} [-,FD] .$$

15.5 Sei Δ eine gesättigte Klasse und $\underline{A}$ eine beliebige Kategorie. Ein Objekt $A \in \underline{A}$ heisst $\underline{\Delta\text{-präsentierbar}}$, wenn der Funktor $[A,-] : \underline{A} \to \underline{Me}$ alle existierenden Kolimites von Funktoren $\underline{D} \to \underline{A}$ mit $\underline{D} \in \Delta$ erhält.

Sei $\underline{B}$ eine Δ-kovollständige Kategorie und $T : \underline{U} \to \underline{B}$ ein Funktor. Man sieht leicht dass die Kan'sche Koerweiterung $E_Y(T) : \underline{K}_\Delta(\underline{U}) \to \underline{B}$ genau dann eine Aequivalenz ist, wenn T volltreu ist und die Objekte TU, $U \in \underline{U}$, Δ-präsentierbar sind und jedes Objekt $B \in \underline{B}$ sich als Kolimes einer Zusammensetzung $\underline{D} \to \underline{U} \xrightarrow{T} \underline{B}$ mit $\underline{D} \in \Delta$ darstellen lässt (vgl. 5.5).

15.6 <u>Satz</u>. <u>Für eine Kategorie $\underline{U}$ und eine gesättigte Klasse Δ sind die folgenden Aussagen äquivalent</u>:

(i) <u>$\underline{U}$ ist $'\Delta$-kofiltrierend</u>.

(ii) <u>Der finale Funktor E von $[\underline{U}^o,\underline{Me}]$ ist ein Δ-präsentierbares Objekt von $\underline{K}_\infty(\underline{U})$</u>.

<u>Beweis</u>. (i)$\Longrightarrow$(ii) folgt unmittelbar aus der Formel $E = \varinjlim_{U \in \underline{U}} [-,U]$ und aus der Bemerkung, dass ein $'\Delta$-Kolimes von Δ-präsentierbaren Objekten wieder Δ-präsentierbar ist.

(ii)$\Longrightarrow$(i) Wegen $\underline{U} \xrightarrow{\cong} \underline{U}/E$ und $E \in \underline{K}_\infty(\underline{U})$ existiert ein konfinaler Funktor $J : \underline{D} \to \underline{U}$ mit $\underline{D} \in \underline{Kat}$. Dabei dürfen wir zusätzlich annehmen, dass J eine volltreue Inklusion ist. Wir zeigen nun, dass $\underline{D}$ zu $'\Delta$ gehört und dass $\underline{U}$ folglich $'\Delta$-kofiltrierend ist. Sei $\Phi : \underline{D}^o \pi \underline{X} \to \underline{Me}$ ein Funktor mit $\underline{X} \in \Delta$ und $\Psi : \underline{U}^o \pi \underline{X} \to \underline{Me}$ seine Kan'sche Koerweiterung. Für jedes $X \in \underline{X}$ gilt dann $\Psi(-,X) \in \underline{K}_\infty(\underline{U})$ und

$$\varinjlim_{X} \varprojlim_{D} \Phi(D,X) \xleftarrow{\cong} \varinjlim_{X} \varprojlim_{U} \Psi(U,X) \xrightarrow{\cong} \varinjlim_{X} \varprojlim_{U} \big[[-,U],\Psi(-,X)\big] \xrightarrow{\cong} \varinjlim_{X} [E,\Psi(-,X)] \xrightarrow{\cong} [E,\varinjlim_{X}\Psi(-,X)]$$
$$\xrightarrow{\cong} \varprojlim_{U} \big[[-,U],\varinjlim_{X}\Psi(-,X)\big] \xrightarrow{\cong} \varprojlim_{U} \varinjlim_{X} \Psi(U,X) \xrightarrow{\cong} \varprojlim_{D} \varinjlim_{X} \Phi(D,X)$$

15.7 <u>Korollar</u>. <u>Die $'\Delta$-Komplettierung einer Kategorie $\underline{U}$ ist die volle Unterkategorie von $\underline{K}_\infty(\underline{U})$ bestehend aus allen Δ-präsentierbaren Objekten</u>.

<u>Beweis</u>. Die Δ-präsentierbaren Objekte sind offensichtlich in $\underline{K}_\infty(\underline{U})$ unter $'\Delta$-Kolimites abgeschlossen. Folglich ist jedes Objekt aus $\underline{K}_{'\Delta}(\underline{U})$ Δ-präsentierbar in $\underline{K}_\infty(\underline{U})$. Sei umgekehrt F Δ-präsentierbar in $\underline{K}_\infty(\underline{U})$. Dann ist das finale Objekt $E = (F \xrightarrow{id} F)$ von $\underline{K}_\infty(\underline{U})/F \xrightarrow{\cong} \underline{K}_\infty(\underline{U}/F)$ Δ-präsentierbar, und $\underline{U}/F$ ist $'\Delta$-kofiltrierend nach 15.6 (ii)$\Longrightarrow$(i).

15.8 Die Δ_α-präsentierbaren Objekte einer Kategorie stimmen mit den α-präsentierbaren überein (15.2 a) und 6.1). Folglich ist für $\underline{D} \in {'\Delta_\alpha}$ der finale Funktor $E \in [\underline{D}^o,\underline{Me}]$ α-präsentierbar und es gibt wegen 7.6 einen Funktor $H : \underline{C} \to \underline{D}$ mit α-kleinem Definitionsbereich $\underline{C}$ derart, dass $\varinjlim_{C} [-,HC] \xrightarrow{\cong} E$ (vgl. Beweis 5.2 (iii) $\Longrightarrow$(ii)). Daraus folgt nach 2.13, dass $H : \underline{C} \to \underline{D} \xrightarrow{\cong} \underline{D}/E$ konfinal ist (vgl. 15.2 a)).

Die Klassen $'\Delta_o$ und $'\Sigma_\alpha$ (vgl. 15.2 b), c)) können auf ähnliche Weise beschrieben werden (vgl. 15.2 b), c)). Man bemerke dabei, dass $A \in \underline{A}$ genau dann Δ_o-präsentierbar (oder 0-präsentierbar) ist, wenn der Funktor $[A,-]$ kostetig ist (vgl. 4.3).

15.9 <u>Satz</u>. <u>Für jede Δ-kofiltrierende Kategorie $\underline{D}$ ist die Yoneda Einbettung $\underline{D} \to \underline{K}_{'\Delta}(\underline{D})$ konfinal</u>.

Der Beweis ist im wesentlichen derselbe wie für 5.2 (iii)$\Longrightarrow$(ii) .

Sei Γ eine gesättigte Klasse und $\underline{D} \in \underline{Kat}$. Der obige Satz liefert eine notwendige Bedingung dafür, dass $\underline{D} \in \Gamma'$. Wenn $\underline{D} \to \underline{K}_{'\Delta}(\underline{D})$ konfinal ist (für $\Delta = \Gamma'$), so gilt das gleiche für die Yoneda Einbettung $\underline{D} \to \underline{K}_{\Gamma}(\underline{D})$. Z.B. ist für $\Gamma = \Sigma_{\aleph_0}$ die letztere Bedingung offensichtlich äquivalent zur Aussage (*) von 15.2 c). Umgekehrt folgt ziemlich leicht aus (*), dass $\underline{D} \in \Sigma'_{\aleph_0}$.

15.10 Eine gesättigte Klasse Δ heisst <u>regulär</u>, wenn jede Kategorie $\underline{D} \in \underline{Kat}$ mit der Eigenschaft, dass die Yoneda Einbettung $\underline{D} \to \underline{K}_{'\Delta}(\underline{D})$ konfinal ist, zu Δ gehört. Für reguläre Klassen gelten mutatis mutandis die Sätze 5.4 - 5.8.

Für eine $'\Delta$ -kovollständige Kategorie $\underline{U}$ besteht $\underline{K}_{\Delta}(\underline{U})$ genau aus den $'\Delta$ -stetigen Funktoren $F \in \underline{K}_{\infty}(\underline{U})$ (vgl. 3.6). Die $'\Delta$ -kostetigen Funktoren $\underline{U} \to \underline{B}$ mit Δ-kovollständigem Wertebereich entsprechen bijektiv den kostetigen Funktoren $\underline{K}_{\Delta}(\underline{U}) \to \underline{B}$ und die Δ-Komplettierung $\underline{K}_{\Delta}(\underline{U})$ ist eine koreflexive Unterkategorie von $\underline{K}_{\infty}(\underline{U})$. Ferner ist eine Kategorie $\underline{X}$ genau dann äquivalent zu einer Kategorie $\underline{K}_{\Delta}(\underline{U})$ mit $'\Delta$ -kovollständigem $\underline{U}$, wenn die Δ-präsentierbaren Objekte von $\underline{X}$ eine dichte volle Unterkategorie $\underline{V}$ bilden und die Kategorie $\underline{V}/X$ für jedes $X \in \underline{X}$ Δ_0-kofiltrierend ist (d.h. $\underline{V}/X$ besitzt eine konfinale kleine Unterkategorie).

Aus Satz 15.9 folgt, dass für jede reguläre Klasse Δ die Gleichung $\Delta = ('\Delta)'$ gilt, mit anderen Worten, dass Δ von der Form Γ' ist. Wir wissen nicht, ob die Umkehrung auch gilt. Der folgende Satz zeigt jedoch, dass die Regularität eine sehr einschränkende Bedingung ist.

<u>Satz</u>. <u>Für eine Klasse von der Form</u> $\Delta = \Gamma'$ <u>sind folgende Aussagen äquivalent</u>:

(i) Δ <u>ist regulär</u>.

(ii) <u>Jede</u> Δ_0-<u>kofiltrierende und</u> $'\Delta$ -<u>kovollständige Kategorie ist</u> Δ-<u>kofiltrierend</u>.

(iii) <u>Für jede</u> $'\Delta$ -<u>kovollständige Kategorie</u> $\underline{U}$ <u>und jeden</u> $'\Delta$ -<u>stetigen Funktor</u> $F \in \underline{K}_{\infty}(\underline{U})$ <u>ist</u> $\underline{U}/F$ Δ-<u>kofiltrierend</u>.

(iv) <u>Für jede Kategorie</u> $\underline{X} \in \underline{Kat}$ <u>existiert ein Funktor</u> $G : \underline{D} \to \underline{Kat}$ <u>zusammen mit einem konfinalen Funktor</u> $\varinjlim G \to \underline{X}$ <u>derart, dass</u> $\underline{D} \in \Delta$ <u>und</u> $GD \in {'\Delta}$ <u>für jedes</u> $D \in \underline{D}$.

<u>Beweis</u>. (i)$\Longrightarrow$(iv) Sei $\underline{B}$ eine kovollständige Kategorie. Wir wissen, dass die kostetigen Funktoren $\underline{K}_{\Delta}(\underline{K}_{'\Delta}(\underline{X})) \to \underline{B}$ bijektiv den $'\Delta$ -kostetigen Funktoren $\underline{K}_{'\Delta}(\underline{X}) \to \underline{B}$ entsprechen. Letztere entsprechen wiederum bijektiv den Funktoren $\underline{X} \to \underline{B}$. Folglich sind

$[\underline{X}^o,\underline{Me}] = \underline{K}_\infty(\underline{X})$ und $\underline{K}_\Delta(\underline{K}_{'\Delta}(\underline{X}))$ zwei Lösungen desselben universellen Problems und sind auf natürliche Weise zueinander äquivalent. Daraus folgt, dass der finale Funktor $E \in [\underline{X}^o,\underline{Me}]$ der Kolimes eines Funktors $H : \underline{D} \to [\underline{X}^o,\underline{Me}]$ mit Definitionsbereich in Δ und Werten in $\underline{K}_{'\Delta}(\underline{X})$ ist. Der gesuchte Funktor G bildet $D \in \underline{D}$ ab auf $\underline{X}/H(D)\ldots$, (vgl. 2.13 und 2.14).

(iv) $\Longrightarrow$(ii) Sei $J : \underline{X} \to \underline{Y}$ ein konfinaler Funktor mit Definitionsbereich in $\underline{Kat}$ und $'\Delta$ -kovollständigem $\underline{Y}$. Der finale Funktor $F \in [\underline{Y}^o,\underline{Me}]$ ist der Kolimes des Funktors $X \rightsquigarrow [-,JX]$. Daraus folgt $F = \varinjlim_{X \in \underline{X}} [-,JX] = \varinjlim_{D \in \underline{D}} \varinjlim_{Z \in G(D)} [-,J_D Z]$, wobei J_D die Zusammensetzung $G(D) \to \varinjlim G \to \underline{X} \xrightarrow{J} \underline{Y}$ ist. Dabei können die Kolimites sowohl in $\underline{K}_\infty(\underline{Y})$ als auch in der Kategorie $\underline{K}$ aller $'\Delta$ -stetigen Funktoren $\underline{Y}^o \to \underline{Me}$ aus $\underline{K}_\infty(\underline{Y})$ berechnet werden, denn es gilt $F \in \underline{K}$ und $\underline{K}$ ist in $\underline{K}_\infty(\underline{Y})$ unter Δ-Kolimites abgeschlossen. Daraus folgt, dass $F = \varinjlim_{D \in \underline{D}} [-,\varinjlim J_D]$. Folglich ist der Funktor $\underline{D} \to \underline{Y} \xrightarrow{\cong} \underline{Y}/F$, $D \rightsquigarrow \varinjlim J_D$ konfinal.

(ii) $\Longrightarrow$(i) Sei $\underline{D} \in \underline{Kat}$ mit der Eigenschaft, dass $\underline{D} \to \underline{K}_{'\Delta}(\underline{D})$ konfinal ist. Wegen (ii) ist $\underline{K}_{'\Delta}(\underline{D})$ Γ'-kofiltrierend, und es bleibt nur zu bemerken, dass eine konfinale und volle Unterkategorie $\underline{D} \in \underline{Kat}$ einer Γ'-kofiltrierenden Kategorie $\underline{K}$ zu Γ' gehört (man führe den Beweis zunächst auf den Fall zurück, wo $\underline{K} \in \underline{Kat}$; man bemerke dann ferner, dass jeder Funktor $\underline{C}^o \,\Pi\, \underline{D} \to \underline{Me}$ mit $\underline{C} \in \Gamma$ die Einschränkung eines Funktors $\underline{C}^o \,\Pi\, \underline{K} \to \underline{Me}$ ist).

Die Aequivalenz (ii)$\Longleftrightarrow$(iii) überlassen wir dem Leser.

Bemerkung. Von den in 15.2 angeführten Klassen sind folgende regulär: Δ_α, Δ_o, $\Sigma'_{\aleph_0}$, Γ' (wobei Γ aus allen zusammenhängenden Objekten aus $\underline{Kat}$ besteht). Ebenso ist $\Delta_\alpha \cup \{\Theta\}$ regulär und es gilt $'(\Delta_\alpha \cup \{\Theta\}) = {}'\Delta_\alpha - \{\Theta\}$.

Bibliographie

[1] André, M. Categories of functors and adjoint functors. Battelle Institute, Genf, Juni 1964.

[2] André, M. Méthode simpliciale en algèbre homologique et algèbre commutative. Lecture Notes, No. 32, Springer, 1967.

[3] Baer, R. Nilgruppen. Math. Zeitschrift, Bd. 62, 1955.

[4] Barr, M. Colimits in tripleable categories. Mimeographed Notes, Mc Gill University, 1969.

[5] Barr, M. Coequalizers and free triples. Math. Zeitschrift, Bd. 116, 1970.

[6] Barr, M.-Beck, J. Homology and standard constructions. Lecture Notes, No. 80, Springer, 1969.

[7] Beck, J. Einleitung zu Lecture Notes No. 80, Springer. 1969.

[8] Beck, J. Untitled manuscript, Cornell, 1966. Lecture Notes, No. 80, Springer, 1969.

[9] Benabou, J. Critères de representabilite des foncteurs. C.R. Acad. Sci. Paris, 260 1965, pp. 752-755.

[10] Benabou, J. Structures algébriques dans les catégories. Thèse, Fac. Sci., Université de Paris, 1966.

[11] Birkhoff, G.D. On the structure of abstract algebras. Proc. Camb. Phil. Soc. 31, 1935, pp. 433-454.

[12] Bourbaki, N. Topologie générale, 2ème edition, Hermann, Paris (1958).

[13] Breitsprecher, S. Lokal endlich präsentierbare Grothendieck Kategorien. Math. Seminar der Universität Giessen, 1970.

[14] Bunge, M. Characterization of diagrammatic categories. Dissertation, University of Pennsylvannia, 1966.

[15] Duskin, J. Variations on Beck's Tripleability Criterion. Lecture Notes, No. 106, 1969.

[16] Eilenberg, S. Abstract description of some basic functors. J. Indian Math. Soc. 24, 1960.

[17] Eilenberg, S.-Moore, J. Adjoint functors and triples, Ill. J. Math. 9, 1965.

[18] Freyd, P. Abelian categories, Harper and Row, New York, 1964.

[19] Freyd, P. Algebra valued functors in general categories and tensor products in particular. Colloq. Math. No. 14, 1966.

[20] Gabriel, P. Des catégories abeliennes. Bull. Soc. Math. France, No. 90, 1962, pp. 323-448.

[21] Gabriel, P. Catégories et foncteurs. Manuskript, 1962-1966. (Insbesondere die Abschnitte über épimorphisms, rétracts, catégories algébriques).

[22] Gabriel, P.-Popescu, N. Caractérisation des catégories abeliennes avec générateurs et limites inductives exactes. Comp. Rend. Acad. Sci. Paris, No. 258, 1964, pp. 4188-4190.

[23] Gabriel, P.-Zismann, H. Calculus of fractions and homotopy theory. Ergebnisberichte Springer Verlag, 1967.

[24] Goblot, R. Sur deux classes de catégories de Grothendieck. Thèse, Lille, 1971.

[25] Gray, J. Sheaves with values in arbitrary categories. Topology, No. 3, 1965.

[26] Gray, J. Fibred and cofibred categories. Proc. La Jolla, Conf. on categorical algebra, Springer Verlag, 1966.

[27] Grothendieck, A. Sur quelques points d'algèbre homologique. Tohôku Math. J., No. 9, 1957, pp. 119-221.

[28] Grothendieck, A. Élements de géometrie algébrique III. Publications mathématiques, No. 11, 1961.

[29] Hall, Ph. Finiteness conditions for soluble groups. Proc. Lond. Math. Soc., No. 4, 1954.

[30] Hilton, P.J. On the category of direct systems and functors on groups. J. of Pure and Applied Algebra, No. 1, 1971.

[31] Isbell, J.R. Adequate subcategories. Ill. J. Math., No. 4, 1960, pp. 541-552.

[32] Isbell, J.R. Structures of categories. Bull. Am. Math. Soc. 72, 1966, pp. 619-655.

[33] Kan, D. Adjoint functors. Trans. Amer. Math. Soc., No. 87, 1958.

[34] Kaphengst, H.-Reichel, H. Operative Theorien und Kategorien von operativen Systemen erscheint demnächst.

[35] Kelly, G.M. Monomorphisms, Epimorphisms and Pullbacks. J. of the Australian Math. Soc., No. 9, 1969.

[36] Lambek, J. Completions of categories, Lecture Notes, No. 24, Springer, 1966.

[37] Lawvere, F.W. Functorial semantics of algebraic theories. Dissertation, Columbia University, 1963.

[38] Lazard, D. Sur les modules plats. C.R. Acad. Sci., Paris, No. 258, 1964, pp. 6313-6316.

[39] Linton, F.E.J. Some aspects of equational categories. Coca (La Jolla), Springer, 1966.

[40] MacLane, S. Homology, Springer Verlag, 1963.

[41] Mazur, S. On continuous mappings on cartesian products. Fund. Math., No. 39, 1952, pp. 229-238.

[42] Mitchell, B. Theory of categories. Academic Press, New York, 1965.

[43] Morita, Duality for modules and its applications to the theory of rings with minimum condition. Sci. Rep. Tokyo, Kyoiku Daigaku, Sec. 6, 1958.

[44] Oberst, U. Duality theory for Grothendieck categories and linearly compact rings. Vervielfältigtes Manuskript, Universität München, 1969.

[45] Pupier, R. Sur les catégories completes. Publications du departement de mathematiques, Lyon, t.2, fascicule 2, pp. 1-65.

[46] Roos, J. Comptes rendus, 259, 1964, p. 970.

[47] Roos, J. Locally noetherian categories and generalized strictly linearly compact rings. Lecture Notes, No. 92, Springer, 1969.

[48] Schubert, H. Tripel. Manuskript, Universität Düsseldorf, 1970.

[49] Schubert, H. Kategorien I + II. Heidelberger Taschenbücher, Springer Verlag, 1970.

[50] Slominski, J. The theory of abstract algebras with infinitary operations. Rozprawy Mat., No. 18, Warszawa, 1959.

[51] Tierney, M.-Applegate, H. Categories with models. Lecture Notes, No. 80, Springer, 1969.

[52] Ulam, S. Zur Masstheorie in der allgemeinen Mengenlehre. Fund. Math., No. 16, 1930, pp. 140-150.

[53] Ulmer, F. Locally α-presentable and locally α-generated categories. Lecture Notes, No. 195, Springer, 1971.

[54] Ulmer, F. Properties of Kan extensions. Vervielfältigtes Manuskript, ETH, Zürich, 1966.

[55] Ulmer, F. Properties of dense and relative adjoints. J. of Algebra, Bd. 8, No. 1, 1968.

[56] Ulmer, F. Representable functors with values in arbitrary categories. J. of Algebra Bd. 8, No. 1, 1968.

[57] Ulmer, F. Tripels in algebraic categories. Vervielfältigtes Manuskript, ETH Zürich, 1969.

[58] Verdier, J. Séminaire de géometrie algébrique. Fascicule 1., Inst. Hautes Études Scient. 1963-1964.

[59] Watts, C. Intrinsic characterization of some additive functors. Proc. Am. Math. Soc., No. 11, 1960.

Index (Symbole)

a) nicht alphabetisch geordnete Symbole

b) alphabetisch geordnete Symbole

<u>Index</u> (Terminologie)